Anatomy and Physiology
Integument
Skeleton
Musculature
Digestive System
Respiratory System
Circulatory System
Urinary System
Reproductive System
Endocrine System
Nervous System and Sence Organs
Blood
Body Temperature
Companion Bird Diseases
Accidents
Nursing

Encyclopedia of Companion Bird Diseases

コンパニオンバードの病気百科

飼い鳥の飼育者と鳥の医療に関わる総ての方々に薦める［鳥の医学書］

コンパニオンバードの病気百科

はじめに　6

第1章　鳥類の体のしくみ　7

1. 外被系（がいひけい）　8
2. 骨格系　18
3. 筋系　23
4. 消化器系　24
5. 呼吸器系　31
6. 循環器系　35
7. 泌尿器系　36
8. 生殖器系　38
9. 内分泌器系　46
10. 神経系と感覚器官　47
11. 血液　51
12. 体温　53

第2章　感染による病気　55

1. ウイルスによる感染症
1. オウム類嘴（くちばし）-羽病（PBFD）　56
2. セキセイインコのヒナ病（BFD）　58
3. パチェコ氏病（PD）・オウムの内臓乳頭腫症（IP）　60
4. 鳥痘　61
5. オウムの腺胃拡張症（PDD）　62
6. 西ナイルウイルス感染症（WNVD）　64
7. パラミクソウイルス感染症　65

2. 細菌による感染症
1. 大腸菌症　67
2. パスツレラ症　69
3. サルモネラ症　70
4. シュードモナス感染症　71
5. ブドウ球菌感染症　73
6. リステリア症　75
7. クロストリジウム感染症　76
8. セレウス菌感染症　77

3. 特殊な細菌による感染症
1. 鳥の抗酸菌症　78
2. マイコプラズマ症　82
3. 鳥のオウム病　83

4. 真菌による感染症
1. アスペルギルス症　89
2. カンジダ感染症（カンジダ症）　92
3. クリプトコッカス症　95
4. マクロラブダス（AGY、メガバクテリア）症　96
5. 皮膚真菌症　98

5. 寄生虫による感染症
1. トリコモナス症　99
2. ジアルジア症　100
3. ヘキサミタ症　102
4. コクシジウム症　103
5. クリプトスポリジウム症　104
6. 住血胞子虫症　106
7. 鳥の回虫症　107
8. ブンチョウの条虫症　108
9. 鳥の疥癬症（かいせんしょう）　109
10. ワクモ・トリサシダニ　110
11. キノウダニ（コトリハナダニ）　111
12. ウモウダニ　111
13. ハジラミ　112

第3章　繁殖に関わる病気　113

メスの繁殖関連疾患
1. 腹壁の病気
1. 腹部ヘルニア症　114

Encyclopedia of Companion Bird Diseases CONTENTS

　2. 腹部黄色腫　115
2. 産卵に関わる病気
　1. 過剰産卵　116
　2. 異常卵　117
　3. 卵塞　118
　4. 排泄腔脱・卵管脱　120
　5. 異所性卵材症　121
3. 卵管に関わる病気
　1. 卵管蓄卵材症(卵蓄)　122
　2. 右側卵管の遺残　123
　3. 卵管の囊胞性過形成　123
　4. 卵管腫瘍　124
　5. 卵管炎　124
4. 卵巣に関わる病気
　　囊胞性卵巣疾患　125
5. カルシウム(Ca)代謝に関わる病気
　1. 多骨性骨化過剰症(PH)　126
　2. 産褥テタニー・麻痺　127
オスの繁殖関連疾患
　　精巣腫瘍　128

第4章 131
栄養失調による病気

1. ビタミンB₁欠乏症（脚気・チアミン欠乏症）　132
2. ビタミンA欠乏症　133
3. ビタミンD欠乏症　134
4. その他のビタミン　135
5. ヨウ素欠乏性(甲状腺腫)　135
6. カルシウム欠乏症　137
7. くる病・骨軟化症　137
8. その他のミネラル欠乏症　138
9. タンパク質・アミノ酸欠乏症　139
10. 脂質の欠乏症　140

第5章 141
中毒による病気

1. 重金属による中毒
　1. 急性鉛中毒症　142
　2. 亜鉛中毒症　145
　3. 銅中毒症　146
　4. 鉄貯蔵病(ヘモクロマトーシス・鉄過剰症)　146
2. 植物による中毒
　1. アボカド　147
　2. サトイモ科観葉植物　148
3. マイコトキシン(カビ毒)
　　アフラトキシン　149
4. 有害な食品
　1. チョコレート　150
　2. 塩化ナトリウム(塩)　151
　3. アルコール飲料　151
　4. タンパク質の過剰症　151
　5. シードジャンキー　152
　6. 水分過剰症(水中毒)　152
5. 空中の毒素
　1. ポリテトラフルオロエチレン(PTFE)ガス　153
　2. タバコ　153
　3. 次亜塩素酸ナトリウム　154
　4. アスファルト類　154
　5. アンモニア　155
6. ビタミン過剰症
　1. ビタミンD₃過剰症　155
　2. ビタミンA過剰症　156

コンパニオンバードの病気百科

第6章 消化器に関わる病気　157

嘴～食道の疾患
1. 嘴の異常
1. 色の異常　158
2. 形の異常　158

2. 口角・口腔・食道・そ嚢の異常
1. 口角炎　159
2. 口内炎　159
3. 口腔内腫瘍　161
4. 食道炎・そ嚢炎　162
5. そ嚢結石・異物　163
6. そ嚢停滞　164
7. そ嚢アトニー　164
8. 後部食道閉塞　165

胃の疾患
1. 胃炎　167
2. 消化性潰瘍　168
3. 腺胃拡張　169
4. 胃癌　170
5. 胃閉塞　171

腸の疾患
1. 腸炎　172
2. 腸閉塞（イレウス）　173
3. 腸結石　175

排泄腔の疾患
1. 排泄腔炎　176
2. 排泄腔脱　177
3. メガクロアカ（巨大排泄腔）　178

肝臓の疾患
総論　180
1. 細菌性肝炎　182
2. ウイルス性肝炎　183
3. 肝出血・血腫　183
4. 肝リピドーシス・脂肪肝・脂肪肝症候群　184
5. アミロイドーシス　185
6. 循環障害　186
7. 肝毒素　186
8. 肝腫瘍　187
9. 肝性脳症　187
10. Yellow Feather Syndrome（YFS）羽毛の黄色化　188

膵臓の疾患
膵炎、その他　189

第7章 泌尿器・呼吸器・循環器・内分泌器の病気　191

泌尿器の病気
1. 腎疾患　192
2. 腎不全　193
3. 尿管結石　195
4. 痛風・高尿酸血症　196

呼吸器の病気
1. 上部気道疾患（URTD）　198
1. 鼻（道）炎　200
2. 副鼻腔炎　202
3. 咽頭炎・喉頭炎　203
4. 結膜炎　203
5. Lovebird Eye Disease（LED）ボタンインコ類の鼻眼結膜炎　204
6. オカメインコの開口不全症候群（ロックジョー、CLJS）　205

2. 下部気道疾患（LRTD）　206
1. 気管炎・鳴管炎　208
2. 肺炎　210

Encyclopedia of Companion Bird Diseases CONTENTS

　3. 気嚢炎　212
　4. 皮下気腫　212
循環器の病気
　1. 心疾患　214
　2. アテローム性動脈硬化症　216
内分泌の病気
　1. 甲状腺機能低下症　217
　2. 糖尿病　217

第8章　219
神経の病気と問題行動

神経の病気
1. 中枢神経症状
　1. 痙攣（けいれん）　221
　2. てんかん　221
　3. 脳振盪・脳挫傷（のうしんとう）　222
　4. 振戦（しんせん）　223
　5. 昏睡・昏迷（こんすい・こんめい）　223
　6. 前庭徴候（ぜんていちょうこう）　223
　7. 中枢性運動麻痺　224
2. 末梢神経症状
　1. 末梢性運動麻痺　225
　2. ホルネル症候群　226
　3. 末梢神経性自己損傷　226
問題行動
1. 自己損傷行為
　1. 毛引き　227
　2. 羽咬症（うこう）　231
　3. 自咬症（じこう）　232
2. その他の問題行動
　1. 心因性多飲症　233
　2. パニック　233
　3. ブンチョウの過緊張性発作　234

第9章　235
その他の病気と事故

皮膚の病気
　1. 皮膚炎　236
　2. 皮膚の腫瘍（しゅよう）　236
　3. 趾瘤症・バンブルフット（しりゅうしょう）　237
目・耳の病気
　1. 角膜炎　238
　2. 白内障　238
　3. 外耳炎　238
骨の病気
　1. 骨の腫瘍（しゅりゅう）　239
事故
　1. 外傷　240
　2. 筆羽出血（こうやく）　240
　3. 絞扼（こうやく）　240
　4. 熱傷（やけど）　241
　5. 熱射病　241
　6. 感電　242
　7. 骨折　242

第10章　243
鳥の看護

健康状態の観察　244
病鳥の看護　248
救急処置　250

索引　252
主要参考文献・著者略歴　255

はじめに

　2008年、先に上梓された『コンパニオンバード百科』（誠文堂新光社刊）における「鳥の健康百科」の章が好評で、これをさらに発展させた医学に関する書籍の依頼がありました。

　現在のところ、鳥の医学は発展途上にあり、様々な考え方が存在し、何が正解なのかわかっていないことがほとんどです。そのようななか、確実に正しいと言える情報だけを誠実にお伝えするのは難しく、一度はお断りしようと思いました。

　しかし、本邦における「飼い鳥の医学」を本格的に扱った書籍は一般書籍のみならず獣医学書籍にも見当たらず、飼育者も獣医師も混迷し続け、多くの鳥たちが病に苦しんでいるのが現状です。この現状を打開するためには、不確かな情報であったとしても、誰かが批判は覚悟の上で、執筆しなければならないと思い直しました。

　ここで記載するのは、一臨床家に過ぎない筆者が、現時点で学び、経験したことです。今後、鳥の医学が発展するに従って、多くの間違いが指摘されることになるでしょうし、異論のある先生方からたくさんの叱責を受けることになると思います。それでも、この書籍を礎に、多くの議論がなされ、鳥類臨床が発展し、不幸な鳥たちが少しでも減ってくれれば、勇気を振り絞って執筆した甲斐があったというものです。

　本書は、鳥の医学の知識を広く啓蒙するため、一般飼育者のみならず、動物看護師、ペットショップ店員、鳥の診療を行う獣医師、すべての飼い鳥を愛する人たちの参考となるよう専門的な情報が多く含まれています。一般飼育者にはやや難解な記載もありますがご容赦ください。

　本書を記載するに当たって、多くの方々の助力をいただきました。この場をお借りして御礼申し上げます。特に、本書を記載する機会をくださった誠文堂新光社様、長期間にわたる執筆・制作を担当くださった編集の皆様、筆者とともに鳥の病気と闘い続けてくれたスタッフ、そして飼育者様方と鳥たちに深謝いたします。

　病気に苦しむ鳥たちが少しでも減ってくれることを願い、ここに『コンパニオンバードの病気百科』を上梓します。

2010年3月

鳥と小動物の病院リトル・バード院長　小嶋　篤史

第1章
鳥類の体のしくみ

外被系(がいひけい)　8
骨格系　18
筋系　23
消化器系　24
呼吸器系　31
循環器系　35
泌尿器系　36
生殖器系　38
内分泌器系　46
神経系と感覚器官　47
血液　51
体温　53

1. 外被系（Integument）

外被とは表皮と表皮に由来した構造物を指します。鳥類では羽毛、皮膚、腺、脚鱗、嘴、ロウ膜、爪などが含まれます。

鳥類は大空を自由に飛びまわるため、様々な器官の退化と進化をとげました。なかでも外被は最も影響を受けたところでしょう。

1. 羽毛

【羽毛の組成】

鳥類がほかの脊椎動物と最も異なる点は、羽毛の存在です。外被より発生した組織で、爬虫類の鱗、哺乳類の体毛に相当するものです。主にタンパク質（ケラチン）からなり、体重の約10％を占めます。*1

セキセイインコを例にとると、2000〜3000枚の羽毛があると言われます。

【種類と構造】

正羽、綿羽、毛羽の3種類に区別されます。

①正羽

羽幹を備え、平らな羽板を持つものを正羽と言います。風切羽、尾羽、雨覆羽や体幹・頭部・頸部・肢などの羽が含まれます。

正羽の中心を走る羽幹は羽包から生え、根もととの羽軸根、そして羽弁を備える羽軸へと続きます。羽軸からは上方45℃の角度で羽枝が両側に配列して伸び、羽弁を形成します。羽枝からは小羽枝が伸び、遠位の小羽枝は鉤を持ち、近位の小羽枝と結合します。*2

POINT この結合がはずれると、鳥は「羽づくろい」によって結合をもとに戻します。

②綿羽

綿羽には羽軸がほとんどなく、綿毛状の小羽枝しか持ちません。体中の羽域に存在し、幼鳥では体の表面をおおい、成鳥では正羽の下に生えます。

綿羽には羽軸を持つ半綿羽と、粉状の粉綿羽も含まれます。粉綿羽は、羽芽の中にある羽枝形成組織から生じるケラチン物質です。*3

粉綿羽の役割は、尾の付け根にある尾腺から分泌される皮脂と同様に、羽毛間の接着因子、防水因子、輝きを出すためなどと言われています。量は種によって明らかに異なり、換羽の時期によっても変わります。

③毛羽

被毛状の退化した羽毛（ヒゲ）、あるいは細い羽軸の先端に羽枝の房がついただけのもの（糸状羽）を言います。唯一、羽包の筋肉支配を受けません。糸状羽は体表に散在し、ヒゲは嘴や目の周囲に分布して、感覚毛として働きます。

【羽毛を動かす羽包】

羽毛の根もと部分の羽包は、自律神経系によって不随意に支配された平滑筋がついています。寒冷時には羽毛を立てて保温性を高めたり、冠羽を逆立てるなどの感情表現としても利用されます。

---

*1　羽毛タンパクの主成分であるケラチンは、アミノ酸であるメチオニンを主原料に、肝臓においてシスチンを経て合成されます。

*2　POINT PBFD（☞P56）の鳥では、羽軸根にねじれや出血痕がみとめられたり、粉綿羽の消失が起きることも多くあります。

*3　バタンなど、大量の粉綿羽を排出する鳥の近くでほかの鳥（コンゴウインコなど）を飼育すると、この粉綿羽のため喘息のような症状を起こすことがあります。

■鳥類の体のしくみ

第1章

●羽毛のいろいろ

正羽
- 羽弁
- 羽軸
- 羽幹
- 羽軸根

半綿羽

毛羽

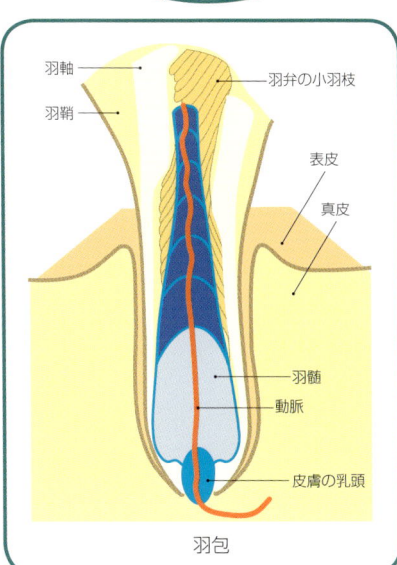

- 羽軸
- 羽鞘
- 羽弁の小羽枝
- 表皮
- 真皮
- 羽髄
- 動脈
- 皮膚の乳頭

羽包

Partical avian medicine(Hoefer HL, Veterinary Learning system) p181.Avian Feather Development. より一部改変

【羽毛の名称】

羽毛は生えている部位によって、名称が定められています。

①翼の羽

翼羽は風切、小翼羽、雨覆、肩羽からなります。

風切：初列風切、次列風切、三列風切に分かれます。

小翼羽：第二指根跡に付属し、種によっては2～6枚あり、セキセイインコは4枚です。

雨覆：翼の上面と下面は雨覆によって覆われ、頭に近い方から小雨覆、中雨覆、大雨覆と呼ばれます。

肩羽：肩上の羽は肩羽、両肩間の羽は肩間羽と呼ばれます。

②尾の羽

鳥類には尾の代わりとなる尾羽が存在します。尾椎の関節の可動性と、付随する筋肉の働きによって、様々な動きができます。通常、4～10対存在し、セキセイインコには6対あります。尾羽の根もとは繊維組織と皮筋とで堅固につながっています。

尾羽の頭側には覆尾羽があります。鳥種によっては尾腺から羽毛小輪が発達します。

【羽毛の配列(羽域)】

羽毛は列をなして発育するか、あるいは区域を定めて発育します。これを羽域と言い、頭域、背域、腹域、尾域、上腕域、翼域、大腿域、下腿域などが一般的です。羽域は種によって異なります。

羽毛のほとんど生えない領域を無羽域と言います。抱卵時には、腹部の無羽域が広がり、体温により卵を直接暖められるようになります。

POINT 鳥類は汗腺を持たないため、開口呼吸による蒸散熱の放出か、無羽域である腋窩を外気にさらして放熱します。鳥が翼を開き、開口しているときは、暑いというサインなので、室温を下げてあげましょう。

【羽毛の役割】

①飛翔の役割

風切：下に羽ばたく際に、平らになって揚力を高め、上に羽ばたく際はよじれて空気を逃がします。初列風切は前に進む力(推進力)、次列風切は上昇する力(揚力)を主に担います。

POINT 次列風切をクリップすると、揚力が低下して落下しやすくなるので危険です。

小翼羽：翼の角度が増した際、発生する乱流をコントロールし、揚力を保ちます(飛行機のスロットの役割)。

尾羽：飛翔時には方向舵として、着陸時には空気抵抗によるブレーキとして、上昇時には平衡を取るために使われます。ホバリングを行う鳥では、揚力を作ります。また、交尾時や排泄時、ディスプレイの際には尾羽を上げることで、その行為を助けます。キツツキの尾羽は特別に堅くなり、木の垂直面に張りつく際、体を支えるのに役立ちます。

②外套としての役割

正羽：足先(一部の種を除く)を除く体の外側すべてをおおい、雨や風、強い日差し、ほこり、外傷などから身を守る外套の役割を持ちます。羽の防水性が保たれるのは、主に小羽枝同士の結合による物理的障壁(撥水性)によるものです。

綿羽：空気をたくさん含み、体と外界を空気によって遮断することで、優れた保温性を持ちます。酷暑時には、正羽によって綿羽は押し縮められることで断熱距離が狭まり、熱を逃がしやすくなります。寒冷時には、立羽筋を使って正羽を体に対して垂直方向に立て、綿羽が膨らむことで(膨羽)、断熱距離が広がり、保温性が高まります。

③その他の役割

求愛や威嚇の表現手段のほか、防御手段、巣材としても重要な役割を果たします。

【羽毛の色の役割】

羽毛の色は発羽の段階で沈着したものと、後から修飾されたものとがあります。これらの色は同種の識別、熱の吸収や反射、捕食者への警告、ディスプレイ、カモフラージュなどに役立ちます。

通常、背面の色が濃く、上から見た際に地上や森との区別がつきにくくなっています。また、腹面の色は薄く、空とのカモフラージュになっています。

派手な色彩は翼の内側（翼鏡（よくきょう））にあることが多く、ディスプレイ時に羽を広げるとはじめて見えるようになっています。多くの種類では、派手な色彩はメスの目を引くためにオスに備わっており、メスは捕食者から逃れるため地味な色彩を持ちます（タマシギやオオハナインコは例外）。水鳥のように繁殖期にのみ派手な色彩になる種もあり、非繁殖期には「エクリプス」といって、メスと同色になります。

羽色の不思議

●光と羽自体の色素の作用

羽毛の色は、可視光線の反射と吸収によって色の見え方の変わる「色素色」と、羽の微細構造によって光が干渉され生じる「構造色」の二つの因子によって決まります。

青い羽色：羽の青色は、青色の光の散乱（構造色）と、メラニン色素によるほかの色素の吸収（色素色）との相互作用でできています。

構造色の場合、反射光によって青色を生じますが、透過光では消えてしまいます。シャボン玉の色や眼鏡のコーティングの色、玉虫やモルフォチョウの羽なども構造色です。

緑の色彩：色素によって作成されることもありますが、一般的には黄色の色素と、青色の構造色の相互作用によるものです。

【換羽（かんう）と成長】

羽が生え換わることを「換羽」と言います。羽包に存在する羽毛乳頭は生涯にわたって、何度も羽毛を生やすことが可能です。

セキセイインコのヒナでは約12日で綿羽が皮膚をおおい、約17日で棒状羽毛が翼や尾に生え始めます。羽毛が完全にそろうのには約1ヶ月かかります。幼鳥の羽は新しい成鳥の羽毛に押し出され、脱落します（ヒナ換羽）。ヒナ換羽の期間は種によって異なります。いくつかの種類では、ヒナ換羽のときに雌雄の差（性的二型）が現れます。

成鳥では、通常、定期的に羽毛が脱落し、新しい羽が生えてきます。これは羽毛が古くなり、小羽枝がこすれて壊され、撥水性などの構造的な物理障壁が失われるのを防ぐためです。

【羽毛のでき方】

はじめに、硬いサヤ（外鞘（がいしょう））に包まれた綿羽が皮膚表面から生えてきます。綿羽によって作られた羽包から、サヤに包まれた正羽が生えて、棒状羽毛（筆毛（ふでげ））と呼ばれる構造になります。嘴などでサヤがはがされ、中の羽枝が開いて乾くと羽状になります。

棒状羽毛を傷つけると、軸動脈から大量の出血が起こります。この出血は、そのストロー状構造によって大変止まりにくく、危険です。この際は適切な抜羽処理が必要です（☞P240）。

正羽 / 棒状羽毛（筆毛） / サヤ（外鞘）

■鳥類の体のしくみ

羽色でわかる健康状態

●色素の種類
　色素には脂溶性で赤、橙色、黄色を呈するカロチノイドまたはリポクローム、不溶性で黒、灰色、褐色を呈するメラニン、そして緑色色素のトラコベルジンがあります。明るい色の羽毛に比べ、暗い色の羽毛のほうが耐久性があります。

●色素色や構造色の消失
　羽毛の青色が消えて、白あるいは黄色になった場合、構造色がうまく作れなくなっている可能性があります。また、羽毛が黒くなった場合、色素色と構造色双方が障害されたと考えられます。これらが見られた場合、肝障害や栄養不良が疑われます。

●色素の沈着
　肝臓の悪い鳥では、ビリベルジンの還元体が羽毛に沈着して黄色となったり、羽毛に塗布される尾腺の脂に含まれる黄色色素のため、すでに生えている羽の黄色が増すことがあります。

●ストレスマーク
　羽の発育期に肝不全、栄養不良、感染などのストレスがあると、その時期に作られた羽の質が低下して、ストレスマークとなって表れます。羽の構造が弱く、簡単に摩耗するため、羽先が煤けたように黒くなります。

●羽軸の変形や血斑
　PBFD、BFD、栄養障害などの病気や打撲などで、羽軸が変形したり、血斑が現れることがあります。

脂肪肝により先が黒く変色した羽

肝不全で羽色が黄色に変色したオカメインコ

ストレスライン

PBFDによる羽軸の血斑

換羽にまつわるあれこれ

換羽は季節、産卵、温度、栄養、種、性などの条件に左右され、生殖腺や甲状腺などの内分泌の働きによって起こると言われます。

●年に最低でも1回

通常、すべての鳥は年に最低でも1回換羽し、多くの種類では2回換羽を行います。一般に繁殖期が終了した後に始まります。正常な換羽が行われない鳥では、光周期異常や内分泌疾患が疑われます。

●鳥種による換羽期の違い

カナリア：春に始まり、夏いっぱい続きます。

オウム類：繁殖期以降に数ヶ月続き、完全に終了する前に次の換羽が始まることもあります。

水鳥の多く：一度にすべての翼羽が抜けるため、飛翔が困難になり、この期間は水面上で生活します。

●換羽期に必要な飼育管理と栄養

羽毛の主原料はタンパク質であり、羽毛が発育している期間は、体の代謝率が30％も増加します。このため栄養要求量が多くなり、タンパクの必要量は倍増（全食餌量の約20％）します。

換羽期にはこれらのストレス増大によって免疫低下が起こり、感染しやすくなったり（易感染性(いかんせんせい)）、様々な臓器への負担増から基礎疾患が起きやすくなります。そのため、適切な飼育管理と栄養添加が必要となります。換羽をトヤと呼び習わすのも、換羽中の猛禽が小屋(トヤ)に入ったきり出てこないことからきています。

▲ヒナ換羽中のアケボノインコ

冠羽の動きでわかる精神状態

●環境、気温、精神状態による変化

羽毛の根もとは、自律神経系によって動く平滑筋とつながっているため、環境や気温の変化などで膨らんだり、立ち上がったりします。

一部の種において発達している冠羽は、嘴の付け根から頭頂部、頸部にかけて生え、平常時は閉じて寝ていますが、興奮、緊張、恐怖などで立ち上がり、威嚇や怒りなどを表します。

また、翼や尾羽と併せ、メスへの求愛時にも使用されます。

上から、マメコバタン、オカメインコ、モモイロインコ

■鳥類の体のしくみ

2. 嘴（くちばし）

【形態と機能】

　食生活の変化に対しては、柔軟な嘴の形態を変化させて応じてきました。これは形態変化が容易でない顎（あご）・歯を捨てた利点と言えます。重たい顎や歯を持たないことは空を飛ぶために好都合です。

　前肢（ぜんし）を持たない鳥類にとって、嘴は手の代わりも果たしています。嘴の形状を見れば、食性がある程度わかります。飼鳥界では昆虫などを食べ、柔らかい嘴を持つ種類を「ソフトビルバード」として分けて呼ぶことがあります。

　POINT　嘴の中には、眼窩下洞（がんかかどう）が入り込んで呼吸器の一部となっており、血管や神経が分布して触覚器としての役割も持っています。そのため安易に嘴を切ると、出血や疼痛による食欲不振を起こします。

【構造と組成】

　上下の顎骨（がくこつ）をタンパク質であるケラチンがおおい、嘴を形づくっています。嘴は基部にある成長板でつくられ、常に伸張し続けていますが、上下をすり合わせること（咬耗（こうもう））で常に一定の長さを保っています。

　POINT　硬いもの（塩土やイカの甲など）をかじって嘴を磨耗させ、短くしているというのは迷信で、長くなってしまう場合は何らかの疾病があると考えられます。

　変形や過長は、主としてケラチンの合成がうまく行かない疾患（肝不全、栄養不良など）や、成長板の障害（副鼻腔炎、疥癬症、PBFDなど）で起きます。通常、オウム目では嘴のメンテナンスは必要ありません。表面がかさつく場合は、コンクリートパーチなどを設置すると、こすり付けて自分で綺麗にします。猛禽類は人工飼育下では嘴の過長が起きるため、定期的なメンテナンスが必要です。

●嘴の形　嘴の形は食性と密接な関わりがあります。

虫をつつく：細ピンセット型
（例：オーストラリアイシチドリ）

小さな種をつつき殻を割る：太ピンセット型（例：ブンチョウ）

硬い種を割る：ペンチ型
（例：コンゴウインコ）

肉をつまむ：有鉤ピンセット型
（例：ペンギン）

肉を引きちぎる：鎌型
（例：猛禽）

水中のエサをすくう：スプーン型
（例：フラミンゴ）

3. 爪

【構造と組成】

　趾骨をタンパク質であるケラチンがおおい、爪を形成しています。爪はその基部にある成長板で作られ、常に伸張し続けています。止まり木などでこすれることで、常に一定の長さを保っています（磨耗）。

　POINT　止まり木のサイズが合っていない、握力が弱い、柔らかい所（藁巣）に止まっているなど、磨耗が行われないと爪が伸び過ぎてしまいます。このほか、ケラチンの形成異常（肝不全、栄養不良など）、成長板の障害（外傷、疥癬など）などにより、爪が伸び過ぎることがあります。

　飼育下では、放鳥時にカーテンなどに引っかかり、事故を起こすことが多いので、常に先端を丸めておく必要があります。

4. ロウ膜

　一部の種において、上嘴の根もとにふくらんで盛り上がったロウ膜が存在します。特にセキセイインコで発達し、ハトやオカメインコにも見られます。ロウ膜は感覚器としての役割を持ちます。セキセイインコでは、3ヶ月齢以降、性ホルモンの影響を受けて色彩が変化していきます。通常、オスは青、メスは白くなります。ロウ膜のメラニン色素の欠損種（ハルクイン、ルチノウ、一部のパイド）では、オスのロウ膜はピンク色になります。

　POINT　発情期を迎えたメスのロウ膜は、角化が進んで茶色く分厚くなり、発情が終了するとはがれ落ちます。発情が持続し続けると、ロウ膜は盛り上がり続けます。オスがメス化する病気（精巣腫瘍）になると、オスでもロウ膜が茶色くなります。

●ロウ膜の色

メス鳥
- 幼鳥は鼻孔の周囲が白い
- 発情していないメス
- 発情しているメス
- 持続発情しているメス

オス鳥
- 幼鳥のオス
- 成熟したオス
- 成熟したオス（ハルクイン）
- 精巣腫瘍のオス

■鳥類の体のしくみ

第1章

5. 皮膚

　鳥の皮膚は哺乳類とさほど変わりませんが、比較的薄く、弾力性がありません。

抱卵斑：多くの種類において、発情期のメス（ハトではオスも）では、胸部から腹部にかけて分厚く血管が豊富な抱卵斑が形成され、卵へ体温を伝えやすくします。

脚鱗：多くの種類で、足根部（フショ）から趾の先までを四角形から六角形の鱗状の角質板がおおい、脚鱗を形成します。

オウムの脚鱗はやや細かいのが特徴です

6. 腺

　鳥には汗腺などの皮膚腺がほとんどありません。このため鳥の皮膚は、やや乾燥気味です。皮膚腺には、尾腺、耳道腺、瞼の縁にあるマイボーム腺があります。＊4
　このほかにもいろいろな部位の皮膚から、類脂質球が分泌されます。

スズメ目では大きく平板な脚鱗です。加齢あるいはビタミンAの欠乏によって分厚くなってハバキと呼ばれます（☞ P133）

【尾腺の機能】

　尾腺はアポクリン腺の一種で、脂肪分に富んだ皮脂を分泌します。羽づくろいの前に嘴を尾腺にこすりつけ、それから羽を整えることで、尾腺から分泌された皮脂が全身の羽毛に塗布されます。薄い脂肪の膜が張られることによって、羽毛の防水性、保温性、耐久性が高められます。＊5

　尾腺および皮膚から分泌された皮脂は、皮膚上での微生物の発育を抑制し、皮膚病を防いでいます。尾腺から分泌された皮脂がビタミンDの供給源となっていると考える研究者もいます。

POINT 腫瘍がよく発生する部位なので、常日頃からチェックをしましょう。

ブンチョウの尾腺

＊4　水禽類の眼窩には、過剰に摂取した塩分を排泄するための塩類腺があります。
＊5　セキセイインコやベニコンゴウインコ、水禽類など、一部の種類では尾腺が発達します。尾腺を持たない種類もおり、羽毛の防水性は主に小羽枝が作る網目状の構造によるものと考えられています。お湯での水浴びは、脂が落ちるため推奨されません。

2. 骨格系 (Skeleton)

鳥類の骨格は、「軽さと丈夫さ」が最大の特徴です。

骨格は、重力に逆らって空を飛ぶという物理的に困難な現象をなしとげるため、軽くなければならず、同時にその爆発的な飛翔運動を支えるために、丈夫でなければいけません。この相反する命題を克服するため、鳥類の骨格は様々な進化をとげています。

1. 鳥の骨格の特徴

【薄い骨質】

体を軽くするため、骨質が非常に薄くなっています。猫は体重の約13％が骨重量ですが、鳥では約5％となっています。*6 薄い骨質を支えるため、骨小柱や糸状骨の網工が発達しています。鳥はほかの動物に比較して非常に骨折しやすいため、保定の際は細心の注意をしなければなりません。

【空気を含む含気骨】

骨質が薄くても組織が満たされていては重くなるため、いくつかの骨は、空気が含まれる含気骨となっています。*7 含気骨は気嚢と肺につながり、呼吸器の一部となっています。骨と呼吸器が交通しているため、肺炎や気嚢炎から骨髄炎、逆に骨折から肺炎や気嚢炎が起きることもあります。

【強度を強めた融合骨】

薄い骨質をカバーするため、骨同士が融合して単純化し、強度を高くしています。最大の融合骨は複合仙骨で、胸椎の最後の2個、腰椎、仙椎、尾椎の最初の1〜2個が融合しています。複合仙骨は着地時の衝撃によるこれらの骨の骨折を防いでいます。このほか、頭蓋骨、鎖骨、手根中手骨などが融合骨です。

【カルシウムを蓄える骨髄骨】

骨はカルシウムの貯蔵器官としても働いています。特に鳥では、卵殻形成のため大量のカルシウムを貯蔵する必要があります。しかし、骨質が薄く、大量に貯蔵することができないため、メス鳥は産卵の前に、髄腔内に蓄積する機能を持っています。*8

POINT 卵の材料で重くなったメス鳥は飛翔力が落ち、オスに守ってもらう必要があることからも、多くの鳥種が一夫一妻制をとっています。

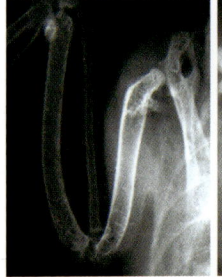
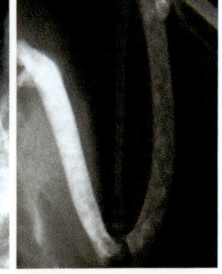

含気骨　　　　　骨髄骨

骨の断面（骨小柱や糸状骨の網工）

---

*6　翼長が2mのオオグンカンドリは、体重が2kgと軽く、その骨重量は100gしかありません。

*7　セキセイインコでは、椎骨、肋骨、上腕骨、烏口骨、胸骨、腸骨、坐骨、恥骨などに空気が含まれます。

*8　過発情により、カルシウムが沈着しすぎて問題を起こすことがあります（多発性骨化過剰症　☞P126）。

■鳥類の体のしくみ

第1章

●全身の骨格

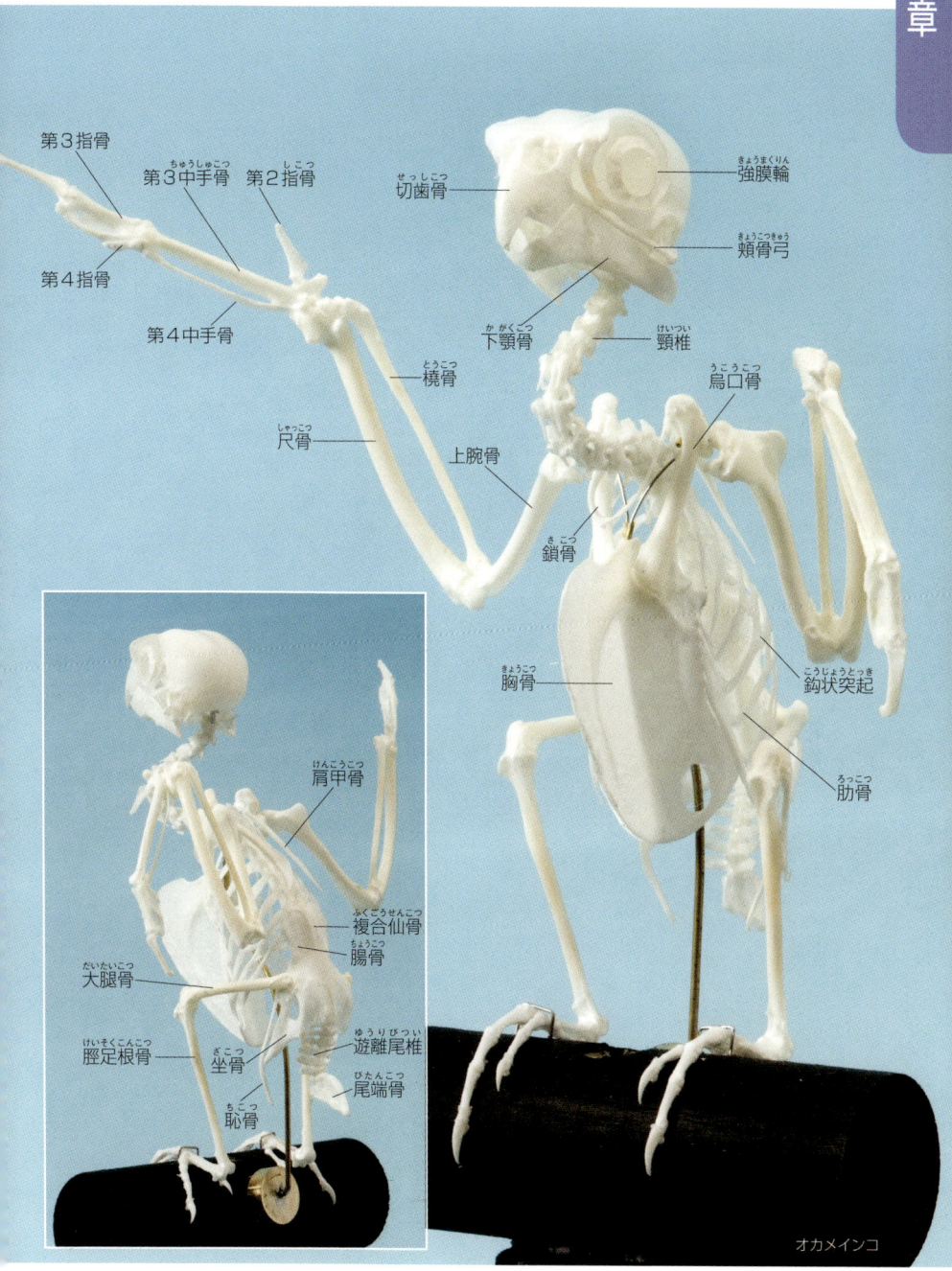

オカメインコ

骨格標本制作：アトリエ杉本

2. 頭部の骨

　成鳥の頭蓋骨は融合骨であるため、縫合線は見られません。顎関節は非常に可動性に富んでいて、種子の殻を割るなどの複雑な動きを可能にしています。

　上嘴におおわれた切歯骨は、上顎を構成します。上顎は哺乳類と異なり可動性で、エサを食べるとき、大きく口を開くことができます。下顎は哺乳類と異なり、6～7個の骨から構成されます。

　切歯骨に存在する鼻孔には、異物が入り込まないように鼻甲介（弁蓋骨）が存在します。巨大な眼窩があり、大きな目を保護する強膜骨（ボウシインコで12個ずつ）が強膜輪を形成します。舌は、複数の骨によって構成される舌骨器官によって動きます。

●頭骨

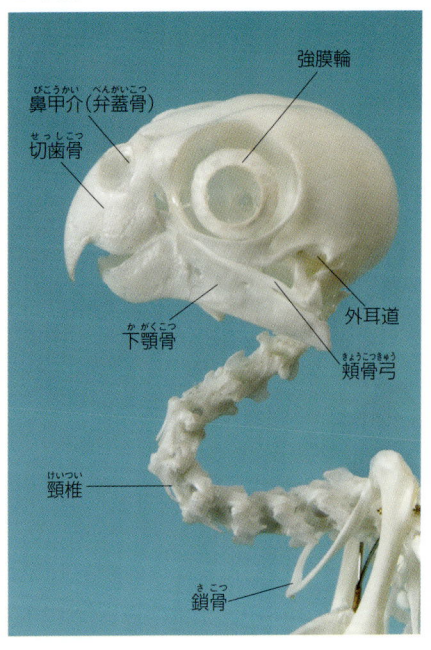

3. 脊柱

　椎骨の多くは融合し、自由に動くのは頸椎と尾椎だけです。

　前肢が翼となっている鳥類にとって、嘴から首までが手の代わりです。このため、鳥の首はほかの動物に比較して、非常にフレキシブルで丈夫にできています。哺乳類と異なり、鳥は首が最も丈夫な関節なので、保定するときは首を押さえます。頸椎の数は哺乳類では7つと決まっていますが、鳥は種によって大きく異なります。*9

　飛翔の際に激烈な運動を行う胸郭の支点として、胸椎には大きな力がかかるため、胸椎の多くは融合骨になっています。*10

　複合仙骨には、さらに左右の寛骨が付着して、堅牢で不動性の腰仙骨を構成します。複合仙骨の腹側面には腎臓が収められています。

　尾椎は融合して尾端骨を作り、尾腺を付着し、平行に生える尾羽を支えるのに役立っています。

4. 胸部〜前肢帯骨

　鳥の胸部は肋骨と胸骨によって円筒状となり、大部分の内臓を納めています。

【肋骨】

　肋骨の脊椎部と胸骨部は蝶番関節となっており、肋間筋により折りたたんだり広げたりすることで、鳥類独特の「フイゴ呼吸」*11を可能にしています。

　第2から第6までの胸肋骨脊椎部には、肋骨の尾側縁から発生した平らな鈎状突起が存在します。鈎状突起は、後方の肋骨と重なり合い、胸郭の立体性を強固にし、肋骨

■鳥類の体のしくみ

運動の同時性を確実にしています。

第7肋骨は鈎状突起がないので、内視鏡検査や手術、X線検査時の目安となります。

【胸骨】

鳥の骨格の最大の特徴は、巨大な胸骨です。哺乳類のように分節せず、一つの大きな骨として存在します。胸骨の腹側面からはよく発達した胸骨稜（きょうこつりょう）が突出し、竜骨（りゅうこつ）とも呼ばれます。竜骨は飛翔を担う分厚い胸筋が付着します。胸骨は背側で、烏口骨（うこうこつ）や肋骨と関節し、フイゴ呼吸を担います。

●フイゴ呼吸のしくみ

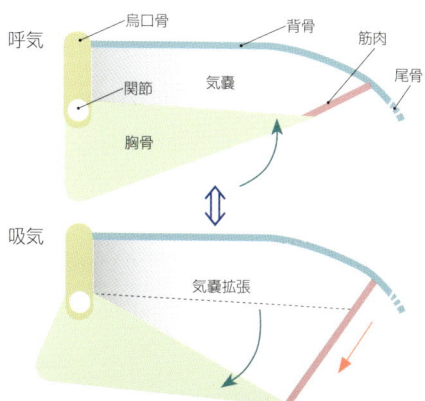

●保定のポイント：烏口骨は呼吸の際に動かないので、保定の際は烏口骨を押さえ、首を伸ばすのがコツです

【前肢帯】

前肢帯(肩帯)は、肩甲骨、烏口骨(うこうこつ)、鎖骨(さこつ)からなります。鳥の鎖骨は中央で融合して、Y字状となります。セキセイインコでは鎖骨は退化し、小さな痕跡が残る程度です。

POINT 烏口骨は鳥類で独特に発達し、巨大な胸骨を支えます。*12 烏口骨と胸骨の関節は骨格系最大の関節で、翼の支柱となり、フイゴ呼吸の支点となります。

5. 翼の骨

翼の骨は、哺乳類の前肢の骨が遠位にいくにつれ縮小融合してできており、上腕骨、橈骨(とうこつ)、尺骨(しゃっこつ)、手根骨(しゅこんこつ)、指骨(しこつ)からなります。

上腕骨と前腕の尺骨が著しく発達します。手根骨の数は少なく、尺側と橈側の二つだけで、遠位の手根骨は中手骨と融合して手根中手骨となります。

中手骨および指骨の第1、第5は退化してありません。第3、第4中手骨は半弓状に融合し、第2中手骨は非常に短く、第3、4中手骨の根元に突起状に存在します。

第2指骨はこの第2中手骨に関節します。第3指骨は平たい第1節、三角形の第2節から成り、第4指骨は第3指骨第1節の根もとに小さく付着しています。

＊9　頸椎の数は、セキセイインコ12個、ニワトリ14個、ハト12～13個、アヒル14～26個となっています。

＊10　POINT　大きな融合骨にはさまれ、独立した第6胸椎は力が大きく加わり、骨折が多発する部位です。特に脚力が強く突然飛び跳ねるウズラは、第6胸椎を骨折し、下半身不随になることが多々あります。ケージの天井と保定に充分注意しなければなりません。

＊11　POINT　胸部の圧迫は、フイゴ呼吸を障害します。哺乳類で言えば首を絞めている状態となり、呼吸困難から死亡します。

＊12　翼は正常なのに飛べない場合、烏口骨の骨折であることが多くあります。すぐ下に心臓があるため、骨片が大血管を傷つけ突然死を起こすこともあります。

● 翼の骨格

● 後肢の骨格

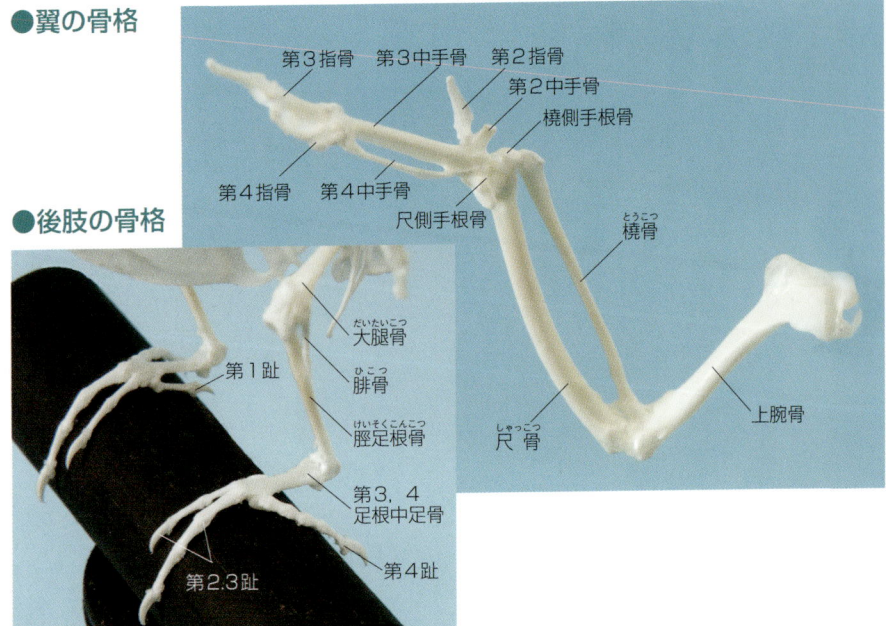

6. 後肢帯〜後肢骨

【後肢帯】

　後肢帯を構成するのは、腸骨、坐骨、恥骨が結合した寛骨です。

　腸骨は非常に大きな板状の骨で、背側は臀筋の付着部位となり、腹側は巨大な腎臓を収める空間を作っています。

　坐骨は腸骨の半分程度の大きさで、腸骨との間に坐骨神経が通る坐骨孔を有します。

　恥骨は哺乳類のように結合していません。恥骨や坐骨の結合の欠除により生じたもろさは、複合仙骨によって補われています。*13

【後肢骨】

　鳥の大腿骨は脛足根骨より短く、大腿部は体幹とともに皮膚でおおわれるため、外側から位置が認めにくいです。脛骨は近位の足根骨が融合して、非常に長い脛足根骨となっています。一方、腓骨は短く、セキセイインコでは脛足根骨の1/3ほどしかありません。

　遠位の足根骨は、第2・3・4中足骨と融合して足根中足骨となり、第2・3・4趾を付着する部位となります。

　第1中足骨は、足根中足骨の遠位内側に付着して第1趾と関節します。セキセイインコでは、第1趾は2個、第2趾は3個、第3趾は4個、第4趾は5個の節骨を持っています。各節骨の末節骨は鋭く尖り、爪によっておおわれます。鳥類の趾は4本以上になることがありません。

　第4指骨は、第3指骨第1節の根元に小さく付着しています。

---

*13 　POINT　メスの恥骨間は、発情時に開きます。これを利用して、産卵時期の予測や発情抑制の効果の確認ができます。恥骨を触って雌雄鑑別をすることもありますが、かなり不正確です。現在はDNA鑑定が用いられます。

■鳥類の体のしくみ

3. 筋系 (Musculature)

鳥の筋肉は、哺乳類の筋肉と大きく変わりません。ここでは鳥類に特徴的な筋群について学習します。

1. 胸部の筋肉

翼を動かしている筋肉は、主に胸部の筋肉です。胸筋（浅胸筋、大胸筋）は翼を下方に羽ばたくため、烏口上筋（深胸筋、小胸筋）は上方に羽ばたくために存在します。

鳥類において最も特徴的な筋肉は、飛翔のために猛烈に発達した胸筋で、体重の15～30％あると言われます。人では体重の約1％です。

鳥の状態を把握する上で最も重要な検査は、胸筋の触診と言っても過言ではありません。恒常性が保てない状態（＝病気）になると、胸筋が萎縮していきます。体調が良くなってくると胸筋はもとに戻ります。このスピードは著しく速く、感覚の鋭い人であれば1日でその変化に気づきます。古来より鷹匠の間では「肉当て」と呼ばれ、鷹の管理の秘儀とされていました。（☞P246）

POINT 哺乳類では運動不足で胸筋は落ちますが、鳥類では健康状態が良ければ、運動しなくても胸筋はベストな状態を維持します。やせている鳥を運動させると、病状を悪化させ、さらにやせさせてしまいます。

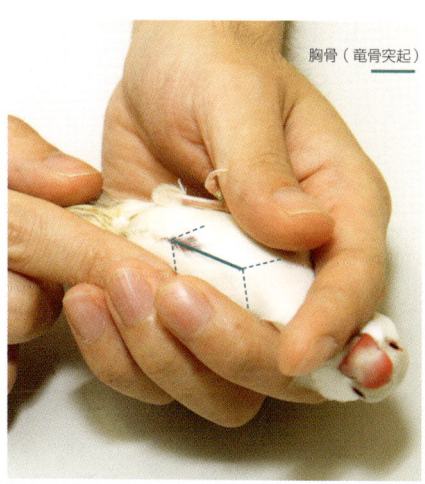

胸筋の触診：竜骨突起を境に左右の胸筋の張り具合をチェックします

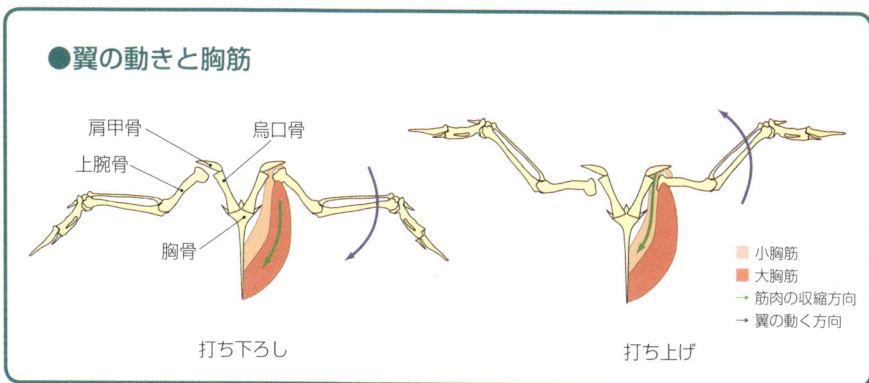

●翼の動きと胸筋

打ち下ろし　　打ち上げ

肩甲骨／烏口骨／上腕骨／胸骨

小胸筋／大胸筋／→ 筋肉の収縮方向／→ 翼の動く方向

4. 消化器系 (Digestive System)

一見飛行には関係のない消化管においても、空を飛ぶため、より軽く、そして飛翔に必要な莫大なエネルギーを効率よく摂取するために、大きな進化と退化が行われています。

1. 口腔 (こうくう)

哺乳類は哺乳のために口唇が発達しましたが、鳥類ではこれに変わって嘴(くちばし)が発達しました。すべての現生鳥類において歯は存在しません。

インコ科、オウム科の鳥は、嘴と舌、上口蓋(がい)を用いて種子の殻をむいたり、器用にエサを加工します。舌は非常に発達し、先端は丸く筋肉質で、中に骨が含まれます。鳥も唾液腺を持ちますが、オウム目の鳥は分泌量が少なく、口腔内は常に乾いています。

食道を通過するサイズに加工されたエサは、咽頭から食道へと丸呑みされます。

POINT 咽頭にエサが貼り付いたり、炎症が起きたりすると、首を上に伸ばし、上顎を開ける「あくび」のような行動をとります。

2. 食道・そ嚢 (のう)

食道は筋肉性の管で粘液分泌腺があり、常に湿っています。前部食道は頸部の右側を走行し、第6頸椎の位置で拡大して、そ嚢を形成します。そ嚢はすべての鳥類にあるわけではなく、フクロウ、ガンカモ、オオハシ、カモメ、ペンギンなどの仲間はありません。

【そ嚢の役割としくみ】

役割は主にエサを貯蔵することですが、エサを温め、摂取した水分によってふやかす役割も持ちます。

オウム類のそ嚢には分泌腺はなく、消化機能はありません。*14 ニワトリではエサに含まれる酵素や微生物の働きでデンプンや糖などが分解され、乳酸や酢酸などの有機酸の発酵が見られることがあります。*15

湿ったエサを与えると、そ嚢にカビが生えると言われてきましたが、そ嚢は元来エサと水分を混ぜ合わせる場所なので、これは迷信です。

オウム目のそ嚢の入り口は右側面で、下側から左側へと盲嚢状(もうのうじょう)に膨らみ、出口は正中にあります。ブンチョウなどスズメ目では、成鳥になると右側しか膨らみません。*16

そ嚢の筋肉は、蠕動(ぜんどう)によりエサを攪拌(かくはん)し、後部食道へ運搬します。そ嚢から出た後部食道は、気管の分岐部の右側から、両肺(腹側)と心臓(背側)の間の狭い隙間(せん)を通って、体の左側にある前胃(腺胃)へつながります。

POINT 口腔内、食道、そ嚢からエサを吐き出す場合を「吐出(としゅつ)」と言います。吐出は一般的にまき散らすことが少なく、食餌の直後、一箇所に吐き出す傾向があります。

---

*14 ハトは、ヒナの育雛餌として、そ嚢からそ嚢乳(クロップミルク)を分泌します。そ嚢乳は、哺乳類の母乳に成分が似ていますが、カルシウムと炭水化物に欠けます。ハトやコウテイペンギンのそ嚢乳はそ嚢上皮の落屑によって作られ、フラミンゴは食道のメロクリン腺から分泌されます。

*15 そ嚢内で過度の発酵が見られると、吐き出したエサの匂いがすっぱいことがあります(サワークロップ)。

*16 成鳥のそ嚢はヒナほど膨らみませんが、強制給餌を続けると、ヒナと同じくらい膨らむようになります。

● **そ嚢の最大容量**／ブンチョウ：1～2 ml、セキセイインコ：2～3 ml、ラブバード：3～4ml、オカメインコ：6～12ml

■鳥類の体のしくみ

●消化器系の図

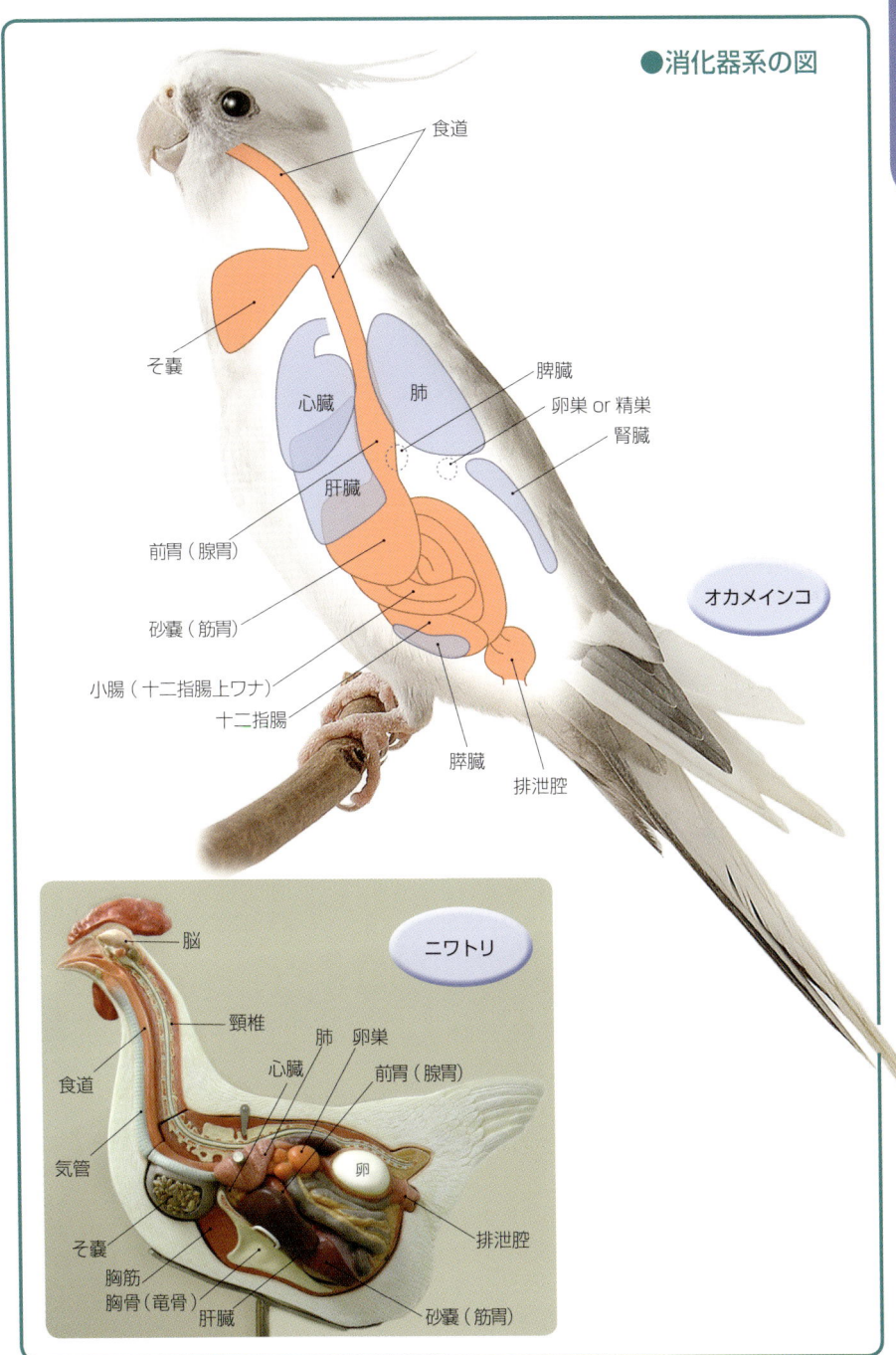

3. 前胃・砂嚢

　鳥の胃は、前胃（腺胃）と砂嚢（筋胃、スナギモ）の二つに分かれ、この中間部を中間帯と言います。

【タンパク質を分解する前胃】

　前胃は、管腔の狭い紡錘状の形をした細長い胃で、柔らかく薄い壁でできています。分泌腺が多数存在し、浅前胃腺からは粘液、深前胃腺からは胃酸、ペプシノーゲンなどが分泌されます。この胃酸により、ニワトリの胃のphは1.5〜2.5と強酸性です。

　胃より上部で出血が起きた場合、この胃酸によって血液中のヘモグロビン（赤）は塩酸ヘマチン（黒）へと変化するため、便は黒くなります（黒色便：☞P30）。

　ペプシノーゲンは胃酸によってタンパク質をポリペプチドに分解するペプシンへと変化します。セキセイインコでは、幼鳥に給餌するための吐物は前胃で作られ、タンパク質が約25％含まれます。

POINT 胃からの吐き戻しを「嘔吐」と言い、吐物をまき散らすのが特徴です。ケージの側面や顔に吐物がついている場合は、嘔吐を疑います。

【エサをすり潰す砂嚢】

　砂嚢は、著しく発達した分厚い筋層を持ち、丸い形をしています。内層は、胃小皮（あるいはケラチン様膜、コイリン層）と呼ばれるヒダ状の膜におおわれています。

　胃小皮は、砂嚢腺から分泌された糖タンパク複合体が、胃酸に触れて硬化したものです。分厚い筋層と硬いヒダ状の胃小皮は、前胃から分泌された消化液とエサを撹拌し、すり潰すのに役立っています。

　砂嚢が障害されると、すり潰しができず便中に粒がそのまま出てきます（粒便：☞P30）。胃小皮は、小腸から逆流した胆汁色素のため黄色から緑色をしています。

　砂嚢にはしばしば飲み込んだ砂礫（グリット）が滞留し、エサのすり潰しに役立ちます。グリットは殻をむかずに丸呑みする種類（キジ目、ハト目など）で重要ですが、そうでない種類では必ずしも重要ではありません。

　砂嚢の大きさは、食べているエサによって異なります。柔らかいエサを食べる種類では筋層や胃小皮は発達せず、前胃と似たような形態となります。砂嚢の出口にあたる幽門は、小腸への粗い粒子のエサとグリットの流出を防いでいます。

4. 小腸

【十二指腸、空回腸】

　小腸は、十二指腸とそれに続く空回腸に分かれます。鳥では空腸と回腸は明確に分かれていません。

　砂嚢の働きによって流動状となったエサは、幽門を経て十二指腸に入ります。十二指腸は途中で折れ曲がり、十二指腸ワナ（係蹄）というループを作り、中には膵臓が納まります。十二指腸の遠位では、肝臓からの1〜2本の胆管と、膵臓から3本の膵管を受け入れています。

　十二指腸を出たエサは、小腸の中で最も長い空回腸に入ります。[*17]

　卵黄嚢室（メッケル憩室）は、生まれたばかりのヒナの栄養供給を担っていた卵黄嚢の名残で、軸ワナの先端に見られます。

POINT 空腸の最後のワナは、腹部を開けたとき十二指腸の上部（頭側）に位置するため、十二指腸上ワナと呼ばれます。哺乳類と異なり、腹部を真ん中で切開（腹部正中切開）すると、傷つけてしまうことがよくあ

■鳥類の体のしくみ

るので注意しなければなりません。

【消化と吸収】

　小腸では、膵臓と腸の分泌酵素による消化が行われると同時に、吸収が行われます。ほとんどの可消化物は、膵酵素と腸酵素によって分解されます。＊18

　分解された栄養分は、小腸においてほとんど吸収されます。小腸粘膜は1mm²当たり約100の絨毛（じゅうもう）によっておおわれ、吸収面積を15倍に増やしています。絨毛の高さは哺乳類の2倍あり、豊富な毛細血管床によって吸収した養分を拾い上げ、門脈に輸送します。絨毛は、腸上皮に存在する杯細胞が分泌する粘膜によって、胃酸や消化酵素、消化物による磨耗から守られています。

　哺乳類と異なりリンパ管がないため、脂肪は直接、毛細血管に吸収されます。

　POINT　鳥類の腸にはラクターゼ（乳糖分解酵素）が認められていないので、乳糖を多く含むエサは推奨されません。また、寒冷や酷暑など、腸の血流を減少させ、吸収不良を引き起こすストレスに注意が必要です。

5. 大腸

【水分などを吸収する盲腸、直腸】

　大腸は、盲腸と直腸（あるいは結直腸）からなります。鳥の大腸は、多くの種類で小

腸よりも細く短いため、「大」腸と呼ぶにはふさわしくありません。

　鳥の結腸と直腸は哺乳類と比べて非常に短く、両者の区別がつかないことから、単純に直腸あるいは結直腸と呼ばれます。電解質、水分、若干の栄養（単糖、アミノ酸）が吸収されます。

＊17　セキセイインコの空回腸は4つのワナ（空腸ワナ、軸ワナ、回腸ワナ、十二指腸上ワナ）を作ります。
＊18　膵臓からは、デンプンを分解するアミラーゼ、脂肪を分解するリパーゼ、タンパクを分解するトリプシン、キモトリプシン、ペプチダーゼなどの消化酵素が分泌されます。腸腺からは、マルトース（麦芽糖）を分解するマルターゼや、ペプチドを分解するペプチダーゼのほか、腸液の分泌を促すエンテロクリニン、膵液の分泌を促すセクレチンやパンクレオミンなども産生されます。

鳥の盲腸

●鳥種によって発達、退化

　ニワトリやアヒル、フクロウでは、一対の大きく発達した盲腸が、小腸と大腸の連結部に存在します。スズメ目やハト目の盲腸は非常に小さく、オウム目では、肉眼では見ることができないほど退化しています。退化した盲腸には、リンパ性組織が多く含まれています。

　盲腸の発達する種類では、盲腸便（糞）と呼ばれる、粘りのあるやや赤褐色の臭い便を時折排泄します。これを下痢と間違えてはいけません。

　盲腸便の主な役割は、哺乳類のように盲腸内微生物による線維物の消化と考えられてきましたが、近年では血液中の老廃物を排泄する腎臓のような役割が主ではないかと考えられています。

6. 排泄腔

【糞道、尿生殖道、肛門道】

　排泄腔（総排泄腔、クロアカ）は、消化管と泌尿生殖器がつながる袋状の管で、糞道、尿生殖道、肛門道の三つからなります。直腸は糞道へ、尿管・卵管・精管は尿生殖道へつながり、糞道と尿道は肛門道へつながります。

　糞、尿および尿酸は、尿生殖道で混ざり合い一時的に貯留されます。尿生殖道の泌尿器排泄物は、逆蠕動により糞道、直腸に戻され、水分、塩分、タンパク質の再吸収が行われます。排泄腔ではわずかにナトリウムが吸収されます。*19　盲腸の大きな種類では、逆蠕動は盲腸まで尿酸を運び、盲腸内微生物に窒素源を供給します。

　糞と混ざった泌尿器排泄物は、糞道から肛門道を経て、排泄口より排泄されます。その際、尿生殖道へ逆流が起きないよう糞尿生殖道ヒダが排泄口から外に露出します。

　ヒナから若鳥の肛門道の背中側には、排泄腔嚢（ファブリキウス嚢）と呼ばれる鳥独特のリンパ組織が存在します。*20　生まれたばかりのヒナの消化管は完全に無菌ですが、排泄腔の自発的な吸収運動（Cloacal drinking）により、巣の環境から、下部消化管への微生物叢の取り込みを行います。

　消化管内に排泄される病原体検査では、排泄腔拭い液（クロアカ・スワブ）を使用します。

POINT　排泄腔は腹腔内に強く固定されていないので、卵詰まりなどの拍子に、外へ反転してしまうことがあります。この際は、すぐ中に戻さないと、排泄腔粘膜が障害されます。排泄腔が壊死すると、尿管の出口が塞がり、尿管閉塞となり死に至ります。

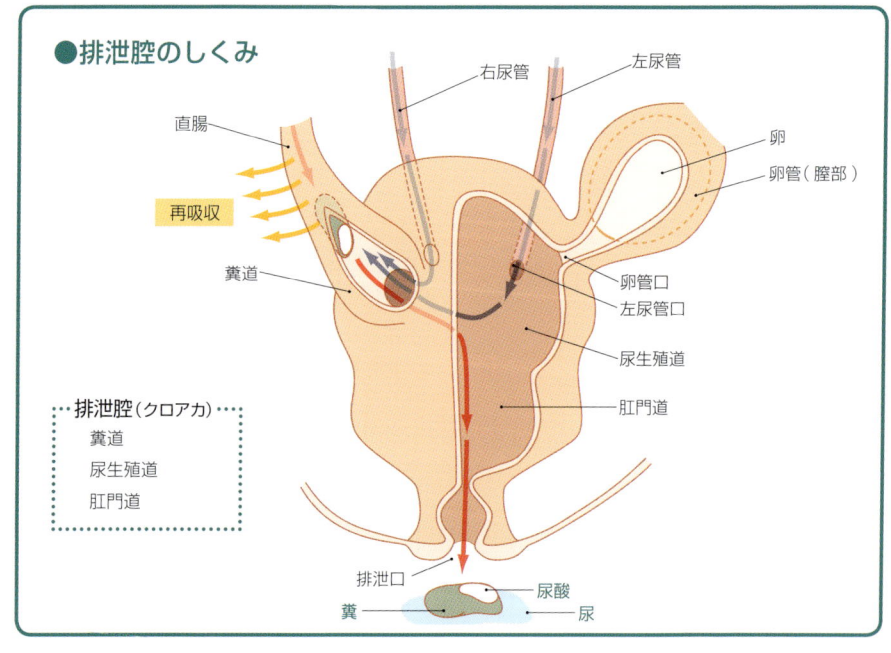

●排泄腔のしくみ

■鳥類の体のしくみ

7. 肝臓

鳥の肝臓は、胸部の腹側下部に存在し、心臓の先端を抱えるようにして、右がほんの少し大きい（ハトやアヒルでははるかに大きい）2葉に分かれます。結合組織がほとんどなく、哺乳類に比較して小さいです。

肝臓が肥大した際には、肝臓の右葉が胸骨をはみ出して腹部に触診されるか、腹壁の薄い種類では視診することができます。

胆嚢は右葉に存在します。*21

【脂肪の合成と貯蔵】

肝細胞は、胆汁の生産、卵黄成分であるビテリンの生成、グリコーゲンの合成・貯蔵・分解、アミノ酸の代謝、アルブミンやグロブリンの生成などに携わっています。

肝臓は、過剰な炭水化物から脂肪を合成して貯蔵します。このため、通常の肝臓の色は赤褐色ですが、高脂肪食を摂取していると黄色になります（フォアグラ）。

肝細胞より分泌された胆汁は、胃酸によって低くなった消化管内pHを中和します。胆汁に含まれる胆汁酸塩は、脂質を乳化させ、膵リパーゼとともに脂肪の消化吸収を促します。

POINT 哺乳類の主な胆汁色素はビリルビン（黄色）ですが、鳥の主な胆汁色素はビリベルジン（緑色）です。

8. 膵臓（すいぞう）

白から黄褐色の膵臓は、扁平な腺体として十二指腸ワナにはさまれて存在します。

鳥類の膵臓も、哺乳類と同様、内分泌腺と外分泌腺から構成されています。外分泌腺から分泌された膵液は、膵管を通じて

十二指腸遠位の管腔内に注がれ、消化に役立ちます。

POINT 膵液の分泌が障害されると（膵外分泌不全）、デンプンや脂肪が消化されずにそのまま便中に排泄されるので、便は白く大きくなります（☞P30）。

膵液は哺乳類のそれに似ており、様々な酵素や、腸のpHバランスを保つ炭酸水素イオンを含みます。

---

*19 POINT この逆蠕動による水分のリサイクルは、水分の少ない地域で生息する鳥種で特に重要です。セキセイインコなど、砂漠種の鳥の排泄物は、水分の少ないコロコロとした形になります。
*20 排泄腔嚢を摘出すると抗体産生能が低下することから、液性免疫を担うリンパ球を、排泄腔嚢の頭文字（Bursa of Fabricius）をとってB細胞と呼ぶようになりました。
*21 セキセイインコなど一部の種類では胆嚢を持たず、オカメインコでは個体によって胆嚢の有無が異なります。

便からわかる健康状態

★正常な便
鳥の便は、ビリベルジン（緑）と食渣（褐色）が排泄されるため、緑褐色です。

●下痢
下痢の場合は便の形が崩れます。砂漠種では非常に稀です。

●多尿
液体（尿）が多く、便は筒状で形が崩れません。病的な原因（糖尿病、腎不全、肝不全、心因性多飲症など）と、生理的な原因（換羽、産卵、発情、興奮、暑い、果物や野菜、塩土の過食など）に分かれます。前者は飲水量が体重の20%以上であることが多いです。

●巨大便
発情時のメスの便は巨大になります。営巣時は巣内を汚さないよう排便回数が少なくなるためです。排泄腔の麻痺でも起きます。

●粒便
種は砂嚢（スナギモ）ですり潰されます。便に粒が混ざる場合、砂嚢の異常が考えられます。

●緑色下痢状便（絶食便）
絶食時に見られます。ビリベルジンと腸粘膜のみが排泄されるため、便は濃緑色となります。

●濃緑色便
重度の溶血（鉛中毒など）により、大量に溶出したヘモグロビン（赤）からビリベルジンが生成されて便に排出され、濃緑色になります（❶）。

また、脂質の多いエサを食べ続けたり（❷）、緑色のエサを食べたとき（❸）も濃緑色便となります。

●黒色便
胃出血が起きると、ヘモグロビンが胃酸によって塩酸ヘマチン（黒）へと酸化され、便は黒くなります。

●白色便
膵臓から消化酵素が分泌されなくなると（膵外分泌不全）、未消化のデンプン（白）や脂肪（白）が便中に排泄されるため、便は大きく白くなります。

●赤色便
多くの場合、食餌の色（ニンジン、スイカ、赤いペレット）が原因です。

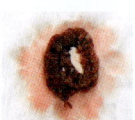

●赤色物の付着
便に赤色物が付着している場合、排泄腔出血、排泄口出血、生殖器出血、腎出血などが原因です。

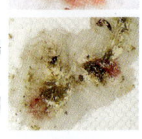

●尿酸の黄色化
肝不全あるいは溶血性疾患が疑われます。

●尿酸の緑色化
重度の肝不全あるいは溶血性疾患が疑われます。

●尿酸の赤色化
著しく重度の溶血性疾患が疑われます。

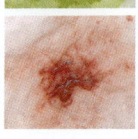

■鳥類の体のしくみ

5.呼吸器系(Respiratory System)

鳥類の呼吸器は、哺乳類のものと大きく異なります。飛翔のため軽く、そして酸素をより多く取り込むために進化しました。

1.鼻・鼻腔(びくう)・副鼻腔

【外鼻孔(がいびこう)】

外鼻孔は上嘴の基部に左右1対からなります。セキセイインコではロウ膜によって取り囲まれています。

外鼻孔より吸引された空気は、鼻腔を経て後鼻孔(こうびこう)に流れていきます。大きな異物は、弁蓋(べんがい)によって侵入が防がれています。

POINT 弁蓋をゴミだと思って除去しようとすると、大出血します。

【鼻腔】

鼻腔は骨性の鼻中隔(びちゅうかく)によって左右に仕切られます(隔離性外鼻口)。中には渦巻状あるいは突起状の鼻甲介(びこうかい)が発達し、その間や周囲を空気が通ります。鼻腔には鼻腺から分泌された塩分を含む分泌物や、涙腺より分泌され内眼角(目頭鼻)から鼻涙管を通った涙液も流れ込みます。

【副鼻腔】

鼻腔に接して、鳥では唯一の副鼻腔である眼窩下洞(がんかかどう)があり(上顎洞はありません)、頭部に非常に複雑に入り組んで広がっています。＊22 オウム目の眼窩下洞は左右がつながっていますが、スズメ目などでは交通がなく、そのため左右異なる病原体による眼窩下洞炎が起きることがあります。

【後鼻腔咽頭】

口蓋の真ん中には、縦に長くスリット状に開裂する後鼻孔(Choana)があります。縁にはギザギザの乳頭が存在し、エサが鼻洞

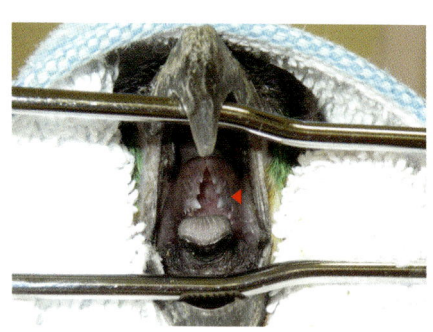

後鼻孔と後鼻孔乳頭

に侵入するのを防いでいます。ビタミンAが欠乏すると、この後鼻孔乳頭が消失してしまいます(ビタミンA欠乏症：☞P133)。

外鼻孔から吸引され、鼻中隔によって二手に分かれていた空気は、後鼻孔で混ざり、咽頭、喉頭を経て気管に入ります。

2.喉頭(こうとう)：気管の入り口

喉頭は舌の付け根にあり、舌と一緒に動きます。哺乳類と異なり、鳥は声帯や喉頭腔を持たず、音声の発生源にはなっていません。アヒルなどでは喉頭内に声帯ヒダがあり、食物や異物が下部呼吸器に入るのを防ぎますが、この声帯ヒダは麻酔時の気管チューブ挿入の際の邪魔になります。

POINT 喉頭口は裂隙状(れつげきじょう)(スリット状)で、エサを食べるときは反射的に閉じます。水

＊22 POINT その複雑な構造から、眼窩下洞に感染を起こすとなかなか治りません(副鼻腔炎：☞P202)。一般的に蓄膿症と言われます。

薬をスポイトで口腔内にいきなり投与すると、喉頭口の反射が働かずに気管に薬が入ってしまうことがあります。

特に、保定されて呼吸が荒くなっている際は誤嚥しやすく、窒息や誤嚥性肺炎（☞P210）を起こし、死に至ることもあります。また、喉頭には喉頭蓋がないので、チューブでの給餌は注意が必要です（☞P171）。

3. 気管

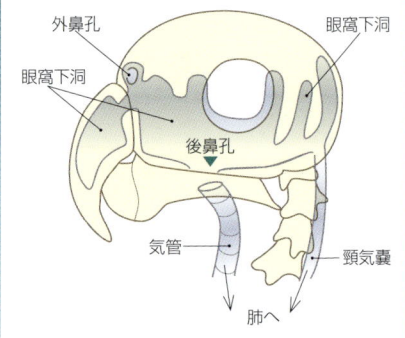

●上部気道（外鼻孔、鼻腔、副鼻腔、咽頭）および気管上部

鳥の気管はかなり屈曲性で、その壁には軟骨輪が存在します。気管が非常に長い種類では、気管はループ状、コイル状に畳まれ、鎖骨間、胸骨内、あるいは腹腔内にしまわれています。

POINT 哺乳類と異なり、鳥の軟骨輪は完全なリング状で、硝子軟骨あるいは完全に骨化していて非常に丈夫です。犬のような膜性壁を持つ気管は脆弱で、首を押さえると呼吸困難を起こしますが、鳥の軟骨輪は容易につぶれません。このため、首をはさんで持っても大丈夫です。

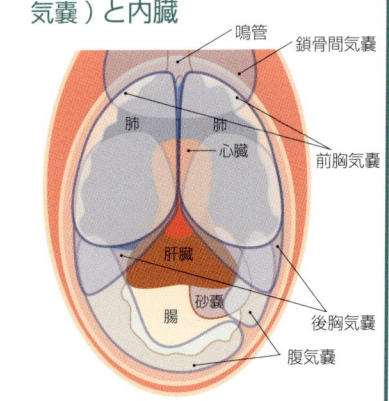

●下部気道（気管下部、鳴管、肺、気嚢）と内臓

4. 鳴管：発声器官

気管は胸郭に入ったところで、かんぬき骨によって仕切られ、左右の主気管支に分岐します。この分岐部は、気管および（あるいは）気管支、軟骨、膜および筋肉などが関連しあって、発声器官である鳴管を形成しています。

POINT 鳴管は、外側に外鼓状膜、内側に内鼓状膜があり、これらを空気の流れで震動させることで声を出します。様々な音色の声は、鼓状膜を各種鳴管筋が伸張あるい

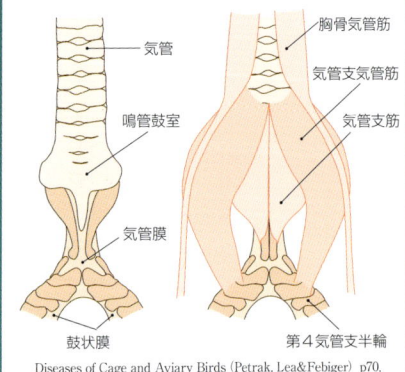

●気管と鳴管の構造

Diseases of Cage and Aviary Birds (Petrak, Lea&Febiger) p70.
Fig 5-16より一部改変

■鳥類の体のしくみ

は弛緩させたり、呼気時に鎖骨気嚢が圧迫したりすることで作られます。

甲状腺が腫れると鼓状膜を圧迫するため、呼気時に勝手に声が漏れてしまいます。

POINT 鳴管はその複雑な構造から、バイ菌（細菌、カビ）の温床となりやすく、鳴管アスペルギルス症（☞P89、208）など、致死的な疾病を起こします。こうした疾病の際は、鼓状膜の震動の障害により、声質の変化や声が出ない無声といった症状が見られます。鳴管や気管は内服薬が浸透しにくく、なかなか治りません。このような場合は、ネブライザーや気管内投与により薬を直接患部に浸透させる方法が有効です。

5. 気管支

気管支は、軟骨性の半輪を持つ肺外気管支と、膜性で肺実質に取り囲まれている肺内気管支に分かれます。

鳴管を出た肺外気管支である一次気管支（幹気管支）は、肺の内側面に入り、膜性気管支へと変わって後側方へ走行し、最後は腹口より肺を出て腹気嚢へとつながります。

一次気管支は肺内に入ったところで、内側面に二次気管支を生じ、二次気管支は各気嚢へとつながるか、旁気管支とも呼ばれる三次気管支を生じます。

旁気管支は末端と末端がそれぞれ連絡し合い、哺乳類のように盲端（行き止まり）とならず、終わりのない回路を作ります。

6. 肺

鳥の肺は小さく、胸郭の1/7ほどしかありません。脊柱をはさんで背側の肋骨に強く固定されています。

哺乳類の肺は、主に横隔膜の運動によって容積を変化させることで空気の流通を生み出しますが、鳥の肺はその大きさを変化させることがありません。そのため、肺雑音を聴診することは困難です。

POINT 横隔膜は単なる薄い膜として存在し、呼吸運動の役割は持たないため、鳥にしゃっくり（横隔膜痙攣）は起きません。

鳥は哺乳類に比較して、著しく効率的なガス交換機能を持っているため（☞P34）、酸素の薄い高度を悠々と飛ぶことができます。

7. 気嚢・含気骨

気嚢は、肺から飛び出た気管から発生した非常に薄い壁の袋状の組織です。血管の分布はほとんどなく、ほかの呼吸器のように異物を排除するための線毛もありません。このため、気嚢に入った病原体や異物は除かれにくく、抗生物質などの薬剤も効きにくいため、気嚢の疾患は治りにくいです。

気嚢は、前部の気嚢群（頸気嚢、前胸気嚢、鎖骨気嚢）と後部の気嚢群（後胸気嚢、腹気嚢）に大きく分けることができます。

頸気嚢は眼窩下洞へとつながり、鎖骨気嚢は胸骨や烏口骨、頸椎、上腕骨と、前胸気嚢は肋骨や胸骨、腹気嚢は腸骨、坐骨、恥骨の含気部（含気骨）と連絡します。肺からも直接、胸椎や肋骨、腸骨へと連絡しています。含気骨の呼吸器としての役割はよくわかっていません。

POINT 人は、肺の大きさを変えて呼吸を行っていますが、鳥は、肺の大きさは変えずに、気嚢を膨らませたり縮ませたりして呼吸運動を行っています。

鳥の呼吸のしくみ

- 鳥では、息を吸っているときも吐いているときも、常に肺内の空気は流れており、効率的なガス交換が行われています。
- 肺は、旧肺と新肺に分けられます。進化上、古い種類（例えばペンギンなど）では旧肺しかなく、新しい種類（キジ目、ハト目、スズメ目など）では新肺が発達しています。
　旧肺の旁気管支は直列になっていて、空気は一方向に流れますが、新肺の旁気管支は網目状になっていて、空気は二方向に流れます。
- 鳥には肺胞がなく、酸素と二酸化炭素の交換は、旁気管支から生じた含気毛細管と毛細血管の間で行われます。肺胞と異なり、含気毛細管によるガス交換領域はずっと大きく、体積あたりの交換面積は少なくともヒトの10倍です。
- また、旁気管支を流れる空気は、血流と対向方向に流れ、酸素と二酸化炭素の交換を効率的にしています（**対向流システム**）。
　さらに、毛細血管は、分流となってそれぞれ別の含気毛細管とガス交換をしているので、常に高い二酸化炭素と低い酸素濃度の血液が含気毛細管と接し、効率的なガス交換を行っています（**交差流システム**）。

呼吸のシステム

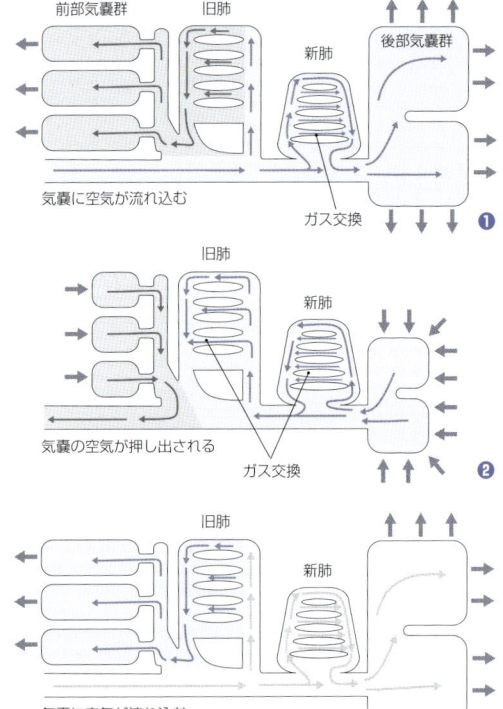

❶ 1回目の吸気(息を吸う)時
1. 烏口骨を支点に、肋骨の筋肉がフイゴのように胸骨を前腹方向に動かし、体腔容積を増加させる
2. 陰圧となった気嚢内に空気が流れ込む
3. 気管から一次気管支に入った空気は、旧肺をガス交換することなく素通りする
4. 新肺に入った空気はガス交換を行った後、後部気嚢群に入る

❷ 1回目の呼気(息を吐く)時
1. 胸骨を後背方向に動かし、体内の容積を縮めて、気嚢の空気を押し出す
2. 後部気嚢群の空気は、再び新肺をガス交換しながら通り抜ける
3. 空気は旧肺に流れ込み、さらにガス交換が行われる

❸ 2回目の吸気時
吸気時に旧肺の空気は、前部気嚢群に流れ込む

❹ 2回目の呼気時
呼気時に一次気管支に流入し、外へ吐き出される

■鳥類の体のしくみ

6.循環器系(Circulatory System)

鳥類の心臓は、飛翔という莫大な運動を行うため、哺乳類よりもやや大きいのが特徴です。

1.血管系

心臓：鳥類の心臓は、哺乳類に比較すると大きくやや長い形をしていて、哺乳類のように肺に囲まれるのではなく、肝臓によって支えられています。

動静脈：鳥類の動静脈は、哺乳類とほとんど違いがありません。大動脈弓は哺乳類と異なり、左大動脈弓の代わりに右大動脈弓が残っています。

POINT 頸静脈は右側が発達していて、採血の際に使用されます。

心臓

2.リンパ系

胸腺・ファブリキウス嚢：一次リンパ組織は、胸腺およびファブリキウス嚢で、これらの器官は免疫反応に応答します。

胸腺は、いくつか分かれた(多分葉)一対の構造で、頸静脈と迷走神経に沿って頸部に広がります。多くの種類で、成鳥の胸腺は肉眼的に観察することができません。

末梢リンパ組織：末梢リンパ組織は脾臓、骨髄が含まれ、消化管の壁にも多数存在します。リンパ節は稀です。

脾臓は、前胃の右に位置します。オウム目では丸い形をしていますが、種によって形は異なります。

POINT 感染症などの疾病時には、腫大した脾臓がX線で確認できることがあります。

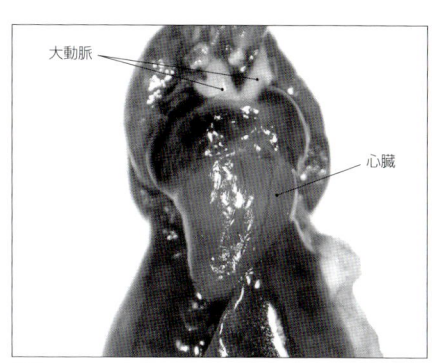

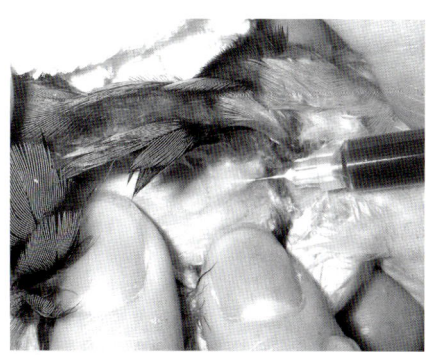

右側の頸静脈からの採血

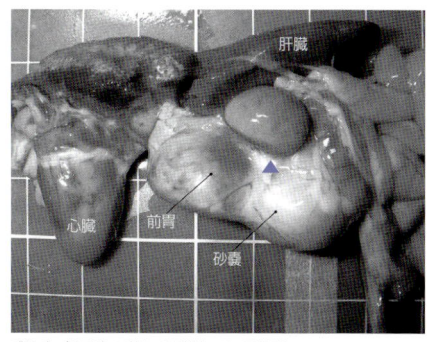

感染症(BFD)で著しく腫脹している脾臓

7. 泌尿器系 (Urinary System)

鳥類は体を軽くするため、水分をあまり保持しないようにできています。このため泌尿器も哺乳類とは大きく異なる機能と構造を持っています。

1. 腎臓 (じんぞう)

鳥類の腎臓は、哺乳類に比べて大きく長い、左右一対からなる扁平の器官です。*23

肺のすぐ下から始まり、排泄腔まで、複合仙骨や寛骨のくぼみに埋まるように脊柱の両側に存在します。

腎臓は通常、左右3葉（前葉、中葉、後葉）に分かれ（☞P38）、それぞれ多数の腎小葉からなります。各腎小葉から尿管（ネフロン）が発生し、排泄腔背壁の尿生殖道に開口します。*24

POINT 脚へいく大きな神経や血管が中を通るため、腎臓の腫大（腎腫瘍、腎炎など）や、ほかの臓器（精巣腫瘍、卵巣腫瘍など）による圧迫で、脚の血行不良や神経の麻痺が起きます。

2. 腎門脈系

哺乳類の腎臓では、動脈から流れてきた血液がネフロンで浄化され、静脈に流れて行きますが、鳥ではこれに加えて、後肢と後躯から流れてきた静脈群（内腸骨静脈、坐骨静脈、外腸骨静脈）が腎臓に入り、浄化を受けることがあります。

POINT 腎門脈系は、哺乳類以外の脊椎動物で共通の循環様式です。腎門脈系が存在するため、後肢あるいは後躯に薬剤を注射あるいは塗布すると、吸収された薬剤が静脈を経て腎臓に集中することがあるため、鳥の下半身への投薬は注意しなければなりません。脚の感染も、血行性に腎障害を起こす原因となります。

3. 尿の形成と濃縮

【ろ過・再吸収・排泄】

哺乳類同様、糸球体毛細管の血液は、糸球体膜でろ過され、糸球体包（ボウマン嚢）へ尿として流れ出ます。*25

糸球体包へろ過された尿は、尿細管、集合細管、集合管で水分などが再吸収され濃縮されます。また、排泄腔に排泄された尿が、逆蠕動によって大腸に戻り、さらに水分やナトリウムが再吸収されます。

腎臓では、塩分排泄の調節も行われますが、一部の鳥類では、鼻腺においても塩分の排泄が行われていて、腎臓の機能を助けています。

腎不全や、糖尿病、尿崩症などにより尿の濃縮が困難になると、多尿が生じます。多尿は下痢とよく間違われます

4. 尿酸の形成と排泄

【アンモニアを尿酸に分解して排泄】

タンパク質を分解してできたアミノ酸を利用する際、分解産物として生体に猛毒なアンモニアが生じます。硬骨魚類や両生類の幼生はアンモニアのまま排泄しますが、軟骨魚類、哺乳類、両生類の成体は尿素、爬虫類や鳥類では尿酸に変えて排泄します。

爬虫類と鳥類は水分を排泄できない卵殻の中で発生するため、固形で害の少ない尿酸が有利です。尿酸は尿素と同様、肝臓でアンモニアから形成されますが、腎臓においても形成されます。*26

【排泄のしくみ】

尿酸は、尿とともに排泄腔に流れ込み、便と混ざります。これらは、逆蠕動によって大腸に戻り、水分が搾り取られ、尿酸は便に付着します。再度、排泄腔に押し出された便と尿酸は、再び排泄されてきた尿に押し流されるようにして外界に排泄されます（排泄のしくみ：☞P28）。

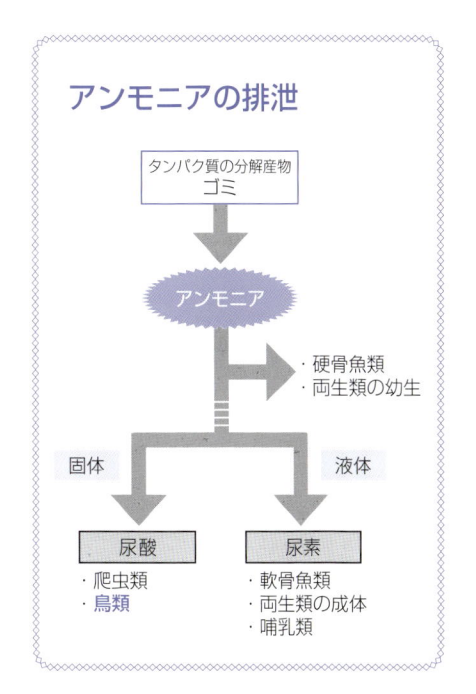

POINT 人では、尿酸は核酸の最終代謝産物として排泄されるため、核酸の代謝異常によって高尿酸血症が生じると「痛風」が生じます。鳥では、主に腎不全によって「痛風」が発生し、非常に痛いため、脚の異常（跛行、挙上）が見られます（☞196）。

---

*23　ニワトリの腎臓は体重の0.7%あります。
*24　スズメ目では、この葉がはっきりと分かれておらず、左右もくっついているように見えます。鳥類の腎臓には、皮質と髄質の明らかな境界線が見当たりません。ネフロンには糸球体包、曲部、直部、ネフロンワナがあります。
　糸球体は哺乳類よりも小型で、数が多くあります。皮質のネフロンは、中間部がループを形成しない爬虫類型で、髄質のネフロンは、逆にループを形成する哺乳類型です。水分の保存が必要なときは、保存に有利な哺乳類型ネフロンに切り替えることができます。
　腎小葉の尿細管は集合管に集められ、集合管は尿管へとつながります。遠位尿細管は哺乳類よりも大きく、腎盂は存在しません。
*25　鳥類の糸球体ろ過率は、1.7〜4.6ml/kg/minの範囲とされます。糸球体ろ過率は、下垂体後葉より分泌される抗利尿ホルモンであるアルギニンバソトシン（AVT）の影響を受けます。AVTは再吸収にも関わると考えられます。再吸収量は、70%以下から99%以上と変動し、正常でも低張尿を排泄しますが、高張尿も排泄できます。
*26　尿酸は沈殿した形状で、尿細管に存在し、浸透圧には貢献しないので強制的な水分の排泄は免れます。

アンモニアの排泄

```
タンパク質の分解産物
     ゴミ
      ↓
   アンモニア
      ↓
   ┌──┴──┐
   │     ├→ ・硬骨魚類
   │     　  ・両生類の幼生
  固体    液体
   ↓      ↓
  尿酸    尿素
・爬虫類  ・軟骨魚類
・鳥類    ・両生類の成体
          ・哺乳類
```

8. 生殖器系 (Reproductive System)

空を飛ぶために、鳥類の生殖器も哺乳類と大きく異なります。

鳥類のメスは体を軽くするため、長い期間、子供を体内に宿しておくことができません。そのため硬い殻に包まれた卵を素早く作成し、素早く産む機能を身につけました。オスは、空中で邪魔にならないように、精巣が体内にしまわれたままです。

1. オスの生殖器

鳥のオスの生殖器は、対の精巣、精巣上体、および精管から成り立っています。一部、陰茎と似た構造を有する種類がいます。

【精巣】

精巣は卵円形で、哺乳類と異なり体腔外に出ず、腎臓の前葉の上側、肺のすぐ下に左右対で存在します。*27

【精子】

精子は、精巣で作られ、精巣上体で成熟され、精管で蓄えられて射出されます。哺乳類に見られるような副生殖腺は一般的に欠除していますので、精漿は精細管で作られます。副生殖腺に類似した器官を持つ種類も一部いて、血液由来のリンパ様液や、これに似た泡沫液を産生します。*28

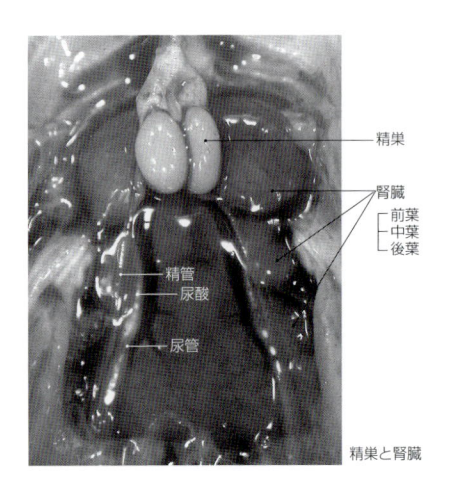

精管はジグザグ状の精管ワナ、まっすぐな直部、膨らんでいる膨大部、精管乳頭を経て、尿生殖道につながります。

一般的な鳥種は、交尾器を欠いていますので、交尾の際は、排泄腔同士を接触させます。メスは卵管口を外転させ、オスは陰茎あるいは精管乳頭を卵管にあてがい、精子を流し込みます。*29 *30

多くの鳥類の精子の頭部は単純な棒状をしていますが、スズメ目の精子は螺旋状の複雑な形をしています。黄体形成ホルモン(LH)や卵胞刺激ホルモン(FSH)の精巣機能に及ぼす影響は、哺乳類とほぼ同様と考えられます。

精巣と腎臓

- 精巣
- 腎臓
  - 前葉
  - 中葉
  - 後葉
- 精管
- 尿酸
- 尿管

---

*27 精巣は、哺乳類と同様、精細管と間質からなり、精細管には、支持(セルトリ)細胞、精細胞(精祖細胞、一次精母細胞、二次精母細胞、精子細胞、そして精子)が存在し、間質にはアンドロゲンを分泌する間質(ライディッヒ)細胞が存在します。精細管は哺乳類よりも大きく、複雑に分岐、吻合しています。

精巣は白膜で包まれ、精細管を分けています。哺乳類のような精巣小葉や縦隔はありません。非発情期の精巣は間質細胞の脂質によって黄色く見えますが、発情期には間質細胞が分散し、白く見えます。

*28 ウズラでは、排泄腔腺から泡沫液を産生します。

*29 ニワトリの尿生殖道にはリンパヒダが存在し、性的興奮によりリンパが流れ込み、精子の流れる溝を作ります。

*30 精液の量と精子の濃度は、種類によって異なります。ニワトリは、0.325 ml (約37億/ml)、アヒルは0.390ml (約95億/ml)、ウズラは0.012ml (約43億/ml)、ハトは0.004ml (約74億/ml)との研究報告があります。

■鳥類の体のしくみ

鳥の発情と交尾

●精巣の大きさと発情

　鳥の精巣は、左がやや大きいです。発情期になると非常に大きくなります。ニワトリでは非発情期の約3倍、ウズラは体重の10％に達することがあり、非発情期の300倍となる種類もあります。非発情期になると、実質的に崩壊し小さくなりますが、次の発情期にはほとんどすべて再生します。

　POINT　著しい発情性の精巣肥大により、内臓を圧迫することがあり、腎臓が圧迫された場合には、中を通る神経が圧迫されて脚の麻痺が見られることもあります。

●精巣の熱暴露と腫瘍化

　哺乳類も体腔内に精巣は発生しますが、成長の過程で体腔から出て陰嚢に収まります。精巣の細胞は熱に弱く、内臓からの熱の伝播を避け、外気によって冷やすためです。哺乳類において、精巣が体腔外に降りてこない病気(陰睾)では、精巣腫瘍になる確率が非常に高くなります。

　鳥の精巣は、高体温(42℃)の体内にありますが、なぜ平気なのか詳しくわかっていません。おそらく非発情期には小さくなって、腹気嚢に包まれて空気で冷やされているからだと考えられます。

　しかし、一年中発情し、精巣が肥大して内臓からの熱が暴露され続けると、精巣は腫瘍化しやすくなると考えられます。精巣腫瘍からは女性ホルモンが大量に分泌されることがあり、罹患鳥はメス化することがあります。セキセイインコではロウ膜の褐色化が見られます(ロウ膜：☞P16、精巣腫瘍：☞P128)。

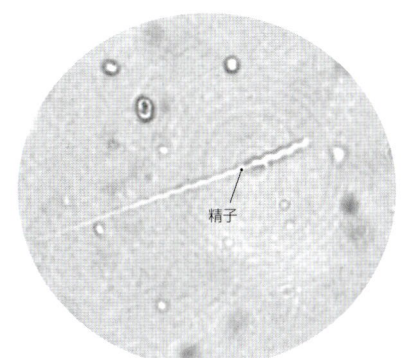

精子

ブンチョウの精子

●鳥の交尾器

　交尾は、排泄腔同士を接触させて行われます。排泄口にはリンパによって腫脹する陰茎(といっても数ミリの小さな球状)がありますが、排泄腔の中には入りません。

　ニワトリのヒナの雌雄判別は、これらの交尾器を確認します。セキセイインコでは、精管乳頭がこれらの代わりとなると考えられます。

　ダチョウやアヒル、ガチョウなどでは、陰茎が発達し、交尾の際は挿入が行われますが、精子は外部の溝(陰茎溝)を通ります。性的に興奮したアヒルは、巨大な陰茎(6〜8cm)が排泄口から飛び出していることがあり、これを脱腸と勘違いすることがあります。

　オウム類でも、クロインコとコクロインコでは、オスの排泄腔から外転し腫れた袋状の突起がメスの排泄腔に挿入されます。この交尾は最大100分にわたることがあるとされます。

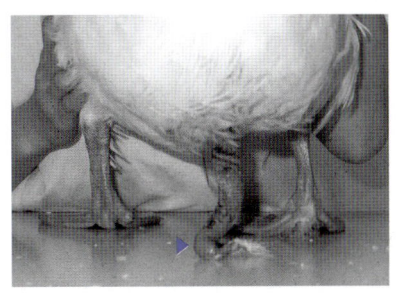

脱出して腫脹したアヒルの陰茎

2. メスの生殖器

【卵巣と卵管の構造】

　鳥類のメスの生殖器は、卵巣と卵管からなります。卵管は、哺乳類の卵管、子宮、膣を合わせた臓器です。一般的に鳥の卵巣と卵管は、左側だけが発達します。*31

　卵巣は、短い卵巣間膜によって左腎臓の前方に付着します。卵巣間膜の中の血管は非常に短く太いため、結紮が困難です。このため、鳥の卵巣摘出は現在のところ一般的ではありません。

　卵巣は、卵胞を包む卵巣皮質（実質帯）と血管、神経に富む卵巣髄質（血管帯）に区別されます。卵巣表面には何千もの大小異なる卵胞が見られ、線維性結合組織からなる卵胞茎で卵巣実質と結びつきます。このため卵巣はブドウの房状に見えます。

【卵巣の成熟】

　未成熟あるいは非発情期の卵胞は小さく白色です（ニワトリで2～3mm以下）。

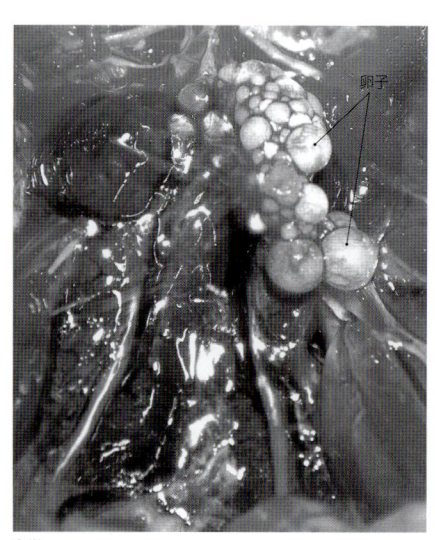

卵子

卵巣

　卵子の元である卵祖細胞は、有糸分裂によって一次卵母細胞に分化します。

　未成熟卵胞は、顆粒層に包まれた1個の一次卵母細胞でできています。一次卵母細胞は一次減数分裂によって、二次卵母細胞と一次極体に分裂し、一次極体は退行します。

　POINT　一般的な季節繁殖鳥は、11ヶ月で成熟し、2年目から繁殖が可能となります。セキセイインコも卵巣が成熟するまでに12ヶ月必要とされますが、3ヶ月で卵を産んだツワモノもいます。大型種では成熟により時間がかかり、アオボウシインコで3～4年、コンゴウインコで5年、アホウドリでは8年かかります。

【光周期と発情】

　成熟すると、環境刺激をきっかけに性腺刺激ホルモンが分泌され、発情期を迎えます。長日繁殖鳥では、光周期の増大（明るい時間の延長）は直接卵胞を成長させ、逆に光周期の減弱は卵胞の成長と発育を抑制します。ブンチョウは短日繁殖と考えられているので逆です。

　光は、瞳孔を通って、網膜、視神経を経由して、あるいは頭骨を通過して直接、視床下部あるいは松果体を刺激します。

　光周期の延長は、視床下部から黄体形成ホルモン放出ホルモン（LHRH）の分泌を促進します。

　また、松果体ではメラトニンの産生が抑制されます。メラトニンは、生殖腺刺激ホルモン放出抑制ホルモン（GnIH）の合成を誘導し、性腺の発達を抑制しています。LHRHは腺下垂体を刺激し、黄体形成ホルモン（LH）の産生を促します。LHは、卵胞の成熟を促します。*32

【卵胞の成熟】

　成熟卵胞は外側から、表在上皮、表在層、外卵胞膜、内卵胞膜、卵胞基底層、顆粒層、

■鳥類の体のしくみ

卵黄周囲層、放射帯、卵細胞膜で構成されます。

黄体形成ホルモン（LH）の作用：LHの作用により、内卵胞膜の間質細胞からはエストロゲン、顆粒層細胞からはプロゲステロンが産生されます。＊33　LHは、カルシウムイオンの存在下で、卵胞からプロスタグランジン（PG）の生成も促します。

エストロゲンの作用：肝臓に働きかけて、卵黄前駆物質を作らせます。卵黄タンパクと脂質は、血液によって卵巣に運ばれます。卵胞には卵黄前駆物質が蓄積し、急激に増大します。＊34　また、骨髄骨の生成、卵管の成長、アルブミンの産生、二次性徴などにも関わります。

卵黄：様々な栄養が含まれ、鳥のような母体からの栄養供給がない卵生動物では、重要な胚の栄養源となります。卵黄の黄色は、キサントフィルと呼ばれるエサの中の色素が由来です。

抱卵中のブンチョウのペア

＊31　キーウィは左右の卵巣が発達し卵子を作ります。
＊32　哺乳類では卵胞刺激ホルモン（FSH）もLHRHによって分泌されますが、鳥ではよくわかっておらず、FSHの生殖に関わる役割も不明です。恐らく卵胞の成長を促すものと考えられます。
＊33　プロゲステロンの産生を開始させるためには、エストロゲンの存在が必要とされます。
＊34　卵黄は毎日同心円状に堆積していくので、超音波検査をすると年輪のような多層構造がわかります。

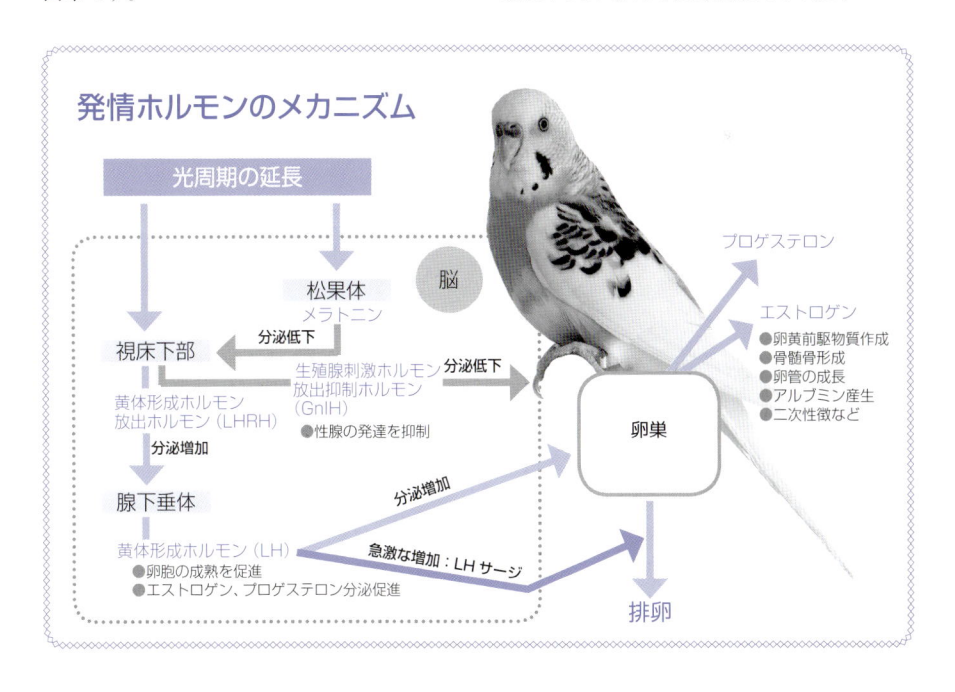

発情ホルモンのメカニズム

光周期の延長

松果体
メラトニン
分泌低下

視床下部
黄体形成ホルモン放出ホルモン（LHRH）

生殖腺刺激ホルモン放出抑制ホルモン（GnIH）
●性腺の発達を抑制
分泌低下

脳

分泌増加

腺下垂体
黄体形成ホルモン（LH）
●卵胞の成熟を促進
●エストロゲン、プロゲステロン分泌促進

分泌増加
急激な増加：LHサージ

卵巣

プロゲステロン

エストロゲン
●卵黄前駆物質作成
●骨髄骨形成
●卵管の成長
●アルブミン産生
●二次性徴など

排卵

●卵の作成のメカニズム

卵巣
ホルモンの作用で卵巣から卵子（卵黄）がひとつ落ちます。
＝排卵

卵管采（ロート部）
落ちた卵子を拾います。受精もここで行われます。

膨大部
受精卵の周りに卵白が作られます。

峡部
弾力のある卵殻膜が作られ、卵を包みます。

子宮部
カルシウムが放出されて卵殻が作られます。

膣部

排泄腔

●卵の構造

卵殻、卵殻膜、卵白、卵黄、カラザ層、カラザ、気室

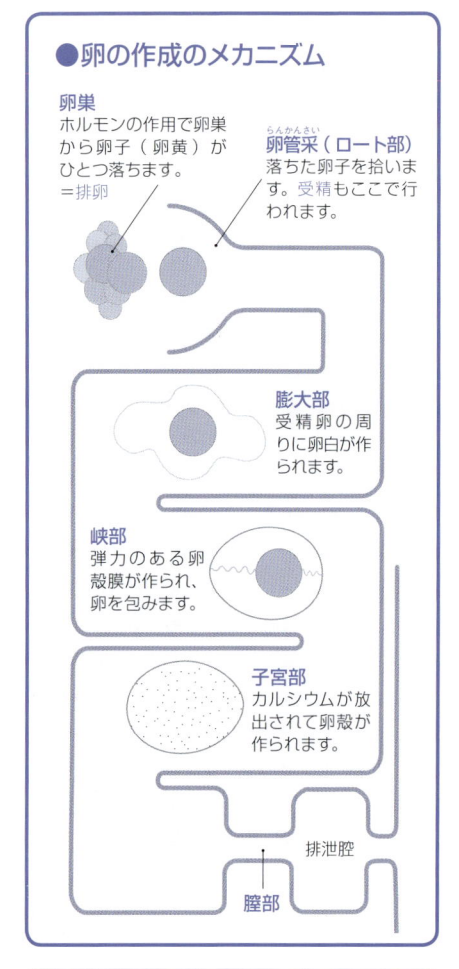

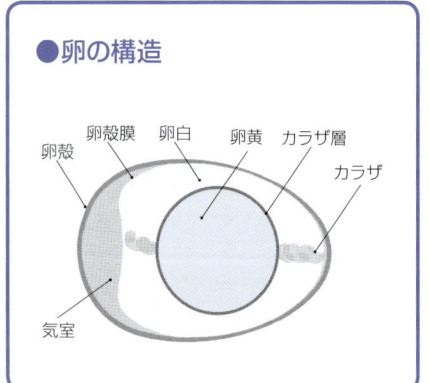

卵胞の成長：産卵鶏では、常に30mmの成熟卵胞が5個近く存在し、排卵を待っています。卵胞の成長には数日間かかり、ニワトリでは7〜12日で成熟します。

排卵の15〜60分前には、プロスタグランジン（PG）の影響で子宮部は収縮します。

POINT 卵巣と子宮部の間には、フィードバックがあるようで、卵管を摘出すると排卵は起きなくなります。

【排卵のメカニズム】

プロゲステロンの上昇に続く、LHの急激な上昇（LHサージ）が起きると、PGの急激な上昇が起こり、表在上皮が破裂して排卵が起きます。

卵胞表面の表在上皮には毛細血管が豊富に分布しますが、頂上部には、血管が認められない帯状の卵胞破裂口（スチグマ）があり、この部位が裂けることで、出血することなく排卵が行われます。破裂口に異常があると、出血して卵黄に血斑が生じ、ニワトリの卵では商品価値が下がります。

【卵管での卵の作成】

鳥の卵管は、ロート部、膨大部、峡部、子宮部、膣部から成り、卵管背側間膜と卵管腹側間膜によって腹腔の天井から吊り下げられています。間膜の後部にはよく発達した筋索があります。発情期の卵管は著しく肥大し、伸張します。ニワトリでは、約15cmの卵管が約65cmの長さに達することがあります。

ロート部：卵巣から排卵された卵子は、卵胞を包むロート部に落ち、取り込まれます。

POINT この際に、ロート部に落ちず、腹腔内に落ちることを卵墜と言い、それにより起きる腹膜炎を特に「卵墜性腹膜炎」と言います（☞P121）。

ロート部では二次減数分裂と受精が行われ、卵黄をおおうカラザ層と、卵黄を卵の

■鳥類の体のしくみ

中心に据えるひも状のカラザが作られます。
膨大部：次に、卵は卵管の中で最も長い区間である膨大部に入ります。膨大部では、アルブミン、ナトリウム、マグネシウム、カルシウムなどが分泌され、卵黄の周りに卵白が形成されます。膨大部の粘膜ヒダは連続螺旋状になっているため、卵は回転しながら下行します。
峡部：約10％のアルブミンと、卵殻が沈着するための支持組織である卵殻膜が作られます。
子宮部：卵殻と、卵を押し流すための液状物質が分泌されます。卵殻の主な成分は、炭酸カルシウムで、血液から供給され、プロゲステロンのコントロール下で、子宮部の卵殻腺より分泌されます。＊35

POINT 卵殻カルシウムの総量は、血中カルシウムの総量よりも多いので、骨（骨髄骨）や消化管内のエサからカルシウム動員がかなり行われています。

膣部：ここでは何も添加されません。

精子の貯蔵を行う精子細管

膣部には、精子の貯蔵を行う精子細管があり、常時精子が放出されます。ニワトリではロート部にも存在する精子細管へ運ばれます。

産卵時には、膣括約筋が拡張して精子細管から精子が放出され、産卵直後の卵管の逆蠕動運動によって、ロート部まで運ばれます。ロート部に蓄えられている精子は、排卵直後に放出され受精に関与します。受精に関与しなかった精子は再び貯蔵されます。

卵管内での受精能力の保持期間は種類によって異なり、ニワトリ（10～14日）、ハト（8日）、ウズラ（8日）、アヒル（7～10日）、シチメンチョウ（45～52日）となります。

【産卵のメカニズム】

膣部の左卵管排泄腔口（卵管口）は、尿生殖道に開口します。子宮部に卵が入ると、ホルモンやカルシウムの働きで子宮部の収縮、膣部括約筋と膣部の弛緩が起こります。

腹筋の収縮も手伝って、卵は回転しつつ子宮部を押し出され、ゆるんだ膣部を通過し、卵管口から放出（産卵）されます。

産卵時、排泄腔は反転し、卵管口が排泄口に重なって卵管口から直接外界に産卵されます。このため、卵は排泄腔の中に入らず、排泄物と接触することなく産卵されます。

POINT カルシウムが欠乏すると、子宮部が収縮しなくなったり、卵殻がうまく作られなくなるため、卵詰まりを起こしやすくなります。「卵詰まりの際はお尻（排泄孔）から油を入れると良い」との民間療法がありますが、油は排泄腔内に入ったとしても卵管には入りません。このため、まったく意味がないどころか、排泄腔の油は逆蠕動によって直腸に入り、下痢などの問題を起こす可能性があります。

＊35 骨髄骨は、アンドロゲンとエストロゲンの相乗効果によって起きます。また、子宮部では、卵殻に色（ポルフィリン）を添加したり、その外側に細菌の侵入を防ぎ、水分の損失を減らす役割を持つ小皮（クチクラ）を添加します。

【産卵のサイクル】

多くの種類で、排卵から産卵までの時間は約24時間です。卵は同時に2個以上作られることはありません。

POINT 24時間以内に卵が出てこなければ「卵詰まり」です。＊36

不定期に連続：ニワトリやアヒルは不定期に産卵し、卵を取り除くとまた卵を産んでしまう「補充産卵性」です。ニワトリは1回の産卵期間（1クラッチ）が定まっておらず、連続して30個以上もの産卵が続くことがあります。

POINT 補充産卵性の鳥の卵を巣から取り出すと、どんどん産み続けるので、卵は温めさせます。＊37

一定期間に一定数：一般的な鳥は、一定期間に一定数の卵を産む「非補充産卵性」です。オウム目の鳥は、卵を除去されても追加産卵しない「非補充産卵性」と言われます。

POINT オウム目でも、実際には卵を取り除くと追加産卵する個体がいるので、卵は抜かないようにします。オカメインコでは、連続80個の卵を産んだ記録があります。

産卵周期：通常の鳥は、年に1クラッチの

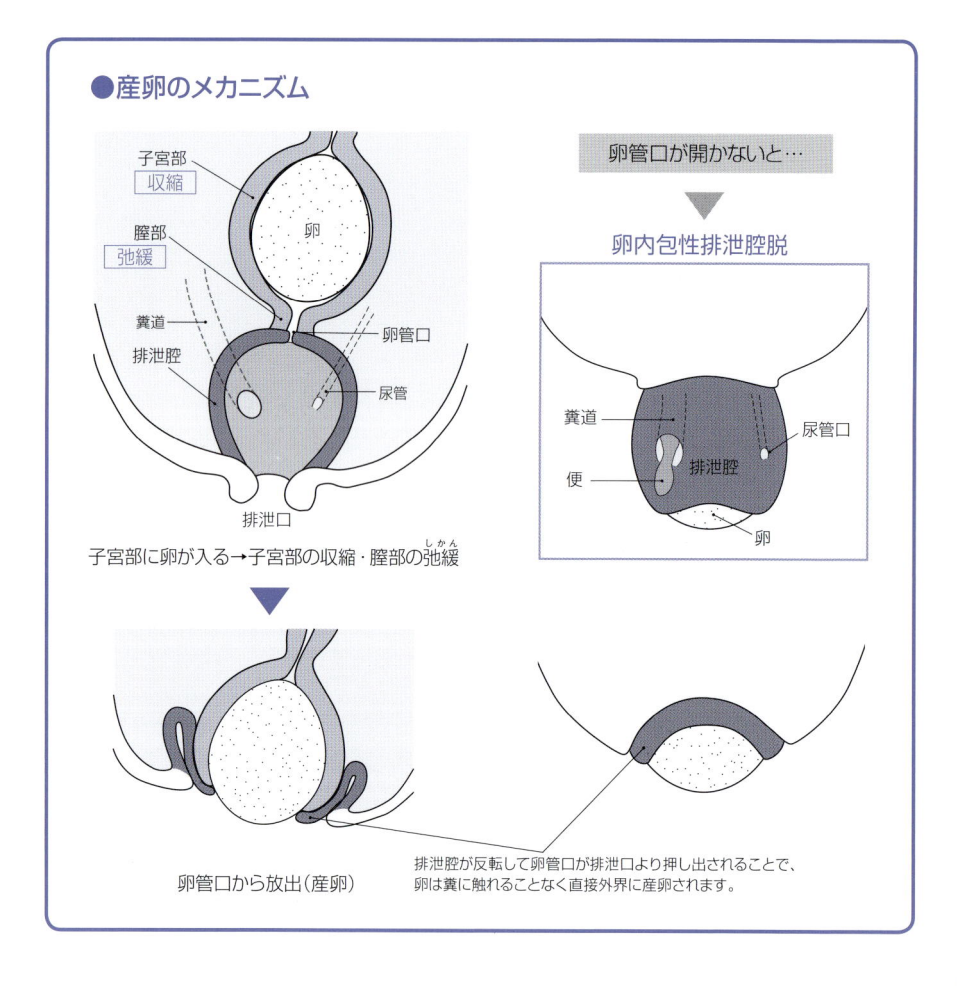

●産卵のメカニズム

子宮部 収縮
膣部 弛緩
卵
糞道
排泄腔
卵管口
尿管

排泄口

子宮部に卵が入る→子宮部の収縮・膣部の弛緩（しかん）

卵管口が開かないと…

卵内包性排泄腔脱

糞道
便
排泄腔
尿管口
卵

卵管口から放出（産卵）

排泄腔が反転して卵管口が排泄口より押し出されることで、卵は糞に触れることなく直接外界に産卵されます。

■鳥類の体のしくみ

抱卵中のカナリア

孵化後のヒナたち

産卵を行います。1クラッチ内で卵を産む時間間隔は様々です。フィンチ類は毎日産みますが、オウム類は一日置きに産むのが一般的です。

POINT　産卵周期が狂った場合は、何らかの問題（卵詰まりなど）が生じたと考えなければなりません。

飼育鳥の1クラッチの産卵数と孵卵日数
- キンカチョウ：6卵、12日
- カナリア：4卵、13～14日
- セキセイインコ：4～6卵、16～18日
- オカメインコ：5卵、19日
- ハト：2卵、17～19日
- ニワトリ、アヒル：孵卵期はそれぞれ21日と28日

卵の重さは、体の大きさにほぼ比例し、体重の約3％です。キーウィは体重の25％もの巨大な卵を産みます。ある種のペンギンやアホウドリは隔年で1クラッチ産みます。

通常、同一クラッチの卵は、同時に孵化します。卵の中のヒナ同士がコミュニケーションをとっているためと考えられています。

【抱卵行動】

POINT　腺下垂体よりプロラクチンが分泌し始めると、卵巣は退行し、抱卵行動が始まります。＊38　抱卵期には、おなかの皮膚が分厚くなり浮腫状となり、充血する抱卵斑（ほうらんはん）

が見られます。

ケージに手を入れると激しい攻撃行動が見られたり、巣を汚さないため便の回数が減り、巨大な便をするのも特徴です。

抱卵時は、巣（ケージ）から出たがらず、床に座り込み、膨羽するため、病気と間違えられることがよくあります。抱卵行動は一定の場所以外では起きないので、ケージの外や食餌中は膨羽せず、活発な活動が見られれば抱卵行動と考えられます。

＊36　ニワトリで、卵管内のそれぞれの部位を卵が通過する時間は、ロート部15分、膨大部3時間、峡部75分、子宮部20時間、膣2～3秒と言われます。ニワトリでは産卵が終わった30分後に排卵が起きます。すなわち、24～26時間周期で産卵が繰り返されます。

＊37　ニワトリは1年に約230個の卵を産み、352個産んだ記録もあります。

＊38　プロラクチンは、視床下部に作用してLHRHの分泌を抑制し、その結果、腺下垂体からのLH分泌を低下させます。また、卵胞にも直接作用して、エストロゲン分泌を抑制します。

松果体では、セロトニンからメラトニンへの変換が抑制されます。セロトニンは、腺下垂体へ作用してプロラクチンの分泌を促進します。セロトニン自体も卵巣の成長を抑制します。神経下垂体からは、プロラクチン放出ファクター（PRF）が分泌され、腺下垂体へ作用してプロラクチンの分泌を促進します。

抱卵による卵の体への接触は、血管作用性ポリペプチド（VIP）を介し、プロラクチンの分泌を促します。エストロゲンの減退とともに分泌される、甲状腺刺激ホルモン放出ホルモン（TRH）もプロラクチンの分泌を促します。

9. 内分泌器系 (Endocrine System)

内分泌器系は、生体機能の調節に重要な役割を持つ様々なホルモンの分泌と分泌量の調節を行っています。

下垂体前葉 黄体形成ホルモン (LH)、卵胞刺激ホルモン (FSH)、プロラクチン (PRL)、甲状腺刺激ホルモン (TSH)、副腎皮質刺激ホルモン (ACTH)、成長ホルモン (GH) など。
下垂体後葉 アルギニンバソトシン (AVT)、メソトシン (MT) など。
甲状腺 サイロキシン (T3)、トリヨードサイロニン (T4)。
副腎 鉱質コルチコイド (アルドステロンなど)、糖質コルチコイド (コルチコステロン) など。
上皮小体 パラソルモン (PTH) 類似物質。
鰓後腺（さいこうせん） カルシトニン (CT)。
その他 松果体 (メラトニン)、消化管 (ガストリン、コレシストキニン、セクレチン)、膵臓 (インスリン、グルカゴン、ソマトスタチン)、卵巣 (プロゲステロン、アンドロゲン、エストロゲン)、精巣 (アンドロゲン)、免疫細胞 (サイトカイン)。

育雛中のブンチョウ

● 主なホルモンの役割

LH	卵胞からエストロゲン、プロゲステロン、プロスタグランジンの分泌を促進 排卵に関与
FSH	卵胞の成長や精子形成に関与
PRL	抱卵行動（就巣）、育雛行動、換羽やストレスなどに関与
TSH	甲状腺を刺激して甲状腺ホルモンの分泌促進
ACTH	副腎を刺激して副腎皮質ホルモンの分泌促進
GH	成長促進。肝臓でインスリン様細胞増殖因子産生
AVT	子宮部収縮、腎臓の水分ろ過率と濃縮などに関与
MT	浸透圧上昇作用に関与？
T3・T4	体の代謝速度を早め、熱産生、成長促進、換羽に関与
アルドステロン	Na+ の再吸収促進など、電解質の代謝に関与
コルチコステロン	血糖値を上昇するなどストレスに対する抵抗性を高めるいわゆる「ステロイド」
PTH	血液中のイオン化 Ca 値を上げる作用
CT	Ca 値を低下させる作用

■鳥類の体のしくみ

10. 神経系と感覚器官 (Nervous System and Sence Organs)

鳥の生活の主な場は空中です。このため、神経系と感覚器は空中生活に適して進化しています。

1. 中枢神経

鳥の脳は爬虫類と比較すると大きく、哺乳類と比較すると小さいです。頭蓋骨が非常に薄いため、簡単に脳に障害を受けるので注意が必要です。

前脳（終脳）：左右のしわのない平滑な大脳半球と、その前方に位置する細長い嗅球（きゅうきゅう）からなります。嗅球は、穀物を食べている鳥ではあまり発達せず、嗅覚を使ってエサを探す種類では大きくなります。＊39

大脳皮質の発達は哺乳類よりよくありません。大きな線条体を持ちます。

間脳：鳥類で小さく、視床上部（松果体）、視床下部（下垂体と視交叉（しこうさ））を含みます。下垂体は、腺下垂体と神経下垂体を持ちます。

中脳：視覚情報を処理する視葉が存在し、視覚の発達した鳥類では大きくなっています。

小脳：鳥では大きく発達しています。運動や平衡感覚を担っているので、空を飛ぶ鳥類にとっては重要です。

延髄：生命を維持するために必要ないくつかの反射中枢を含んでいます。脊髄は、延髄と連続して脊柱管を通って、尾骨まで延びています。

2. 末梢神経

鳥類の脳神経は、以下の12対があります。嗅神経（I）、視神経（II）、動眼神経（III）、滑車神経（IV）、三叉（さんさ）神経（V）、外転神経（VI）、顔面神経（VII）、内耳神経（VIII）、舌咽（ぜついん）神経（IX）、迷走神経（X）、副神経（XI）、舌下（ぜっか）神経（XII）。

脊髄神経は、各椎節に一対存在します。椎骨数が種類によって異なる鳥類では、脊髄神経の数も異なります。脊髄神経には、運動線維、知覚線維、自律神経線維が含まれます。

3. 自律神経

自律神経には、交感神経と副交感神経が含まれます。鳥類の交感神経と副交感神経の役割は、哺乳類とさほど変わりません。末梢血管の収縮や、立毛筋のコントロールは自律神経によるものです。

＊39　**POINT**　大脳半球に対する嗅球の比率は、セキセイインコ6％、カナリア12％、ハゲタカ17％、ハクチョウ21％、キーウィ33％となります。

●ニワトリの脳の模式図

前脳　間脳：視床上部・視床下部　延髄　脊椎
嗅球　小脳：運動・平衡感覚　中脳：視覚情報

4. 知覚終末・感覚器

【味覚】

味蕾：味覚を感じる細胞の集まりである味蕾は、鳥ではあまり発達していません。このため、味覚はあまり発達していませんが、甘味、酸味、苦味、塩味などを感じ取ることができます。

鳥の味蕾は舌でなく、口蓋や舌の基部、咽頭、あるいは喉頭に存在します。ヒトが約1500個あるのに対し、ハトで27〜56個、ニワトリで24個、アヒルで約200個、インコ類で約400個と言われます。

POINT 味覚の鋭敏さは、種によって異なり、味の好みは個体によって様々です。そのためエサの変更や、同じエサでもロットが異なるなど味の違いによって、絶食を招くことがあります。このため古いエサがなくなる前に、新しいエサを試し始める必要があります。

【嗅覚】

一般に、鳥の嗅覚はあまり発達していません。ただし、エサを探す際に嗅覚を用いる種類では発達します。

たとえば、キーウィは、視覚があまり発達していない代わりに、嗅覚を発達させ、嘴の先端についた鼻孔から匂いを嗅ぐことで、暗闇の中でも土の中のミミズを探し当てることができます。

ヒメコンドルは、視覚だけでなく嗅覚も発達していて、遠くからでも屍体を発見することができます。

【聴覚と平衡感覚】

鳥類の耳は、哺乳類同様に聴覚と平衡感覚のための器官です。哺乳類のような耳翼を持たず、外耳道は羽毛によって隠れています。

中耳：小柱骨と小柱外軟骨は、振動音を非常に大きな鼓膜に伝えます。中耳腔は咽頭と耳管を通じて連絡しています。

内耳：三つの半規管と連合した膨大部、結合した球形嚢、卵形嚢、ラグナで成り立っています。半規管は、中にリンパ液が満たされ、体の傾きを測る役割を持っています。内耳で受けた刺激は、第8脳神経の前庭部に伝達されます。

これら平衡感覚を司る器官は、空を飛ぶ

●舌の形状

フィンチなど先のとがった小さな舌に対して、オウム・インコの舌の先端は丸く筋肉質で、中に骨が含まれます。

赤カナリア

アオメキバタン

外耳炎で赤くなった耳孔

■鳥類の体のしくみ

第1章

●目の構造

（図：角膜、毛様体、虹彩、水晶体、強膜、脈絡膜、網膜、硝子体、網膜櫛、視神経）

鳥種によって異なる虹彩の色

- セキセイインコ
- ヨウム
- シロハラインコ
- ズアカハネナガインコ
- コザクラインコ（アルビノ）
- キエリボウシインコ

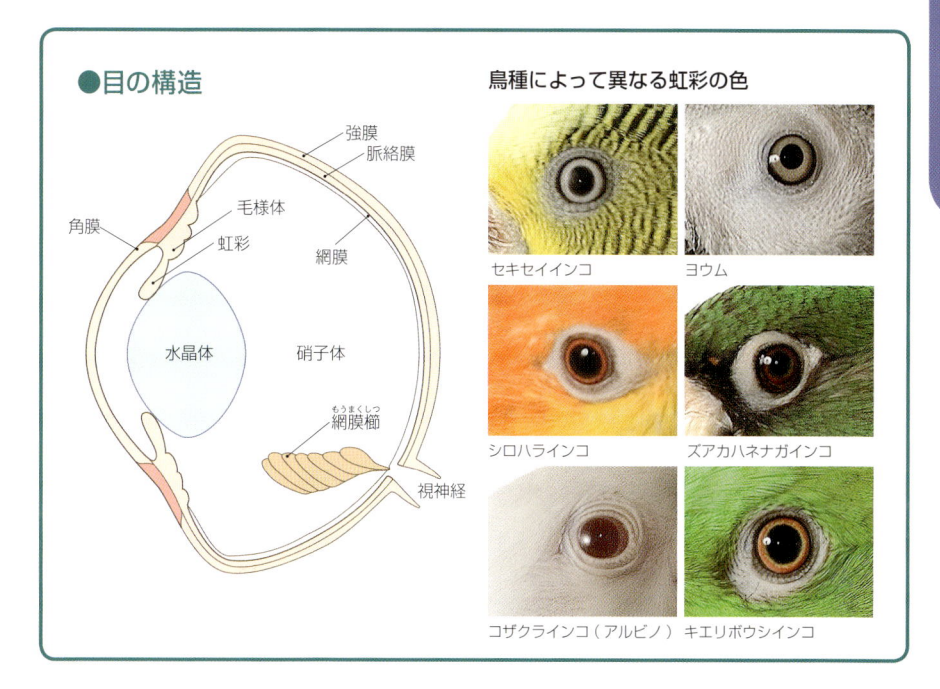

鳥では非常に発達しています。

POINT 斜頸、旋回、ローリング、眼振など、平衡感覚の異常による症状を前庭徴候と言い、これらは内耳か、脳の前庭の障害によって生じます。

【視覚】

①動体視力と視野の広さ

鳥は飛行を行うため、速度の速いなかで動いているものを捉えたり、衝突を回避したりするために、高い視力を必要とします。このため、鳥類の視覚は哺乳類と比較して著しく発達しています。

一般に眼球は巨大で、いくつかの種類では両眼が脳よりも重量があります。哺乳類と異なり、眼球は平らで、広い範囲を見るのに役立っています。急激に近くを見る際は、平らな眼球を丸くして焦点を調節します。

ほとんどの鳥の眼球は、頭の両側についていて、かなり広い範囲を見ることが可能で、それぞれ別の映像を見ています。正面のエサを両眼で見ながら、横や後ろから外敵が来ないか見ることが可能です。

②目のしくみ

鳥の巨大な目は、外側から実際に見えるのは角膜だけで、あとはほとんどが眼瞼（がんけん）によって隠れています。眼瞼は哺乳類と異なり、主に下眼瞼が動いてまぶたを閉じます。

眼球の内眼角：瞬膜（しゅんまく）（第三眼瞼）があり、眼球の内側から外側に向かって引かれます。瞬膜が眼球をおおっても、瞬膜は半透明なので、鳥は膜を通して外界を見ることができます。瞬膜は、水に潜る種類では水中眼鏡の代わりになります。

眼球の前内側：瞬膜腺、後側には涙腺（るいせん）があり、涙液を分泌し眼球を潤しています。目に入ったゴミや老廃物は、眼瞼の内眼角に運ばれて、涙点より鼻涙管に入り、後鼻孔に排出されます。

眼球には、哺乳類と同様、眼球線維膜、眼球血管膜、眼球内膜があります。

眼球線維膜：眼窩内では丈夫で不透明な強膜を、外界側では透明な角膜をつくります。角膜の周囲には強膜小骨、強膜後小骨があり、これらは互いに重なって強膜小骨輪をつくり、眼球の変形に抵抗することができます。

眼球血管膜：脈絡膜、毛様体、虹彩からなります。脈絡膜は、厚く色素を含んで瞳孔以外の光をさえぎり、暗幕の働きをするとともに、多数の血管分布により眼球に栄養を送ります。毛様体は、眼房水をつくり、眼内圧を支えます。毛様体筋は水晶体の厚さを変えることで焦点を合わせます。

水晶体は、濃密な中心部と、濃密でない環状の水晶体輪枕（りんちん）と呼ばれる周辺部からなります。

虹彩は水晶体の前方にある薄い隔膜（かくまく）で、瞳孔を有します。鳥類の色彩豊かな虹彩は、虹彩内の脂肪小滴（しょうてき）と色素によるものです。

眼球内膜：網膜と虹彩、毛様体で構成されます。網膜には、明所での視覚に関わる錐状体（たい）と、暗所での視覚に関わる杆状体（かんじょうたい）があります。通常、鳥は錐状体が発達していますが、夜行性の鳥では杆状体が優位です。

視神経の入り口は、網膜櫛（もうまくしつ）（ペクテン）によって隠されています。網膜櫛は、濃厚な色を持つ、扇状のヒダで、網膜乳頭から後眼房に突出しています。網膜櫛の機能は明らかではありませんが、網膜に血液供給する役割が主だと考えられています。

鳥の目の機能

● 色・明暗の識別

多くの哺乳類が2色型色覚、人は3色型色覚ですが、鳥は4色型色覚で、哺乳類よりも明確に色彩を区別します。

細かい模様や、明暗差の判別、種類によっては水中での観察や、夜間の航行中の星座の確認も可能です。鳥目と言われるように、一般に、夜間は視力が極端に落ちますが、一部の種類では夜間に捕食を行うことも可能です。

● 優れた動態視力

焦点を調節する能力に優れ、たとえば猛禽を警戒しながら飛んでいても、突然近くに飛んできた虫にすぐさまピントを合わせることができます。鳥は、一瞬で交換が可能な、望遠鏡と虫眼鏡を兼ね備えていると言えます。

● 猛禽類の視力

最も視力が優れているのは猛禽類で、眼球は筒状をしており、より遠くをピンポイントで精細に見ることができます。ハイタカの網膜は、単純計算で人の約8倍の視力と言われます。

映像を拡大することもでき、30％増になると言われます。ハゲワシは1,500m上空からエサを発見することができます。

● 広い視野

頭の両側についた眼球は広い視野を持ちますが、なかでもヤマシギの目はかなり後ろについており、前方だけでなく、後方も両眼視することができます。

フクロウだけは、眼球が平らな顔の正面についていて、正面を両眼で観察することで、暗い中を走り回る小動物を捕らえます。横や後ろを見るためには、首をまわす必要があります。

ベンガルミミズク

■鳥類の体のしくみ

第1章

11. 血液 (Blood)

血液も哺乳類と大きく異なります。これも空を飛ぶため、酸素を効率よく運ぶためと考えられます。

1. 血液

　鳥の血液量は、体重の約10%です。ただし、肥満の個体では体重に比較して少ない血液量となります。

　POINT　鳥類では、出血が起きた場合、急速に組織から液体が血液内に移動するため、哺乳類よりも失血に強く、循環血液量減少性ショックが起きにくいとされます。また、出血によって哺乳類のような脾臓の収縮は見られません。

　健康な鳥の安全出血量は、全血液量の約10%です。たとえば、体重35gのセキセイインコでは、全血量は3.5ml、安全出血量は0.35mlです。0.35mlは約7滴ですから、いかに出血に強いと言っても、小型鳥類においては大きな危険です。

【血液検査の方法】

　検査の際は、安全出血量以内で採血します。採血は、太くアプローチしやすい右頸静脈から主に行います（頸静脈採血）。大型鳥では、脚の後肢伏在静脈（サフェナ）や、翼下の橈側皮静脈から採血を行うこともあります。簡易的な検査の場合や、血が止まりにくそうな個体（小型鳥、肝障害など）では、深爪をしてそこから染み出た血液を使用することもあります（爪切り採血）。

2. 赤血球

　鳥類の赤血球は、哺乳類よりも大きく（10

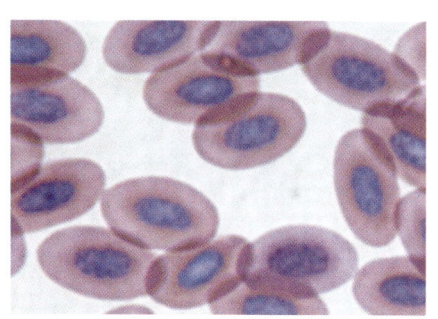

血液塗抹（赤血球）

〜16μm×6〜8μm）、楕円形です。哺乳類と異なり、核のある有核赤血球です。

　測定法や鳥種により異なりますが、赤血球の寿命は短く、28〜45日です。高い代謝率と高体温による影響と考えられます。

　骨髄で赤芽球から作られ、腎臓で作られたエリスロポイエチンが赤芽球から赤血球の形成を刺激します。

　鳥類の血球容積（PCV、ヘマトクリット値）は哺乳類よりも高く、35〜55%ぐらいです。

　POINT　PCVが35%以下であれば貧血、55%以上であれば脱水あるいは多血症（呼吸器疾患など）が疑われます。

3. 白血球

　白血球は、顆粒球である偽好酸球、好酸球、好塩基球と、単核球であるリンパ球、単球からなります。一般的には、偽好酸球が優勢ですが、種類によってはリンパ球が優勢です。あとの血球は数%以内です。

4. 血液凝固

　鳥類は血液凝固に関わる血小板を持ちませんが、代わりに栓球を持ちます。栓球は球形の細胞と核で、塗抹上では集塊をつくる傾向があります（20,000～40,000/mm³）。

　POINT　鳥は、血液凝固過程において接触相（IX因子の活性化に必要）が欠除しているため、鋭利な切開（メスなどでの）は多量の出血を招く恐れがあります。また、外傷のない鳥で採血を行った際、凝血塊が形成され、血清の分離が困難になることがあります。

5. 生化学的特徴

　鳥は、哺乳類の約2倍の血糖値（200～500mg/dl）を持つ高血糖動物です。高血糖は、高体温と高い代謝率の維持に役立っていると考えられます。

　鳥の血清総タンパク値（TP）は低く、3～5g/dlです。そのため、屈折計や生化学自動分析装置の値はあまり信用できず、正確な数値を知りたい場合には、電気泳動が必要です。アルブミン：グロブリンの比は、一般に1より低くなっています。

鳥類の検査の種類

●腎臓機能の検査
尿酸値：血中尿素窒素（BUN）値を計測せず、尿酸（UA）値を計測します。これは、主な窒素代謝産物が尿酸のためです。

●肝機能の検査
AST・CPK：肝臓と他の組織損傷により、アスパルテートアミノトランスフェラーゼ（AST）は上昇します。このため組織損傷で上昇するクレアチンホスホキナーゼ（CPK）を併せて計測し、ASTが上昇し、CPKが上昇していない場合を肝損傷の証拠とします。

総胆汁酸値：肝機能を評価するためには、総胆汁酸値を計測するのが最も良いとされます。このほかにもGGTやアンモニア（NH₃）、コレステロール（TCHO）などが計測されます。

　鳥のアルカリホスファターゼ（ALP）は、肝臓とはあまり関係がないとされますが、著しい肝障害で高値を示すことがあります。

●その他の検査
コレステロール（TCHO）：肥満や高脂食、肝リピドーシス、胆汁排泄障害、甲状腺機能低下症、

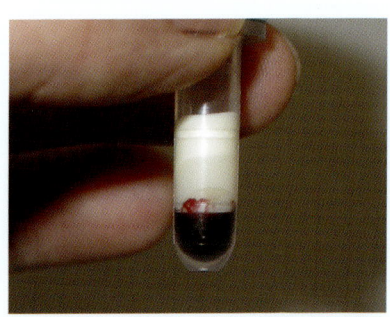

著しい高脂血症で血漿が真っ白になっており、貧血も重度

飢餓などで上昇します。中性脂肪値は、肥満の鳥や発情中のメス鳥で上昇します。
カルシウム：通常8～12mg/dlの範囲ですが、産卵している鳥では20～40mg/dlになることもあります。ビタミンD₃過剰症や悪性腫瘍でも上昇することがあります。
　カルシウムの低下は、過産卵のメス鳥や、ヨウムでよく起きる問題です。6.0mg/dl以下になると痙攣症状が起きやすくなります。
血清リン：通常2～6mg/dlぐらいで、急性腎不全や栄養性二次性上皮小体機能亢進症などで上昇します。
爪切り採血：生化学検査で誤差が生じることがあります。

■鳥類の体のしくみ

白血球からわかる健康状態

　白血球の計測は、赤血球が有核であるため自動血球計算器では困難で、手動で計測する必要があります。白血球を分類するためには、哺乳類と同様に血液塗沫標本を作成し、染色する必要があります。

● **偽好酸球の増減**
　白血球の偽好酸球（ヘテロフィル）は、哺乳類で言うところの好中球で、主に細菌や真菌感染などによる炎症性疾患の際に増加し、ストレスによっても増加します。敗血症やオウム病など重篤な疾患の際、中毒性変化を起こします。逆に偽好酸球が少なくなった場合は、重度の敗血症やPBFDなどを疑う必要があります。

● **リンパ球の増減**
　リンパ球は、ウイルスなどによる慢性的な

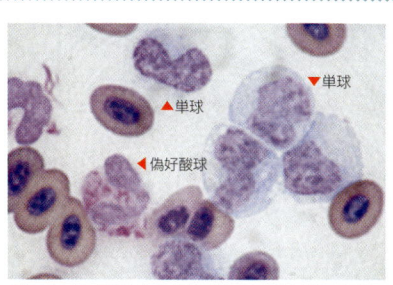

感染症により増加した白血球。特にアスペルギルスが疑われます

抗原刺激やリンパ性白血病などで増加し、ストレスや敗血症などで減少します。

● **単球の増加**
　単球は、慢性炎症の際に増加し、典型的には、肉芽腫性疾患、抗酸菌症、オウム病、アスペルギルス症などで著しい増加が見られます。

● **好酸球・好塩基球**
　鳥の好酸球や好塩基球の正確な役割はわかっていません。

12. 体温 (Body Temperature)

鳥類は、哺乳類と同様、恒温動物ですが、飛翔のため高体温を維持しています。

1. 鳥の体温

　いくつか例外的な種類を除くと、鳥類は哺乳類と同様、恒温動物です。
ヒナ期は変温性：ニワトリなどは孵化後すぐ恒温性になりますが、オウム類やスズメ類などは、孵化してから巣にいる間、ほとんどの期間が変温性です。
　POINT 変温性の時期のヒナは、温度管理を厳密に行わなければなりません。
　代謝速度を亢進することで熱発生を行いま

す。鳥の体温は高く、約40〜42℃です。このため、静止状態（木に留まっている状態）から急激に運動を行う（飛び立つ）ことができます。体温は、昼間高温で、夜間低温に日内変動します。
　POINT 体温がもともと高いため、疾病時に発熱することはほとんどありません。発熱による活動量の減少があまり見られないので、病気の発見が遅れます。逆に、疾病時は高い体温を維持するのが大変であるため、膨羽が見られます。

2. 体温調節

【暑いときの体温調節】

　暑いときは、熱産生を低下させるとともに、対流、蒸散、伝導によって温度を体から逃がします。鳥は汗腺を持っていないので、体表での蒸散は起きません。

熱の放散：血管を拡張させ、体表（脚や脇などの無羽域）から熱の放散を促進します。

羽を寝かせる（縮羽）：綿羽容積を減少することで、体温を逃げやすくします。

翼を広げる：翼を広げて、脇の無羽域を外界にさらします。

代謝を落とす：熱発生を防ぎます。

浅速呼吸（あえぎ呼吸、パンチング）：気嚢や肺から熱を放散します。＊40　高臨界温度に達すると、この方法以外はうまくいかなくなります。さらに、浅速呼吸が激しくなると、その呼吸運動によって代謝が上がり、熱が産生され、体温が急激に上昇し、死に至ります。

POINT　脱水時や湿度が高いときは蒸散ができないため、低い気温でも臨界温度になります。ニワトリでは、相対湿度75％で、38℃の外気温への長時間の暴露は著しく危険です。飲水をあまりしないセキセイインコなどの砂漠種でも、暑い時期は水を切らすと熱中症になる恐れがあります。

【寒いときの体温調節】

　寒いときには、熱産生と体温の放散の抑制を行います。

熱の放散を抑制：血管を収縮させて体表（特に脚部）からの熱の放散を抑制します。脚から上がってきた冷たい静脈血は、脚に降りてきた温かい動脈血で暖められます。熱は動脈から静脈に受け渡され、外界に放散されにくくなっています（対向流系）。

羽を立たせる（膨羽）：綿羽容積を増加させることで、体温を逃げにくくします。

代謝を上げる：熱発生を行います。

ふるえる：低臨界温度に達すると、ふるえによって熱を産生します。

＊40　鳥の内臓は気嚢に直接接触しているので、効率よく熱を逃がすことができます。また、気嚢や肺からは液体が蒸発することで（蒸散）、熱が放散されます。

両翼を持ち上げて、無羽域から熱を放散しています

膨羽：羽を立たせて体温の放散を抑えています

第2章
感染による病気

1. ウイルスによる感染症
オウム類嘴 - 羽病（PBFD） 56
セキセイインコのヒナ病（BFD） 58
パチェコ氏病（PD）オウムの内臓乳頭腫症（IP） 60
鳥痘 61
オウムの腺胃拡張症（PDD） 62
西ナイルウイルス感染症（WNVD） 64
パラミクソウイルス感染症 65

2. 細菌による感染症
大腸菌症 67
パスツレラ症 69
サルモネラ症 70
シュードモナス感染症 71
ブドウ球菌感染症 73
リステリア症 75
クロストリジウム感染症 76
セレウス菌感染症 77

3. 特殊な細菌による感染症
鳥の抗酸菌症 78
マイコプラズマ症 82
鳥のオウム病 83

4. 真菌による感染症
アスペルギルス症 89
カンジダ感染症（カンジダ症） 92
クリプトコッカス症 95
マクロラブダス（AGY、メガバクテリア）症 96
皮膚真菌症 98

5. 寄生虫による感染症
トリコモナス症 99
ジアルジア症 100
ヘキサミタ症 102
コクシジウム症 103
クリプトスポリジウム症 104
住血胞子虫症 106
鳥の回虫症 107
ブンチョウの条虫症 108
鳥の疥癬症 109
ワクモ・トリサシダニ 110
キノウダニ（コトリハナダニ） 111
ウモウダニ 111
ハジラミ 112

1. ウイルスによる感染症

1. オウム類嘴-羽病（PBFD）

【原因】サーコウイルス科、サーコウイルス属のPsittacine Beak and Feather Disease Virus (PBFDV)が原因。多数の変異株があります。

【発生種】オウム目のみに感染しますが、オウム類の中でも鳥種によって感受性が大きく異なります。セキセイインコ、白色バタン、ヨウムは感受性が高く、ハネナガインコ、アジアンパラキートがこれに続きます。ラブバードは海外ではキャリアとして重要視されていますが、国内での報告数は少ないです。一般に南米原産種は感受性が低いです。オカメインコの感受性は著しく低いですが感染しないわけではなく、近年国内においても発症例が報告されています。

【保有率】動物病院への来院鳥およびペットショップでの飼育鳥1,070羽におけるPCR法による疫学調査では、陽性率は全体の18.5％でした。＊なお、無症状の鳥のPCR陽性率は5％前後と考えられます。

＊『日獣会誌』（No.60, 61～65, 2007年）真田靖幸ほか

【感染】ウイルスは、感染鳥の糞便、そ嚢洗浄液、羽毛ダストから検出され、感染経路は親からヒナへの育雛給餌による感染、同居鳥の羽毛・糞便の摂食・吸引などが主と考えられます。成鳥など免疫が高い個体であれば、容易に感染することはありません。

【潜伏期】最短で21～25日、最長はおそらく数ヶ月から数年と考えられています。

【発症】発症および疾病の重篤度は、感染年齢、移行抗体の有無と量、ウイルスの侵入経路と量などに左右されます。セキセイインコでは、7日齢未満では致死的ですが、10～14日齢以降では死亡率が下がります。

【進行】多くの場合、発症後は半年から1年以内に死亡しますが、なかには10年以上生存した例もあり、病型によっては早期に陰転することもあります。発症後の進行は次の4つの型に分けられます。

①甚急性型：初生ヒナに多く、突然死を起こします。

②急性型：幼鳥に多く、羽毛異常、消化器症状、貧血などを起こします。

③慢性型：若鳥から成鳥に多く、換羽ごとの羽毛異常と嘴の異常が進行し、最終的に

羽軸の異常（くびれ、ねじれ、血斑） 　　脂粉の減少で嘴が黒光りするヨウム 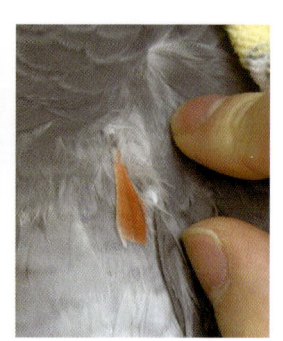　　羽毛が赤色化したヨウム

■感染による病気

短羽脱落型（白色オウム） 　　　長羽脱落型（セキセイインコ） 　　　白色オウムでは嘴にも異常がでます

は免疫不全で死亡します。
④**キャリア型**：未発症あるいは病気から回復した個体で、ウイルスを体内に所持しながら症状を表しません。
【症状】鳥種や年齢によって異なります。
①**羽毛異常**：羽軸の異常（くびれ、ねじれ、血斑）、羽色の異常（脱色）、羽枝の欠損に始まり、悪化すると脱落します。羽毛の脱色、羽鞘の脱落不全、脂粉の減少なども見られます。ヨウムや白色バタンでは脂粉の減少が最初の徴候で、嘴が黒光りして見えます。ヨウムでは羽毛脱落に先立ち、灰色域に赤色羽が見られることもあります。これら羽毛異常は換羽とともに進行します。
　羽毛の脱落は短羽から始まる型、長羽から始まる型、その中間の型に分かれます。
短羽脱落型：短羽（頭、体幹羽）の変形・脱落に始まり、進行すると嘴異常や長羽（風切、尾羽）の変形・脱落が起きます。最終的には嘴に異常・脱落が生じ、エサを食べられなくなるか、免疫低下による二次感染によって死亡します。白色オウムに多く、死亡率は高いです。
長羽脱落型：長羽の変形・脱落から始まり、進行すると短羽の変形・脱落が起き、嘴異常は通常起きません。セキセイインコに見られます。死亡率は比較的低いです。

②**突然死**：白色バタン、ヨウムのヒナに頻発します。
③**消化器症状**：食滞、食欲不振、嘔吐、下痢、それに続く突然死など、急性型に見られます。白色バタン、ラブバードに見られます。
④**血球減少**：白血球減少は、急性型と慢性型の末期で、赤血球減少はヨウムの急性型で特に顕著です。
⑤**無症状**：ウイルスを排泄し、環境汚染の原因となるキャリア型。白色系で発症率が高く、ヨウムでは陰転する例もあります。
【診断】羽毛異常を伴う進行性脱羽や著しい血球減少症は、PBFDを疑います。検査会社によりますが、血液を材料としたPCR検査でほぼ100％診断できます。PCR検査が無効な例では、異常羽毛の病理検査が有用です。
【治療】インターフェロン療法は長羽脱落型で高い治癒率を示し、ほかの型でも発症前で効果を持つ可能性があります。インターフェロンの種類によって治癒率が異なります。
【予防】ワクチンは開発中。キャリア鳥を摘発・隔離し、未検査鳥との接触を避けます。
【消毒】PBFDは消毒に対し著しく強いため、一般的な消毒は無効です。ビルコン®S（250倍希釈）が有効です。

【PCR検査】検査材料に含まれる病原体のDNA（あるいはRNA）を増幅して検出します。非常に精確で、感度も良く、病原体がわずかでも入っていれば検出できます。

2. セキセイインコのヒナ病（BFD）

【原因】ポリオーマウイルス科、ポリオーマウイルス属、Avian Polyoma Virus（APV）が原因。鳥のポリオーマウイルス病（APVD）とも呼ばれます。

【発生種】主にオウム目に感染しますが、スズメ目の鳥にも感染する恐れがあります。セキセイインコ、ラブバード、コンゴウインコ、コニュア、カイクー、パラキート、オオハナインコの感受性がやや高く、オカメインコ、バタン、ボウシンコ、ローリー、フィンチが続きます。

【保有率】国内の調査では、約3％の飼い鳥が保有していると報告されています。(No.68 743～745, 2006年)．小川寛人ほか

【感染】APVは羽毛、フケ、排泄物から排泄され、おそらく唾液にも排泄されます。感染経路は主にAPVの吸入によって成立しますが、摂食による感染や、親から卵を介した感染（介卵感染）もあり得ます。APVに接触するとほぼ100％の鳥が感染すると考えられ、あらゆる年齢の鳥が感染します。

嘴に見られた血斑

【潜伏期】感染後10～14日で発症します。14日経っても発症しなかった個体は、ウイルスを排除したか、あるいはキャリアとなり、発症することがほとんどありません。

【発症】発症と進行は感染年齢に左右され、より幼い時期に感染した鳥はより発症しやすく進行も激しくなります。成鳥は感染してもその99.9％以上が発症しません。

①セキセイインコ：ヒナで発症率が高く、感染したヒナの30～100％が死亡すると報告されています。特に15日齢未満のヒナ（すなわち、生後数日で感染したヒナ）は死亡率が著しく高くなります。

②セキセイインコ以外：主に2～14週齢のヒナに発症が見られます。ラブバードは1歳以上でも発症することがしばしばありますが、これにはPBFDなどによる免疫低下が関係している可能性があります。ほかにもオオハナインコ、バタン、カイクー、コニュアの成鳥で突然死が稀に見られます。

【症状】症状はウイルスの標的となった臓器によって様々ですが、鳥種により以下のような傾向があります。

①甚急性型：症状を呈さず突然死します。元気食欲低下、脱水、蒼白、皮下出血、食滞、尿酸黄色化、腹水などが見られることもありますが、通常は24時間も続かず死亡します。10～20日齢のセキセイインコに高率に見られ、その他のオウムでは一般的に2～12週齢に見られます。コンゴウインコやオオハナインコ（14週齢以内）、コニュア（6週齢以内）、ホンセイインコにもしばしば見られ、稀に、オカメインコ、ボウシンコ、ローリー、バタン、ヒオウギインコなどにも見られます。

②急性型：羽毛異常、皮下出血、肝肥大、消化器症状、神経症状を呈し、死亡します。セキセイインコやほかのオウム目では稀ですが、ラブバードではヒナだけでなく若鳥

■感染による病気

でもしばしば見られます。
③**慢性型**：長羽の異常、脱落が見られます。長羽脱落型のPBFDと外見上区別がつきません。セキセイインコに多く、ほかのオウムでは稀です。生き残った鳥は次の換羽で正常な羽が生えてきます。
④**呼吸器型**：4〜8週齢のバタンに重度の呼吸困難を起こします。成長不良も多いです。呼吸困難あるいは誤嚥性肺炎によって死亡します。ほかの型とは違うタイプのAPVがこの型を起こすと考えられます。
⑤**腹水・浮腫型**：急性期を生き残った鳥の一部で、腹水および全身の浮腫が見られることがあります。おそらく肝臓や腎臓が急性期に障害され、低タンパク血症が起きるためと考えられています。通常は回復することなく死亡します。
⑥**キャリア型**：セキセイインコのヒナ以外では、感染した鳥の多くが症状を示さず、ウイルスを保持し続けます（不顕性感染）。キャリア鳥は通常ウイルスを排泄し続けますが、排泄しない場合もあります。セキセイインコでは6ヶ月以上ウイルスを排出し続けることもありますが、繁殖の開始とともにウイルス排泄は止まります。大型種は6〜16週間ウイルスを排泄します。

　成鳥感染の場合、通常数日〜数週間で排泄は止まりますが、15％ほどは少量を長期排泄し続けます。どのような場合も、ウイルス排泄は10ヶ月以内に収まることがほとんどと考えられています。

【**診断**】ウイルスの排泄とウイルス血症は一致しません。このためPCR検査は血液だけでなく、口腔と排泄腔スワブや便も材料とすると良いです。それでも排出は不定期なため、検出率はやや低くなります。抗体価の検査が有用ですが、現在国内では利用できません。異常羽毛がある場合は、病理検

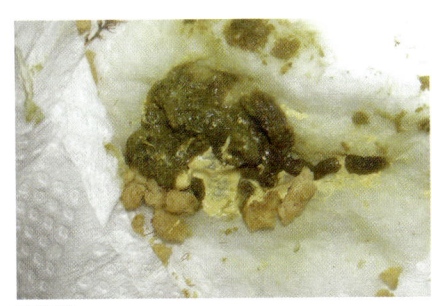

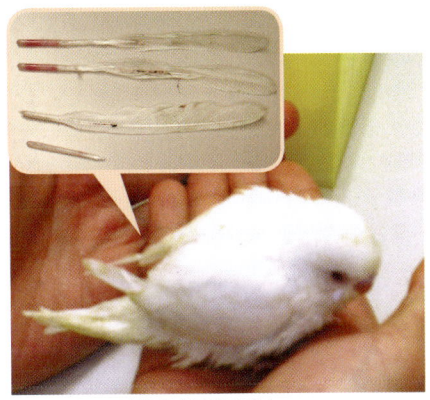

黄色尿酸

セキセイインコの慢性型（長羽脱落型）

査が有用です。
【**治療**】症状に対応した治療が必要となります。一般的には出血傾向と肝不全が主体となるため、止血剤、強肝剤が推薦されます。ウイルス駆除にはインターフェロンが試されていますが、その効果については不明です。
【**予防**】ワクチンは存在しますが、国内では利用できないため、海外でワクチン済みの個体を購入する、または清浄な繁殖場から鳥を直接導入するようにします。

　すでに飼っている鳥への感染・発症を防ぐためには、新しく迎える鳥の検査を実施することが望ましく、在来鳥が幼若鳥の場合、成熟するまで新しい鳥とは接触させないことも重要です。

【**消毒**】フェノール系、次亜塩素酸系、安定化二酸化塩素系の消毒剤が効果的です。

3. パチェコ氏病(PD) オウムの内臓乳頭腫症(IP)

【原因】ヘルペスウイルス科、αヘルペスウイルス亜科、属未定のPsittacin Herpes Viruses (PsHVs) が原因。PsHV1には4つの主要な遺伝子型が存在し、鳥種によってそれぞれ感受性が異なります。PsHV2はコンゴウインコ、ヨウムにおけるIPの報告があります。

【発生種】すべてのオウム目に発生すると考えられます。オウム目以外ではオオハシにPDが報告されています。感受性はコニュアの一部、ボウシインコ、ヨウム、セネガル、オキナインコ、セキセイインコ、オカメインコ、コンゴウインコなどで高くなります。バタンやほかの太平洋種は感受性が低いですが、病状は深刻です。

【保有率】不明。検疫所、ペットショップ、繁殖場で流行することがしばしばあります。国内の一般家庭で飼育される鳥から検出されることは稀です。

【感染】ウイルスは糞便、あるいは呼吸器や目の分泌物に排泄され、それらを摂取あるいは吸入すると感染します。感染率は高いと考えられます。

PsHVが疑われる口腔内乳頭腫

【潜伏期】一般的には5〜14日の間ですが、数週間という例も稀にあります。

【発症】発症はあらゆる年齢にわたり、発症率は鳥種によって異なります。

【臨床症状】

① 甚急性型(PD)：ほとんどの鳥が、なんら症状を見せず突然死します。

② 急性型(PD)：一部の鳥（特にコンゴウインコ）で、症状が見られることがあります。発症後、数分〜数日後（ごく稀に数週後）に死亡し、生き残る鳥は少ないです。一般的には、昏睡、元気食欲低下、黄色尿酸が見られ、嘔吐、血便、神経症状なども稀に見られます。

③ キャリア型：急性型で生き残った鳥はキャリアとなり、ヘルペスウイルスの性質上、生涯ウイルスを保持し続けます。未発症の鳥（不顕性感染鳥）もキャリアとなりますが、陰転する可能性があります。キャリア鳥のウイルス排泄はおそらく稀(1年以上で1回)ですが、大きなストレスはウイルスを再活性化(再燃)し、大流行を招きます。一部のコニュアは大流行の原因と考えられています。

④ 内臓乳頭腫症(IP)：主に口腔内および排泄腔の粘膜に乳頭状の腫瘤が形成され、結膜、鼻涙管、ファブリキウス嚢(のう)、食道、そ嚢、腺胃および砂嚢に広がることがあります。稀に胆管癌あるいは膵肝癌を招くことがあります。血便や乳頭腫の突出によって気づかれます。感染した鳥は徐々に衰弱していくことがあります。主にコンゴウインコ、ボウシインコ、ヒオウギインコ、稀にコニュアに見られます。

⑤ 脚のプラークと乳頭腫：PsHVsによく似たウイルスが、コンゴウインコとバタンの脚に乳頭腫およびプラークを形成します。

【診断】血液および、口腔と排泄腔スワブを材料としたPCR検査が有用です。ゆるやか

■感染による病気

にウイルスが増殖している状態（持続感染）の個体では検出が容易ですが、体内で病原体が隠れている状態（潜伏感染）の場合、検出できません。
【治療】PD：抗ヘルペスウイルス薬の投与が行われます。
IP：乳頭腫の切除や凍結、焼灼、あるいは抗ウイルス軟膏。抗ヘルペスウイルス薬はあまり効果が期待できません。
【予防】ワクチンは存在しますが、国内では利用できないため、海外でワクチン済みの個体を購入するか、清浄な繁殖場から鳥を直接導入します。また、新しく迎える鳥の検査を実施することが望ましいです。PDが発生した場合、同居鳥に対し、抗ヘルペス薬が予防投与されることもあります。
【消毒】ヘルペスウイルスはエンベロープを持つ比較的弱いウイルスであり、アルコール系や次亜塩素酸系、ヨード系などの中水準消毒薬で消毒が可能です。低水準消毒薬も一部有効です。

【届出伝染病：ニワトリ、ウズラ】
4. 鳥痘

【原因】ポックスウイルス科、アビポックスウイルス属のウイルスが原因。ポックスウイルスは多数の種類が存在します。
【宿主】ウイルスの種類によって宿主が異なります（宿主特異性）。
一般の飼い鳥の痘とその宿主
オウム痘：南アメリカのオウム類（特にボウシインコ、ピオナスなど）
ボタンインコ痘：ボタンインコの仲間（ラブバード）
セキセイインコ痘：セキセイインコ

ポックスが原因と考えられる眼瞼炎

カナリア痘：カナリアとその交雑種
キュウカンチョウ痘：キュウカンチョウ
鳩痘：ハト、キジ
鶏痘：ニワトリ（届出伝染病）
ウズラ痘：ウズラ（届出伝染病）
【保有率】不明。国内の飼育鳥で見かけることは少ない一方、野生のスズメでは頻繁に見かけます。
【感染】ポックスウイルスは健康な皮膚や粘膜から侵入することはできないため、感染には媒介昆虫あるいは外傷が必要です。野外飼育の鳥では蚊などの昆虫を媒介として広がり、屋内飼育のオウム類では、使いまわされた挿し餌器具による口腔内損傷により広がります。稀に、便やフケ中のウイルスの散布による呼吸器上皮からの感染、潜伏感染個体からの介卵感染もあり得ます。すべての年齢で感染しますが、幼い鳥ほど感染率は高くなります。
【潜伏と発症】ニワトリではおよそ4日で発症します。発症せず潜伏感染へと移行する個体もいると考えられます。潜伏感染は何年にも渡りますが、何らかのストレスで再燃することがニワトリで知られています。
【症状】
①**皮膚型（ドライポックス）**：顔（特に口角、眼瞼）および脚、翼の下側の皮膚に丘疹、

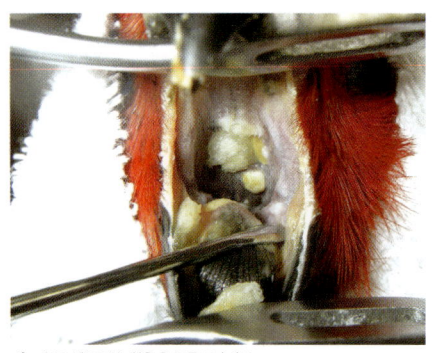

ポックスが原因と考えられる口内炎

びらん、潰瘍、痂皮をかぶった結節などが見られます（痘瘡）。痘瘡は1〜2週間かけて広がります。病状は4〜6週、場合によっては数ヶ月続きますが、いったん回復し始めると急速に治癒し、後遺症も残らないことが多いです。ニワトリでは媒介昆虫のかみ傷から感染するため、夏から秋にかけて発生することが多くなります。

②粘膜型：眼瞼炎・結膜炎などの初期症状の後、口腔内から気管内の粘膜に痂皮、びらん形成を起こします。病巣部では二次感染が起こり、角膜炎から失明、口腔内の化膿から食欲減退、気管の閉塞から呼吸困難などが起きます。皮膚型に比較して死に至ることが多く、生き残った個体も後遺症が残ることがあります。ニワトリでは冬に蔓延する傾向にあります。

③混合型：皮膚型と粘膜型の混合した型。

④カナリアの全身型：眼瞼結膜浮腫、呼吸困難を起こして死亡します。

【診断】血液および、口腔と排泄腔スワブを材料としたPCR検査をします。ゆるやかにウイルスが増殖している状態（持続感染）の個体では検出が容易ですが、潜伏感染では不可能と考えられます。

【治療】有効な抗ウイルス薬は報告されていません。ウイルスに対して抗体が産生されるようになれば自然治癒する疾患なので、それまで全身状態を保ち、二次感染を防ぐことが重要となります。ビタミンAの投与や、二次感染を抑えるための抗生剤と抗真菌剤の投与が行われます。発症直後のワクチン療法なども試されています。

【予防】カナリア用のワクチンが海外では存在しますが、国内では利用できません。ウイルスの伝播には、通常、媒介昆虫が必要なため、これらの防除対策を実施することが重要です。ただし、国内では野生オウムが存在しないため、野外からうつることはまずないと言えます。オウム類のヒナでは、器具の共用によって感染することがあるため、器具を毎回消毒します。

【消毒】ウイルスは環境変化に強く、宿主の体を離れても1年以上生息するとされます。ただし、熱や消毒薬には弱く、一般的な消毒法で充分効果があります。

5. オウムの腺胃拡張症（PDD）

【原因】原因不明の疾病。感染した鳥から健康な鳥へ、病巣を実験的に投与することによって、同様の疾患を引き起こすことが可能です。また、伝播様式からも感染性因子によって起きると考えられています。

この病気にかかった鳥からは様々なウイルスが報告されており、特にパラミクソウイルスが本疾患の発症に関わっているとする報告がありましたが、2009年、PDDの鳥からボルナウイルスが検出され、原因として強く疑われています。

【発生種】すべてのオウム目に感染すると考えられます。ヨウムとルリコンゴウインコに際

■感染による病気

第2章

立って多く、それ以外の種類では、その他のコンゴウインコ、バタン、ボウシインコ、コニュア、オカメインコ、オオハナインコにおいてしばしば見られます。オウム目以外の鳥(フィンチ、ガン、ノスリ、フラミンゴ)でも同様の疾患が報告されています。
【保有率】原因として疑われているボルナウイルスの調査が行われ始めたところです。
【感染】感染経路はまったくわかっていません。
【潜伏期】感染鳥に接触させた場合、発症までの期間は数週間から数年まで、著しくバラツキがあります。少なくとも2年は隔離された鳥が発症していることから、潜伏期間は長いものと考えられます。
【発症】発症年齢の平均は3～4歳。10週齢～17歳まで分布し、性差は認められません。
【症状】未知の病原因子が、消化管および脳、脊髄、抹消の神経細胞に炎症を起こすことで障害が生じます。多くの例で進行は急速ですが、徐々に死に至る例もあります。
①消化器症状：消化管の神経障害により、そ嚢、食道、腺胃、筋胃、十二指腸の運動機能の低下、拡張が起きます。通常、沈うつ、食欲不振、吐出、粒便などの病状が急に発現することによって気づかれます。触診すると、胸筋はすでにやせ衰えていることが多く、腹部に下垂した筋肉が触知できたり、そ嚢拡張が認められることもあり

オウムの腺胃拡張症の別名
オウムの腺胃拡張症候群
Psittacine Proventricular Dilatation Syndrome
コンゴウインコの消耗病
Macaw Wasting Disease
神経障害性胃拡張
Neuropathic Gastric Dilatatision
腸管筋の神経節炎および脳脊髄炎
Myenteric Ganglioneuritis and Encephalomyelitis
浸潤性内臓神経障害
Infiltrative Splanchnic Neuropathy

ます。胃腸のうっ滞は消化管内での悪玉菌(グラム陰性菌、酵母)の増殖を促し、下痢を招きます。
②中枢神経徴候(CNS)：消化器症状とともに、あるいは単独で生じ、急激あるいは緩徐に進行します。止まり木に止まれない、歩行異常などの運動失調、不全麻痺(完全麻痺へ進行)、頭部振戦、てんかん発作などが見られます。
【診断】単純あるいは造影X線検査によって腺胃が拡張している場合、疑いが持たれます。しかし、ほかの腺胃拡張疾患との鑑別は困難です。また、ヒナは腺胃が拡張しているのが正常です。診断を確定させるためには、そ嚢あるいは胃を切り出し、病理検査を行う必要があります。現在、ボルナウイルスのPCR検査が実施され始めています。
【治療】現在、完治させるための治療はなく、延命あるいはQOLを上げるための治療となります。最も効果的な治療法は、COX-2選択阻害薬による神経炎の軽減であり、症状を軽減し、延命する効果が期待されます。また、食餌はPDD専用のペレット、あるいは流動食を使用します。
【予防】著しく感染しやすい疾患ではありませんが、罹患鳥との隔離が推奨されます。
【消毒】ほかのウイルスに準じた消毒をします。

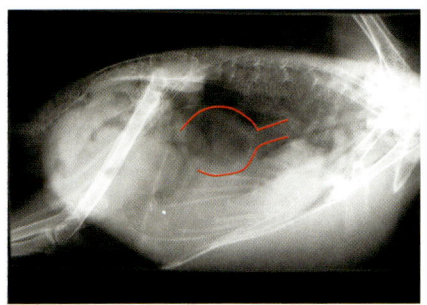

PDDが原因と考えられる腺胃拡張(赤線の内側が拡張した腺胃)

【共通感染症】
6. 西ナイルウイルス感染症（WNVD）

● 西ナイル熱の感染経路

【原因】フラビウイルス科、フラビウイルス属の西ナイルウイルス（West Nile Virus：WNV）が原因。日本脳炎に近縁。

【発生種】主に鳥類と蚊（特にイエカ属）で感染環を作りますが、稀に人や馬にも感染します。カラスの仲間や猛禽類がかかりやすくなっています。カラス、カササギ、イエスズメ、その他のスズメ目は、長い期間高いウイルス濃度でウイルス血症を維持するため、感染源として重要です。オウム類やニワトリは比較的抵抗性が高いと考えられます。

【保有率】2009年現在、国内ではWNVを保有している鳥は見つかっていません。

【感染】ウイルス血症の鳥を吸血することで蚊に感染し、感染蚊の消化管と唾液腺でWNVは増殖します。鳥への感染は、主に感染蚊が鳥を吸血することで起きます。

しかし、感染蚊の摂食、あるいは感染鳥同士の濃厚な接触で感染が起きる可能性があります。ウイルス血症は4～7日間で終了しますが、その後もしばらくの間、皮膚にウイルスが残ります。

また、感染後9日以上の間、口腔内あるいは排泄腔からウイルスを見つけることができます。一部の鳥では感染後14日間、組織にウイルスが残ります。

【潜伏期】人では2～14日（通常2～6日）。

【発症と進行】ほとんどの鳥は生き残ります。蚊がベクターとなるため、春から夏にかけて発生が見られます。

【症状】死の前に見られる嗜眠が唯一の症状かもしれません。一部の鳥では運動失調、振戦、衰弱、発作、頭部の異常な位置などの中枢神経症状が見られ、瞳孔左右不同症や視力障害も見られることがあります。死亡

人の西ナイル熱

● 毎年100名以上の死者

西ナイルウイルスは、西ナイル地方で1937年に分離されました。近年はフランス、ルーマニア、イタリア、ロシア、イスラエルで発生しています。イスラエルで見つかった型は、人と鳥に対し強い病原性を持ち、同じ株が1999年ニューヨークで見つかっています。それ以降、アメリカでは定着しており、毎年100名以上の死者を出しています。現在、世界中に分布を広げていますが、日本ではアメリカへの旅行者が帰国後に発症したのみです。

● 感染例の約80％は不顕性感染

重症例は約1％、致命率は重症患者の3～15％です。多くは感冒症状が約1週間続き、回復します。皮膚発疹、リンパ節腫脹が起きることもあります。

■感染による病気

した鳥では脳障害のほかに、様々な程度の心筋炎が特徴的です。
【診断】ウイルス分離、RT-PCR、血清学的診断などが行われます。これらは一般の診療施設では行われていないため、疑われた場合は保健所などに届けることになります。
【予防】現在のところ、国内で認められない疾患であるため、ワクチン接種は推奨されていません。国内で認められるようになったら、飼育鳥を吸血昆虫から隔離しなければならなくなるでしょう。
【消毒】主な感染経路は昆虫であるため、環境消毒は重要ではありません。

【共通感染症】【法定伝染病】*
7. パラミクソウイルス感染症

*ニワトリ、アヒル、ウズラ、シチメンチョウ

【原因】パラミクソウイルス科、エイブラウイルス属のパラミクソウイルス(Paramyxovirus：PMV)には、9つの血清型が確認されています。PMV-1による疾病は、ニューカッスル病(Newcastle Disease：ND)と呼ばれ、PMV-2～9は、Avian Paramyxovirusと呼ばれます。飼い鳥で問題となるのは、PMV-1, -2, -3, -5のみです。
【宿主】①PMV-1：自然宿主はほとんどの鳥類におよぶと考えられますが(50目の鳥類のうち、27目236種で自然または実験感染が成立)、ニワトリをはじめとするキジ目と、オウム目で感受性が高く、ガンカモ目やハト目、スズメ目でやや低くなっています。
②PMV-2：飼育鳥では滅多に見られませんが、野生のスズメ目(特にフィンチ)との接触によって発生します。
③PMV-3：オウム目、特にキキョウインコ属、ラブバード、オカメインコ、ボウシインコ、セキセイインコ、ヨウムで感受性が高いです。フィンチも感染します。
④PMV-5：1970年代前半、国内のセキセイインコにおいて、高い致死率を伴う流行がはじめて報告されましたが、その後は報告がありません。
【感染】ウイルスは呼吸器や消化器から大量に排出され、飼料、飲水、用具、衣服などを介して伝播します。介卵感染の確率は低く、日齢を問わず感受性が高いのが特徴です。伝播力と感染力がすさまじく、また強毒型では致死率も高く、禽舎の鳥が100％死亡することもあります。
【潜伏期】ニワトリのPMV-1は、感染後3～7日でウイルス血症となりますが、回復鳥がキャリアになる頻度は低いです。
【症状】①ニワトリのPMV-1：ほとんど病原性を示さない弱毒株、神経症状や呼吸器症状を呈する致死率10％ほどの中等毒株、致死率90％ほどの強毒株に分かれます。[1]
②オウム目のPMV-1：オウム目の外来種性ND(END)では、沈うつ、食欲不振、体重減少、下痢など特徴的でない症状が見られ、

国内での発生例

PMV-1：養鶏場において、1967年頃に甚大な被害をもたらしましたが、現在はワクチン接種の徹底により、毎年1～10戸程度に減少しています。発生はワクチン未接種の愛玩鶏あるいはハトによるものが多く、オウム類では1980年にオカメインコ、バタン、パラキート、ボウシインコ225羽が大量死した報告があります。

近年では、1997年に輸入ワカケホンセイからVVNDが報告されています。

PMV-3：しばしば発生しているものと思われますが、飼い鳥における報告はありません。

PMV-3が原因と疑われた斜頸

呼吸器症状もしばしばみられます。急性症状を生き残った鳥で、運動失調、斜頸、後弓反張、頭振、舞踏病、麻痺などの神経症状が認められます。[*2]

③ハトのPMV-1（Pigeon PMV-1：PPMV）：運動失調と斜頸を主体とした神経症状、あるいは多尿症、これらに続く高い死亡率が見られます。

④オウム目のPMV-2：ほとんどの鳥が無症候か、一過性の呼吸器症状を呈するのみですが、ヨウムでは致死的となることがあります。

⑤オウム目のPMV-3：食欲減退、膨羽の後に1～2日で急死します。あるいは、ENDと同様の神経症状と、膵破壊による澱粉や脂肪が未消化の白色便が特徴です。

⑥フィンチのPMV-3：下痢、嚥下困難、呼吸困難、結膜炎などの症状が報告されています。数日で死亡するか、2週間程で回復します。

⑦人のPMV-1：結膜炎。

【診断】①PMV-1：ニワトリ・ウズラで疑われた場合、法定伝染病であることから、獣医師を介し家畜保健衛生所に相談する必要があります。[*3] ほかの鳥種で疑われた場合も、家畜保健衛生所に検査を依頼することになります。確定診断はウイルス分離によって行われ、RT-PCR検査も補助的に利用できます。

②PMV-2：現在は死後の診断に限られます。

③PMV-3：神経症状、白色便などの症状から疑われますが、確定診断は困難です。RT-PCR検査による診断が期待されますが、現在のところ一般利用はされていません。

【治療】家禽では安楽殺処分となりますが、飼い鳥の場合は治療が考慮されます。特異的な治療法は知られていないため、対症療法に留まります。治療中および治療後は厳重な隔離が必要となります。

【予防】家禽では、検疫とワクチンによりコントロールが行われます。ワクチンは愛玩鶏であっても接種するよう推奨されますが、オウム目などでは推奨されません。

PMVを予防するために最も重要な方法は、閉鎖された群れを維持することです。鳥を新しく導入する場合は、30日間の検疫が必要です。ニワトリとオウム類を混合飼育することは勧められません。

また、野鳥との接触も避けるべきです。飼い鳥にPMVが確認された場合、厳重に隔離する必要があります。鳥の移動は制限され、飼育施設からの出入りの際は適切な消毒が必要となります。

【消毒】環境においては抵抗性を示しますが、一般的な消毒剤が有効です。

---

*1　ニワトリのPMV-1の強毒型
【内臓強毒型】VVND（Vscertrophic velogenic ND）
　呼吸促迫、咳、緑色下痢便、振顫、斜頸、四肢の麻痺、目や頚の腫脹を呈し、致死率90％に達します。内臓の出血も顕著です。
【神経強毒型】NVND（Neurotropic velogenic ND）
　呼吸困難、咳などの呼吸器症状から始まり、翼垂れ、頭頚部捻転、旋回運動、後ずさりなどの神経症状が見られ、致死率は1ヶ月未満のヒナで50～90％に達します。成鶏は5％ほどです。

*2　オウム目のPMV-1の実験感染と死亡率
実験感染での死亡率は、メキシコインコ55％、キビタイボウシインコ29％、セキセイインコ22％となっています。生き残った鳥や不顕性感染の鳥は、3週～1年以上ウイルスを排泄する可能性があります。

*3　所有者が届出義務に違反した場合、「3年以下の懲役または100万円以下の罰金」が科せられます。

2. 細菌による感染症

1. 大腸菌症

【原因】 大腸菌 Escherichia coli によって起こる疾患です。E. coli は腸内細菌科、Escherichia 属に属し、グラム陰性、通性嫌気性の運動性桿菌です。E. coli には多くの血清型が存在します。

人を含む哺乳類では、ほとんどの株が非病原性であり大腸内に常在します。病原性を持つ大腸菌は、腸管病原性大腸菌(EPEC)、腸管侵入性大腸菌(EIEC)、毒素原性大腸菌(ETEC)、腸管出血性大腸菌(EHEC)*、腸管凝集接着性大腸菌(EAEC)の5種に大別されます。*ベロ毒素を出すO157などが有名。

一方、飼い鳥のほとんどである穀食や果実食の鳥は、病原性・非病原性に関わりなく、すべての大腸菌によって病害をもたらされると考えられています。これらの鳥の多くが体内に大腸菌をもともと保有しておらず、大腸菌に対する防御機構が発達していないためです。ニワトリでは、O1、O2、O9、O26、O78型の病原性が強いとされますが、これは飼い鳥においても同様と考えられます。

【発生種】大腸菌が腸内細菌でない飼い鳥は、オウム類、フィンチ、猛禽類などです。病害はこれらの種に限らず、大腸菌が常在するニワトリ類でも大腸菌症は重大な疾患です。一見正常な鳥(バタンなど)から大腸菌が検出されることもあります。大腸菌症によって死亡する飼い鳥は、アジア、アフリカ産がやや多いとされます。

【保有率】 保有率は不明ですが、飼い鳥の卸業者内で死亡した鳥のうち、4割の内臓から大腸菌が検出されています。本来、野生下では大腸菌を保有しないため、人の環境と接触することで大腸菌を保有するようになると考えられます。『岐阜農研報』(49):209-216. 1984年「輸入愛玩鳥の大腸菌症について」島倉ら。

【感染】 ニワトリにおける大腸菌症は呼吸器感染が主です。大腸菌を含む粉塵を吸入することで感染しますが、健康な個体の呼吸器粘膜は付着した大腸菌を排除するため、容易に感染しません。

ストレス(寒冷、換気不良、栄養不良、換羽、産卵など)や、マイコプラズマなどのほ

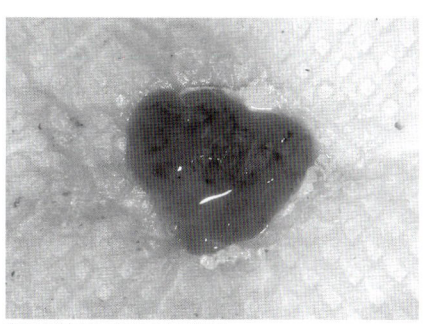

大腸菌が多量に検出された下痢便

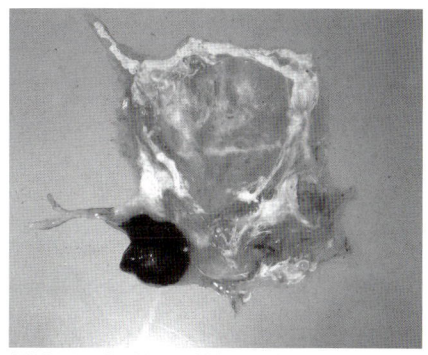

大腸菌とカンピロバクターが検出された血便

かの呼吸器疾患によって、呼吸器の防御機構が弱まっていると感染しやすくなります。呼吸器粘膜で増殖した大腸菌は、毛細血管に侵入して菌血症を起こし、敗血症へと進行します。飼い鳥においても卸やショップでは同様の感染経路が主体と考えられます。

一般家庭では、大腸菌に汚染された野菜や食器、大腸菌を保有するほかの鳥の糞便を摂取することで主に感染が生じると考えられます。また、呼吸器から検出されることも多く、吸入感染もあり得ます。

ほかにも、卵巣や卵管に大腸菌が血行性あるいは排泄腔から上行性に感染すると、卵内に大腸菌が移行することがあります（in eggの感染）。また、大腸菌を含む糞便に卵殻が汚染され、卵内に大腸菌が侵入することもあります（on eggの感染）。

【症状】大腸菌症は様々な病型があります。

①**敗血症**：大腸菌性敗血症はニワトリにおける主要な疾患です。呼吸器より侵入した大腸菌が血行性に広がり、全身臓器で炎症を起こします。最初、元気消失や呼吸器症状が表れ、次いで嗜眠、食欲不振、膨羽、下痢、多尿症が見られ死亡します。慢性例では卵管炎、眼球炎、関節炎なども見られます。

②**限局性腸炎**：エンテロトキシン（腸管毒）を産出する毒素原性大腸菌が経口的に感染し、著しい下痢を生じます。

③**肉芽腫**：肉芽腫性大腸菌症（Hjaerre病）は、ほかの因子によって腸粘膜が損傷し、そこにある種の大腸菌（主にO8、O9、O16型）が二次感染することで生じると考えられています。抗酸菌症との鑑別が必要です。

患鳥は、下痢、多尿、慢性的な体重減少を表し、腸以外にも肝臓、脾臓、腎臓などにも肉芽腫が見られます。また、皮膚における肉芽腫性皮膚炎も時折見られます。

④**呼吸器**：大腸菌を含む粉塵を吸入することで、重篤な気嚢病変を形成することがありますが、肺炎は稀です。気嚢炎により、呼吸困難やチアノーゼなどの下部呼吸器症状が見られます。気嚢炎は接触する腹膜に波及し、諸臓器の漿膜炎を起こします。鼻炎も起きますが、通常は続発的です。

⑤**生殖器**：メス鳥では、排泄腔から上行した大腸菌、あるいは気嚢病変からの波及によって、卵管炎あるいは卵巣炎が起きることがあります。オス鳥においても稀に精巣炎が起きます。

⑥**関節や骨髄**：ヒナ鳥では、敗血症に続いて、関節や骨髄での大腸菌の繁殖が起きることがあります。フィンチは特に感染しやすいです。鳥は疼痛により動かなくなります。

【診断】得られた材料を用いて、培養検査を実施します。

【治療】野生下の大腸菌とは異なり、人の生活環境に生息する大腸菌は薬剤耐性率が高いため、薬剤感受性試験の結果に従って抗生剤を選択するのが理想的です。感受性試験の結果がでるまでは、グラム陰性菌に効果が高く、薬剤耐性菌が少ない抗生剤を選択します。また、肉芽腫性大腸菌症では、肉芽への抗生剤の浸透性も考慮します。

【予防】ニワトリではワクチンが存在します。その他の飼い鳥では、人や人の生活環境から鳥へとうつる疾患であるため、環境や飼育器具（特に食器）の消毒と換気に努め、野菜や果物（特に有機栽培）などはよく洗ってから与える、鳥を触る前に手を洗うなどの対策をとります。

【消毒】低水準消毒薬で効果を得られます。

【人に対する影響】大腸菌症の鳥の大腸菌のほとんどが、人に対して非病原性であることから、人に対する影響は少ないと考えられます。むしろ、大腸菌症は人から鳥へと感染する疾患です。

■感染による病気

【共通感染症】【法定伝染病】*1

2. パスツレラ症

【原因】グラム陰性、通性嫌気性の小短桿菌であるパスツレラ属の菌によって起きる疾患です。パスツレラ属には10数種類存在しますが、鳥に主に病害をもたらす種類は*Pasteurella multocida*です。これは、血清型により細かく分類され、それぞれ病原性が異なります。

なお、*P. gallinarum*も鳥に感染しますが、それほど病原性が高くありません。アスペルギルスなどの感染によって呼吸粘膜で増殖可能となると、呼吸器障害を起こします。

【発生種】キジ目、カモ目、オウム目、ハト目、スズメ目など、ほとんどすべての鳥に疾病を起こしますが、感受性には種差があります。ヒナよりも成鳥で感受性が高いです。

【保有率】鳥での保有率は不明。*P. multocida*は人を除く哺乳類の口腔内に常在する菌で、猫で100%近く、犬で15〜75%の保有率とされ、ウサギの保有率も高いです。

【感染】ニワトリにおける家禽コレラは通常、呼吸器粘膜を介しますが、飼い鳥のパスツレラ症のほとんどが、猫あるいは犬による咬傷が原因です。

【発症と症状】
①咬傷感染：猫や犬に咬まれ*P. multocida*に感染した鳥は、直後は一見正常ですが、急速に元気消失し、12〜24時間後に死亡することがあります。
②呼吸器感染：急性型はチアノーゼ、呼吸困難、下痢に続き数時間で死亡します。外鼻孔や嘴周囲の過剰な粘液分泌も見られるかもしれません。生き残った鳥は、ラ音、副鼻腔炎、結膜炎あるいは眼窩下洞の腫脹

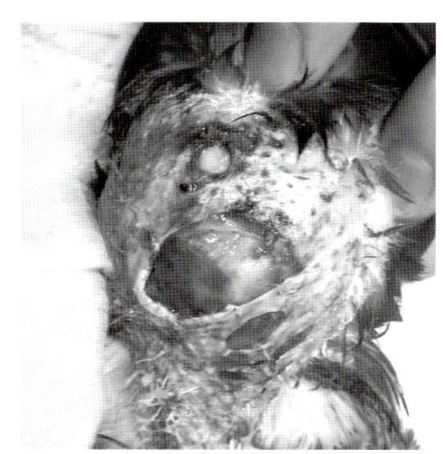

猫による咬傷および爪傷

を呈します。関節炎とCNS徴候（☞P220）、肉芽腫性皮膚炎も報告されています。

【診断】得られた材料を用いて培養検査を実施しますが、咬傷の場合は診断を待たず、治療を開始します。

【治療】耐性菌は少ないとされ、β-ラクタム系などの一般的な抗生剤が有効です。

【予防】国内ではワクチンは利用できません。人を除く哺乳動物との接触や、それらが使用した食器や飲水などとの接触を避け、日光浴の際は猫に襲われないよう必ず同伴するようにしましょう。

【消毒】パスツレラは消毒に対する抵抗性が低く、低水準消毒薬で充分効果が得られ、外界での生存期間も短いです。

【人に対する影響】人への主要な感染源は、*P. multocida*を常在的に保有する犬猫であり（咬傷あるいは濃厚な接触）、鳥は通常保有しないため、さほど考慮する必要はないと考えられます。

*1 　法定伝染病：ニワトリ、アヒル、ウズラ、シチメンチョウの群の70%以上が本菌による急性敗血症によって死亡した場合、「家禽コレラ」として法定伝染病の対象になります。

【共通感染症】【法定伝染病】*

3. サルモネラ症

【原因】グラム陰性、通性嫌気性の桿菌である腸内細菌科サルモネラ属の菌によって起きる疾患です。

【発生種と保有率】多くの鳥類、哺乳類、爬虫類などに感染します。野鳥ではフィンチ類で特に問題となることが多く、国内でもスズメの大量死が近年問題となっています。飼育オウム、フィンチからも報告はありますが、一般家庭では稀であり、保有率は低いと考えられます。

20年以上前の国内調査では、輸入直後に死亡したオウム類の1.6％、フィンチ類の3.7％からサルモネラ（うち86％が *S. typhimurium*）が検出されています。『岐阜農研報』(50)：251-257. 1985年「輸入愛玩鳥からサルモネラの分離について」島倉ら。

いろいろなサルモネラ菌と症例

●サルモネラ属の分類

現在、*Salmonella enterica* と *S. bongori* の2菌種（あるいは *S. subterranea* を含めた3菌種）が存在し、*S. enterica* はさらに6亜種に分類されます。サルモネラの血清型は2500種類以上存在します。なお、人における病原性サルモネラ（チフス菌、パラチフス菌、食中毒サルモネラなど）のほとんどは *S. enterica* subsp. *enterica* に属します。

＊法定伝染病のサルモネラ症：ニワトリ、アヒル、ウズラ、シチメンチョウにおける、*Salmonella enterica* subsp. *enterica* serovar, Gallinarum biovar Pullorum（ヒナ白痢）と biovar Gallinarum（鶏チフス）が、法定伝染病に指定されています。

この調査結果は当時、野生鳥が野外で捕獲され、輸入されていたことを反映しているものと考えられます。

【感染】主にサルモネラに汚染された飼料や飲水を経口摂取することで感染します。2009年2月、米国でサルモネラを含有するバードフードが販売され、問題となりました。通常は、ネズミをはじめとして、昆虫、野鳥、その他の動物によって媒介されます。また、同居の無症候性キャリア鳥が汚染源となることもあります。ストレスは感染率を高めます。

キャリア鳥は種々のストレスにより排菌量を増加します。このような場合、サルモネラを含む糞便、または羽毛の粉塵の吸入感染も考えられます。刺咬昆虫による皮膚感染は肉芽腫性皮膚炎の原因となります。

低頻度ですが、介卵感染も生じます。通常、孵化前に死亡しますが、孵化後キャリアとなったヒナは重大な汚染源となります。育雛給餌による垂直感染も生じ得ます。

【潜伏期間と発症】潜伏期間は、サルモネラの菌株、感染経路、宿主の状態に依存します。急性経過のものは3～5日、介卵感染では2日で発症するとされます。無症候性キャリアは、長期の潜伏期間ののち、スト

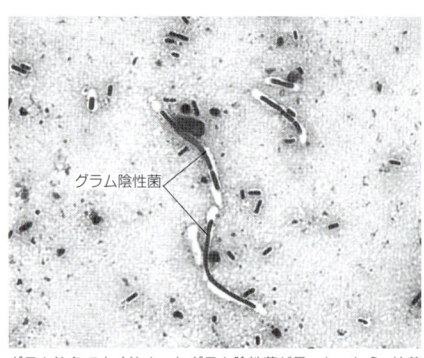

グラム染色で赤く染まったグラム陰性菌が見つかったら、培養検査が推奨されます

■感染による病気

レスによって発症の危険性が増大します。
【症状】　症状についても、サルモネラの菌株、感染経路、宿主の状態に依存します。
①**急性型**：嗜眠、食欲不振、多飲多尿、下痢など非特異的な徴候が一般的です。
②**亜急性から慢性型**：CNS徴候（☞P220）、関節炎（特にハト）、呼吸困難、肝・脾・腎・心障害による徴候が一般的です。重度感染で、結膜炎、虹彩毛様体炎、全眼球炎が生じ得ます。
③**一部の種**：ローリーは甚急性型で群れの高死亡率を伴います。ヨウムは非常に高感受性ですがより慢性的で、蜂窩織炎（皮膚と皮下組織の感染症）、肉芽腫性皮膚炎、関節炎、腱鞘炎を生じます。スズメ類では心筋病変を伴う呼吸器徴候が、ガン・カモ類ではCNS徴候が一般的です。フィンチにおける亜急性型は、肉芽腫性七囊炎が特徴的です。肉芽腫性皮膚炎もいくつかの種で報告されています。
④ *S. enterica* **subsp.*arizonae***：*S. enterica* subsp. *enterica* よりも病原性が低いとされます。眼性病変の頻度がより高いです。アヒル、オウム、カナリアは特に感受性が高いです。
【診断】　得られた材料を用いて培養検査を実施します。PCR検査が利用でき、培養よりも感度が高いです。
【治療】　飼い鳥のサルモネラ症を治療するか否かは議論が分かれます。治療が行われる場合、多剤耐性株が多いため、薬剤感受性試験に従った抗生剤を選択します。試験の結果が出るまでは、現在耐性が少ないとされる抗生剤を使用します。
【予防】　ニワトリではワクチンが存在します。野外禽舎で飼育している場合はネズミ、野鳥、昆虫（ハエ、ゴキブリなど）の侵入を防ぐことが重要です。サルモネラ検査がなされていない卵やナッツが配合された加工飼料は注意を要します。穀類もネズミの糞が混入していることがあるため、購入時に注意が必要です。また、サルモネラ症は人から感染することもあります。
【消毒】　サルモネラは消毒に対する抵抗性が低く、低水準消毒薬で充分効果が得られます。また外界での生存期間も短いです。
【人に対する影響】　飼い鳥から主に検出されるサルモネラの株は、健康な人に対し非病原性であることが多いですが、免疫低下者は注意を要します。

4. シュードモナス感染症

【原因】　シュードモナスはグラム陰性好気性の桿菌であり、シュードモナス科、シュードモナス属に属します。多くの種類が存在しますが、鳥の病原体としては*Pseudomonas aeruginosa*（緑膿菌）が一般的です。
【発生種】　水の中に生息する水生菌であるため、水生鳥類（特にペンギン）の感受性が最も高いですが、汚染された水や食物に接触する鳥はいずれも感受性が高いです。オウム類ではボウシインコとヨウムで感染率が高いとの報告があります。
【感染と発症】　鳥の飼育環境では飲水容器、菜差し、水浴び容器、スプレーボトル、発

芽種子、ホース、塩ビ管、給餌器具の表面などから検出されます。湿度の高い環境では、床材として用いられるチップ（コーン穂軸、クルミ殻など）や、長時間放置された野菜・果物、湿ったペレットでも増殖します。加湿器で繁殖することもあります。

上部呼吸器から検出されることが多く、吸入による暴露が主と考えられますが、経口感染もあります。一般に、二次感染菌と考えられており、暴露を受けても免疫が高ければ容易に感染しませんが、慢性的な栄養失調の個体や、ほかの疾患により弱った個体では感染しやすくなります。特に、薬剤耐性を持つことから、ほかの疾病で治療中の個体の二次感染菌として問題視されます。

【症状】
①敗血症：鳥に敗血症を起こす主要な細菌

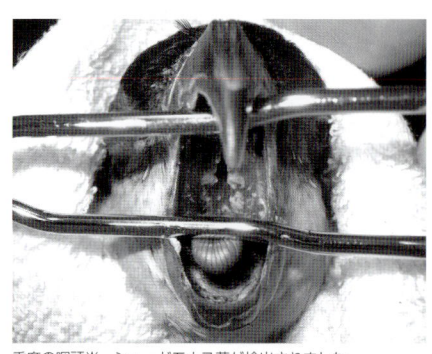

重度の咽頭炎。シュードモナス菌が検出されました

の一つと考えられます。呼吸器症状や下痢、SBS（Sick Bird Syndrome＝病鳥徴候。膨羽、食欲元気低下など）などに引き続き、急死します。

②上部気道炎：上部気道に局所感染することも多く、鼻炎、副鼻腔炎、咽頭炎、喉頭炎を引き起こします。慢性で難治性の上部気道疾患鳥から検出されることが多いです。

③皮膚炎：浮腫あるいは壊死を伴う皮膚炎を起こすことがあります。

④腸炎：下痢、出血性の腸炎が見られることもあります。

【診断】得られた材料を用いて、培養検査を実施します。後鼻孔スワブから検出されることが多いです。重篤な症例では、培養結果が帰ってくる前に死亡していることも少なくありません。

【治療】緑膿菌は薬剤耐性を持ちやすく、かつてはアミノグリコシド系が第一選択薬でしたが、耐性を獲得し、現在はニューキノロン系が第一選択薬となっています。しかし、ニューキノロン系にも耐性を持つ株が増えているため、感受性試験を実施したうえで治療を行います。

また、緑膿菌感染が疑われる症例では、検査の結果が出るまで緑膿菌に効果の高い薬剤を使用するか、複数の抗生剤を併用し

シュードモナス菌の特徴

自然環境中の代表的な常在菌で、特に水生環境に生息し、冷水（20℃以下）中でも増殖できます。流しや台所など水周りの常在菌でもあります。栄養が少ない環境でも湿潤環境であれば増殖が可能で、蒸留水中でも増殖可能と言われます。粘液物質（ムコイド）を分泌し、物体表面でバイオフィルムを形成するため、消毒や洗浄が困難です。また、人を含む多くの哺乳類の腸内常在菌でもあり、健常な人でも何割かが保有しますが、鳥では常在することのない悪玉菌です。

培地で青緑色（ピオシアニンなど）の色素を産生し、化膿巣も緑色となることから「緑膿菌」と呼ばれます。また、独特の臭いを発生します。外毒素（エンドトキシンAなど）、溶血素（ヘモリジンなど）、分泌酵素などを分泌し、生体に様々な障害を与えます。

なお、グラム陰性桿菌で種属は異なりますが、臨床的にはよく似た傾向を示す菌に「アエロモナス」が存在します。

■感染による病気

ます。上部気道の局所感染例では、点鼻やネブライザー、洞内注入などの療法の併用が効果を上げることがあります。ただし、再発が多く、症状が寛解した後も長期間投薬を行う必要があります。

【予防】飼育環境（特に水入れ）の消毒に努めます。台所や洗面所、浴室など湿度の高い環境で放鳥を行わない、観葉植物などは放鳥部屋から撤去する、湿度の高い環境でエサを保存しない、時間の経過した野菜・果物は撤去する、加湿器は定期的に消毒を行うなどの注意が必要です。

【消毒】熱に対する抵抗性は比較的弱く、温熱消毒が有効ですが（80℃10分、60℃10分〜1時間）、様々な消毒薬に対して強い抵抗性を持ちます。アルコール消毒は使用方法により効果が見られないこともあるため、次亜塩素酸ナトリウム液（0.02〜0.1％）に浸すとともに、よく洗浄し、充分に洗い流します。

【人に対する影響】鳥から人へ感染するというよりも、環境から鳥へ感染する菌です。しかし、上部気道疾患を起こしている鳥など、大量に排菌されていると考えられる鳥に関しては取り扱いに注意が必要です。健常者に対して病原性はほとんどありませんが、感染防御能が低下した人では難治性の感染症を起こす可能性があります。

5. ブドウ球菌感染症

【原因】ブドウ球菌はグラム陽性通性嫌気性、ブドウ球菌科、ブドウ球菌（*Staphylococcus*）属の球菌です。顕微鏡で観察するとブドウの房状に集合体を形成するため、ブドウ球菌と呼ばれます。

ブドウ球菌属は多数の種に分類され（2005年で36種）、病原性はそれぞれの種によって異なります。そのなかでも、*S.aureus*（黄色ブドウ球菌）は強い病原性株を含み、ブドウ球菌感染症の主な原因となります。そのほか、鳥からよく検出されるブドウ球菌としては、*S. xylosis*（ほぼ非病原性）、*S. sciuri*、*S. lentus*（一部病原性）などがあります。

【発生種】ブドウ球菌は、鳥においても化膿性疾患の主要な原因菌で、皮膚病やその他の化膿性病変から一般的に検出されます。ニワトリでは浮腫性皮膚炎を起こす「バタリー病」、化膿性骨髄炎を起こす「へたり病」などの「鶏ブドウ球菌症」がしばしば発生します。猛禽類や水禽類では、ブドウ球菌が関連する趾瘤症（バンブルフット）が非常に多く見られます（☞P237）。

【感染と発症】ブドウ球菌は、健常な人でも数割が保有している常在菌であり、生体の防御機構が破綻した際に問題を起こします。鳥に病原性を有する*S.aureus*は、飼育される空気中や粉塵中に大量に見つかり、また、健常な皮膚や上部呼吸器からもしばしば検出されることから、人と同様に感染には宿主の防御機構の破綻が必要と考えられます。免疫低下鳥では、呼吸器感染、消化管感染、敗血症なども見られます。

【症状】①皮膚疾患：一般に、鳥は皮膚感染に抵抗性を持ちますが、創傷、熱傷、褥瘡など皮膚の損傷部位に感染し、化膿性炎症を起こします。強毒型の*S.aureus*では、熱傷のような浮腫性の重篤な皮膚炎を生じ、皮膚のびらん、滲出液の漏出が見られ、死亡します。

②趾瘤症（☞P237）：ブドウ球菌が悪化因子として関わります。

③敗血症：通常、気道感染に続発して敗血

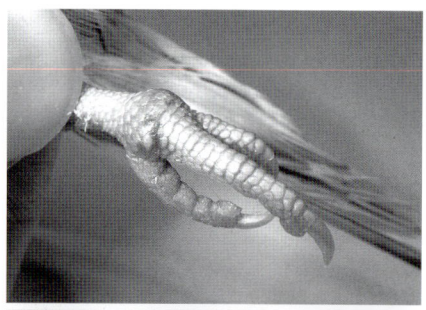

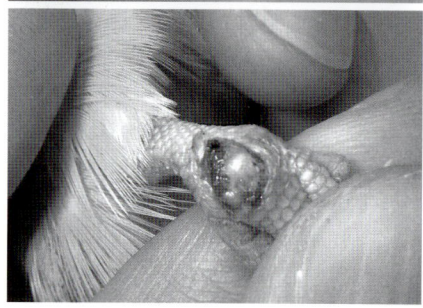

手根関節の肉芽腫（上）
切開して肉芽腫を摘出（中・下）
培養検査でブドウ球菌とシュードモナスが検出されました

症を生じますが、皮膚疾患などに続発することもあります。急性に経過し、重篤なSBS（病鳥徴候）が見られるか、突然死を起こします。急性の敗血症を生き残った鳥は、続発症として血栓症、CNS徴候、骨関節疾患などを生じることがあります。

④**血栓症**：敗血症後に血栓が形成され、翼や足先（趾端壊死症）、皮膚に虚血性壊死を起こします。壊死は肝臓や腎臓などの内臓臓器に起きる可能性もあります。

⑤**CNS徴候**：ブドウ球菌誘発性の壊死に関連したCNS障害により、振戦、後弓反張、斜頸などの症状が見られることがあります。

⑥**骨関節疾患**：敗血症や趾瘤症に続発して関節炎、腱鞘炎、滑膜炎などの骨関節疾患が生じ、跛行や脚の不全麻痺を起こすことがあります。幼若鳥では骨髄炎や、成長板障害による骨の変形が生じることもあります。

⑦**中毒**：エンテロトキシンを産生するS.aureus株が増殖した飼料を摂食した場合、嘔吐、下痢などの食中毒様症状を起こします。

⑧**ショック**：毒素性ショック症候群毒素1型を産生する株が感染すると、鳥においてもショック死する可能性があります。

【診断】得られた材料を用いて培養検査を実施します。しかし、健常な皮膚や上部呼吸器からもブドウ球菌が検出されるため、ブドウ球菌の病変への影響を調べるためには生検検体の病理検査が必要となります。

【治療】本来、β-ラクタム系が効果を上げます。しかし、MRSA（Methicillin-resistant *Staphylococcus aureus*）のように強力な耐性を獲得したS.aureusも存在するため、感受性試験に従った治療が原則となります。壊死組織や膿瘍が存在する場合、抗生物質が浸透しにくいため、外科的な除去が必要です。

【予防】本来常在菌であることから、予防は免疫力の維持が重要となります。

【消毒】シュードモナス同様、消毒薬に抵抗性を示す株が存在しますが、その抵抗性は弱く、ほとんどの消毒剤が効果を上げます。

ただし、ポビドンヨードやクロルヘキシジン、両性界面活性剤など、一般的な手洗いに使用される消毒剤は、効果を得るのに数分を要する可能性があります。速効性を期待する場合はアルコール性の速乾性手指消毒薬が便利です。

また、バイオフィルムを形成する株も存在することから、消毒前に物理的な除去、すなわち洗浄が重要です。

【人に対する影響】病原性S.aureusの鳥類の系統株は、比較的種特異的で、哺乳類で疾病を引き起こすことは滅多にありません。

■感染による病気

【共通感染症】
6. リステリア症

【原因】リステリア症は、グラム陽性通性嫌気性、リステリア科、リステリア（*Listeria*）属の桿菌である *Listeria monocytogenes* によって起きる感染症です。*L. monocytogenes* は、感染した細胞内と細胞外の双方で増殖が可能な通性細胞内寄生菌です。16の血清型に分かれます。

【発生種】オウム類を含む多くの鳥類に感染すると考えられますが、カナリアは特に高感受性と考えられています。

【保有率】鶏肉で非常に高い検出ですが、これは加工時の汚染が原因であり、加工前の保有率は0％と報告されています。同様に飼い鳥においても、保有鳥は少ないものと考えられます。

【感染と発症】*L. monocytogenes* は、動物、植物、昆虫、土壌など、自然界に極めて広く生息する環境常在菌の一種で、これらから経口的に感染すると考えられます。一般家庭で飼い鳥が感染した場合、その原因は野菜がもっとも疑わしいです。経口摂取された *L. monocytogenes* は、宿主の状態によって、通過するか、不顕性あるいは顕性感染を起こすと考えられます。

【症状】急性：菌血症によって1〜2日以内に急死します。点状出血が見られることもあります。

亜急性〜慢性：心臓、肝臓、稀に脳に障害をもたらし、通常、失明、斜頸、振戦、昏迷、麻痺などのCNS徴候と関連した症状をもたらします。亜急性から慢性症例では、種小名 *monocytogenes* の由来となった重篤な単球増多症が見られます。

【診断】得られた材料を用いて培養検査を実施します。鳥から一般的に検出される *L. ivanovii*、*L. innocua*、*L. seeligeri* などのリステリアは、おそらく非病原性と考えられます。

【治療】薬剤感受性試験を行うことが原則ですが、ペニシリン系が有効であり、ほかの抗生剤と併用することもあります。セフォム系は無効とされます。

【予防】本来常在菌であることから、予防は免疫力の維持が重要です。

【消毒】前述のブドウ球菌感染症に準じます。

【人に対する影響】アメリカでは、食中毒死亡患者の約10％がリステリア症と言われます。かつてペットからの感染が疑われましたが、現在は、そのほとんどが食品由来とされています。

飼い鳥からの感染の確立は低いですが、妊婦、新生児、免疫抑制剤使用者、エイズ患者、糖尿病、腎不全などの基礎疾患がある人など、易感染者は、不顕性感染鳥との接触に注意が必要です。

【共通感染症】
7. クロストリジウム感染症

【原因】クロストリジウム感染症は、クロストリジウム科、クロストリジウム（*Clostridium*）属によって起きる感染症です。クロストリジウムはグラム陽性の桿菌であり、酸素のない環境に生息する偏性嫌気性菌です。

酸素が存在する環境では、耐久性の著しく高い芽胞を形成し、休眠状態となります。クロストリジウムの病原性株は、ほかの細菌群よりも強力な毒素を産生し、破傷風のような特異疾患、ガス壊疽、食中毒などを引き起こします。

【保有率と発生種】鳥において *C. botulinum* を除くクロストリジウムは、おそらく日和見菌と考えられていて、キジ類や水禽類、あるいはフクロウなどの盲腸が発達した鳥では常在細菌叢です。一方、盲腸が小さいか存在しないオウム類、フィンチなどから分離されることはほとんどありません。どちらでもクロストリジウム感染症は発生し、前者では常在するクロストリジウムの異常増殖、後者では新たな侵入が主に問題となります。

C. botulinum は、土壌や海、湖、川などの泥砂中に生息し、自然界最強の毒素であるボツリヌス毒素（0.5kgで全人類を滅ぼす？）を産生します。鳥類は一般に、この毒素に対し高感受性です。高濃度のボツリヌス毒素は特に、腐敗した肉や植物に多く見られ、水鳥は特に高い感受性を持ちますが、ボツリヌス毒素を高確率で含む死肉を常食する一部の猛禽類は高い耐性を持つと考えられます。なお、哺乳類に破傷風を起こさせる *C. tetani* は、鳥に対して無害であると信じられています。

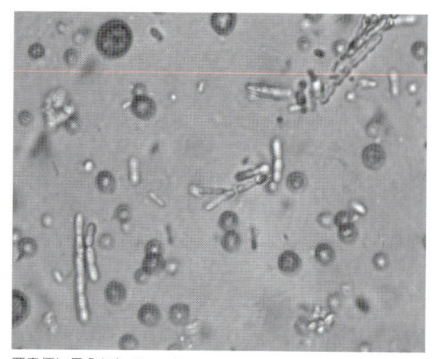

悪臭便に見られた *C. perfringens*

【感染と発症】腸感染は主に *C. perfringens* によって生じ、*C. colinum* やその他のクロストリジウムよる可能性もあります。腸感染はクロストリジウムの定着と増殖、外毒素の産生によって生じます。定着と増殖には、個体の免疫低下や、発情性便秘、低体温、その他疾患による胃腸運動の低下、糖類の多給、抗生剤の乱用による腸内細菌叢の異常、腸粘膜の物理的損傷などが関与すると考えられます。

皮膚感染も主に、擦過傷などの皮膚疾患や宿主の免疫低下に続発して成立すると考えられます。

【症状】①消化器症状：飼い鳥では、便臭に異常が見られる個体に *C. perfringens* がよく検出されます。発情などの原因によって便秘ぎみのメスや、バタンにおいてしばしば見られます。産生される毒素によって病状は分かれ、軽いものでは便臭のみに留まり、やや重いものでは軟便や水溶性下痢を起こします。潰瘍性や壊死性の腸炎が生じると血便が見られます。慢性の個体では徐々に痩せ衰えますが、急性例では急死することもあります。また、毒素による肝障害や腎障害が生じることもあります。

②皮膚症状：壊疽毒素（*C. perfringens* のα毒素など）を産生するクロストリジウムが、皮

■感染による病気

膚病変へ二次感染することによって、壊疽性皮膚炎が生じます。皮膚の変色（紫〜黒）、浮腫、羽毛の脱落が見られ、毒素血症の結果24時間以内に死亡します。

③ボツリヌス中毒症状：ボツリヌス毒素は、弛緩性麻痺を起こし、最終的に呼吸麻痺による死亡をもたらします。血管内皮障害による浮腫や点状出血が見られることもあります。

【診断】得られた材料を用いて培養検査を実施します。材料の直接鏡検によって、偏在性の芽胞が確認されることもあります。

【治療】薬剤感受性試験を行うことが原則ですが、強く疑われた場合は嫌気性菌に有効な抗生剤などを使用します。軽症の腸感染では、プロバイオティクスやプレバイオティクスの投与で軽快します。皮膚感染では、デブリードマン（壊死組織や異物の除去）が重要です。

【予防】クロストリジウムは土壌中の常在菌ですが、一般家庭の飼い鳥は土壌と接触する機会がほとんどないため、人および野菜からの感染が主と考えられます。C. perfringens などは野菜などに付着していることがあり、また、芽胞は加熱後も残存し、加熱によって酸素がなくなったり、ほかの細菌が死滅していたりする食品中では特に増殖しやすくなります。このため、野菜などはよく洗浄して与え、加熱したものは極力与えないか、加熱後時間を置かずに与えます。また、鳥を触る際や、野菜を扱う際はよく手を洗うようにしましょう。

【消毒】芽胞は熱抵抗性および消毒薬抵抗性が著しく強いため、高水準消毒を行ったとしても、芽胞が殺滅されるまで相当の時間がかかるため現実的でありません。アルコールも効果が期待できません。ポビドンヨードやビルコン®Sはある程度効果が期待できますが、芽胞菌の消毒は洗浄による物理的な除菌が原則です。

【人に対する影響】盲腸の存在しない鳥種はクロストリジウムを通常保有しません。これらの種で検出された場合や、盲腸が存在する種を触ったら手洗いや器具洗浄を慣行するようにしましょう。

【共通感染症】

8. セレウス菌感染症

【原因】セレウス菌感染症は、バチルス科、バチルス（Bacillus）属の *Bacillus cereus* によって起きる感染症です。*B. cereus* はクロストリジウム同様、グラム陽性、通性嫌気性菌の桿菌であり、芽胞を形成します。芽胞は土壌中などに広く分布し、野菜や穀物などを汚染しています。嘔吐毒や下痢毒などいくつかの毒素を産生し、人では食中毒の原因となっています。

飼い鳥では、便臭や下痢を伴う患鳥で *C. perfringens* と並んで検出されることの多い菌です。しかし、正書には記載が見当たらず不明な点が多いです。診断や治療、予防、消毒、人への影響は、*C. perfringens* と同様と考えられます。

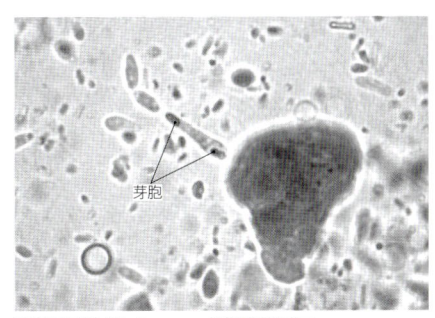

悪臭便に見られた *B. cereus*。芽胞が明瞭です

3. 特殊な細菌による感染症

【共通感染症】【届出伝染病】*
1. 鳥の抗酸菌症

【原因】*Mycobacterium*（*M*）属は*Mycobacteriaceae*科に属するグラム陽性、好気性の細長い桿菌です。いくつかの菌種が鳥に病害をもたらします。

【発生種】すべての鳥類に感染すると考えられますが、その感受性は様々です。一般飼育種において高感受性種とされるのは、ボウシインコ、セキセイインコ、ピオナス、ホンセイインコ、ワタボウシインコ、カナリア、トーカンなどです。

【保有率】抗酸菌症は世界各地で発生しており、その発生率は非常に高く、動物園における年間死亡数の14%あるいは0.5〜9.2%と報告されています。国内は、例外的に抗酸菌症が発生しない清浄地と長年信じられてきましたが、著者の調べでは海外同様の保有率を持つと考えられます。

【感染】抗酸菌は自然界に一般的に存在し、沼、湖、川などの水域や、湿地、酸性土壌に多く存在する環境腐生菌です。特に抗酸菌症の鳥の便によって汚染された土壌は高濃度の抗酸菌を含みます。乾燥に強く、環境中に何年も生息することが可能です。

一般的にはこれらを経口的に摂取し、腸感染を起こします。場合によっては、ダブリング（水上での羽ばたき）時のエアロゾルを吸入することでの呼吸器感染、あるいは、創傷からの皮膚感染もあり得ます。

腸感染を受けた鳥は便中に大量の抗酸菌を排泄し、土壌や水域の汚染源となります。呼吸器感染を起こした個体の飛沫も感染源となります。抗酸菌の摂取＝感染ではなく、宿主の免疫によって定着せず、通過するだけのこともあります（通過菌）。

鳥に病害を起こす抗酸菌

抗酸菌属は結核菌群（定型抗酸菌）4種、非結核菌群（非定型抗酸菌）約50種（90種）、分離培養が困難なハンセン病の原因菌の3種類によって構成されます。

＊届出伝染病：ニワトリ、アヒル、シチメンチョウ、ウズラの抗酸菌症は、「鶏結核病」として届出伝染病に指定されています。

● *M. avium* complex（MAC）：鳥の抗酸菌症の原因として従来重視されてきた*M. avium*は、近年、生化学的性状が同一である*M. intracellulare*と複合し、MACと呼ばれています。鳥の抗酸菌症として主に問題となるのは*M. avium*ですが、その4亜種のうち*M. avium* subsp. *avium*が主に問題を起こすとされています。

なお、人の抗酸菌症からは主に*M. avium* subsp. *hominissuis*が検出されます。

● *M. genavense*：以前から鳥の抗酸菌症の原因として存在していましたが、培養が困難であることから見逃されていました。PCR検査が可能となって以降、多くの症例が報告されるようになり、現在では、これが最も優勢な鳥の抗酸菌症起因種とする疫学報告が多くあります。

● *M. tuberculosis*：人の結核の起因菌種であり、人の結核患者宅で飼育されていた鳥から検出されたことがあります。

● その他の原因種：*M. fortuitum*、*M. gordonae*、*M. nonchromogenicum*、*M. bovis*、*M. columba*なども報告されています。

■感染による病気

【発症と進行】感染が成立すると、一般的には抗酸菌は緩やかに増殖しながら広がっていきます（持続感染）。この間、不顕性であることが多く、抗酸菌の感染は免疫の低い幼少期と考えられますが、3～10歳に多く発症します。

非結核性抗酸菌も結核と同様に、慢性感染、潜伏感染の双方を起こすことがあると考えられます。感染部位では肉芽腫を形成するか、臓器自体の腫脹を招きます。

【症状】①消化器型：抗酸菌は腸感染が一般的であるため、その侵入経路である腸管および腸から血行性に転移した肝臓に病変が形成されることが多くなります。症状は非常にわかりづらく、食欲があるにも関わらずやせていったり、慢性あるいは断続性の下痢が見られたりする程度です。下痢に付随して、消化不良や血便が見られることもあります。

その他の徴候として、抑うつ、多尿、貧弱な羽毛、肝肥大による腹部膨隆、抗生物質への反応の弱さなどが見られることもありますが、一般的には飼育者に気づかれることなく突然死します。

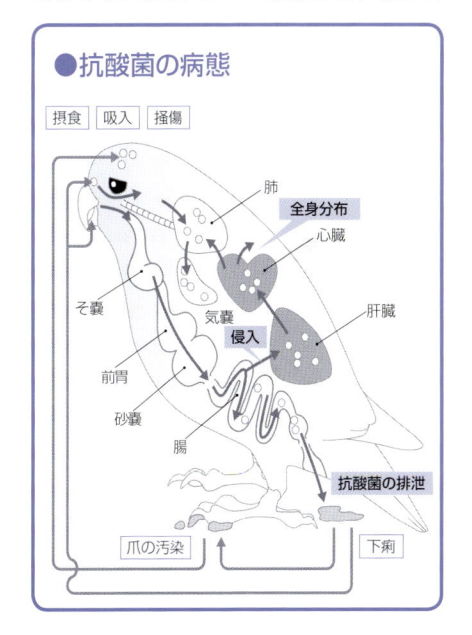

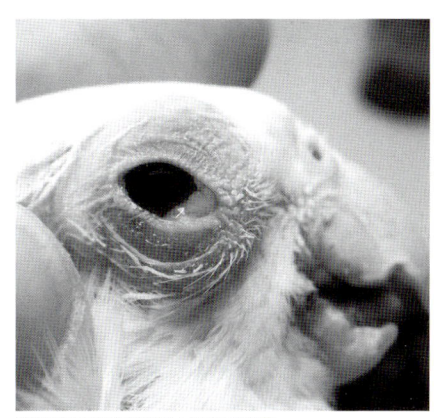

抗酸菌による眼球の突出と結膜の肉芽腫

②呼吸器型：人の結核と異なり、呼吸器に病変が形成されることはさほど多くありませんが、吸入感染した場合には呼吸器病変を形成します。副鼻腔に感染が起きた場合、肉芽腫により顔から頭部が盛り上がることがあります。下部呼吸器に病変が形成された場合、運動不耐性、頻呼吸などが見られることもありますが、一般的には重度になるまで呼吸器症状は見られません。死後解剖ではじめて気づかれることも多いです。

③皮膚型：血行性で皮膚へと広がることもありますが、抗酸菌が含まれた糞便に汚染された爪で搔爬された皮膚に、肉芽腫が形成されることもあります。M. genavenseや、M. tuberculosisでしばしば報告されます。

④骨関節型：腸管感染では血行性に、呼吸器感染では含気骨を通じて、抗酸菌が骨髄や骨、関節へ広がることがしばしばあります。跛行や脚の挙上、関節表面の潰瘍によって気づかれます。

⑤その他：腸管感染、呼吸器感染、皮膚感染いずれの場合も、血行性により抗酸菌が

●抗酸菌の病態

摂食　吸入　搔傷

全身分布
肺
心臓
そ嚢
気嚢　侵入
前胃
砂嚢
腸
肝臓

爪の汚染　下痢　抗酸菌の排泄

全身へと移行する可能性があり、移行先で肉芽を形成し、それぞれの臓器の障害に由来する症状を呈することになります。
【治療】抗酸菌は薬剤に対して非常に強い抵抗性を持っていて、一般的な抗生剤は効果が期待できません。治療には抗結核薬を用いますが、単独では効果が認められないため、多剤併用治療を用います。これらを用いても排菌停止しない個体がいて、また排菌停止するにしても時間がかなりかかります。そして陰転後も再発する可能性が高いため、人では排菌陰性後、少なくとも1年は投薬を続けるべきとされています。

これまで鳥の抗酸菌症の治療は積極的に行われてきておらず、確立された治療法は存在しませんが、筆者の経験では早期発見で治療可能と考えています。
【人に対する影響】抗酸菌は共通感染症ですが、これまで抗酸菌が鳥から人へと移った報告はなく、人への影響はほぼ無視しても良いと考えられます。そもそも、非結核性抗酸菌は結核と異なり、人から人へ伝染せず、環境からの感染に限られる非伝染性の疾患です。しかし、抗酸菌を排泄している鳥の糞便によって汚染された環境から人へ感染する可能性は否定できません。特に、エイズ患者のように免疫が低下した人では、感染の可能性が増大します。

また、*M. genavense* は現在、国内ではエイズ患者のみに感染が報告されていますが、*M. avium* は、一見健康に見える人においても稀に感染報告があります。ただし、鳥に感受性の高い、*M. avium* subsp. *avium* は人への感受性が低く、人に感受性の高い *M. avium* subsp. *hominissuis* は鳥への感受性が低いとされるため、実質人への感染の可能性はかなり低いと考えられます。

なお、外傷など局所防御が低下した部位からは比較的容易に感染するため、抗酸菌を排泄している個体を保定する際は手袋を

抗酸菌症の検査と診断

●一般検査
顕著な症状が表れないため、抗酸菌の生前診断は困難です。慢性的な消耗、下痢、治療に対する低い反応、X線検査における肝臓、脾臓、腸管の肥大や骨病変、あるいは血液検査による白血球の増加（特に単球増加）などが見られた場合、抗酸菌症を疑い、特異的検査を実施すべきかもしれません。しかし、これら徴候は末期の抗酸菌症でも認められないことがあります。

●検査と診断
【検査法】かつては抗酸菌の証明に抗酸菌培養が用いられましたが、*M. genavense* の培養が著しく困難であることから、近年はPCR検査が主

■感染による病気

はめるなど、爪による外傷を防ぐ手立てを講じるべきでしょう。

一方、結核性抗酸菌である M. tuberculosis は人の結核菌であり、鳥から検出された場合は、人から感染した可能性が高く、接触のあった人の結核検査を実施すべきと言えます。

【予防】鳥に対するワクチンは開発されていません。単独飼育で抗酸菌を保有していない鳥の場合、清浄な環境で飼育され、ほかの鳥との接触がなければ、感染の可能性はほぼありません。多頭飼育の場合、抗酸菌を保有している鳥が存在すると、環境が汚染され、同居鳥に蔓延します。予防はすべての鳥の検査、発覚した場合には隔離と環境消毒が重要となります。

【消毒】抗酸菌は熱、日光、紫外線により死滅しますが、細胞壁に多量の脂質を含むため、消毒薬には強い抵抗性を示します。*

一般家庭で行う飼育器具の消毒には、アルコール消毒、あるいは煮沸消毒（80℃ 10分間）が推奨されます。ビルコン®Sは効果があまり期待できません。野外禽舎の場合、日陰となる場所を極力なくし、汚染された土壌は生石灰で消毒します。

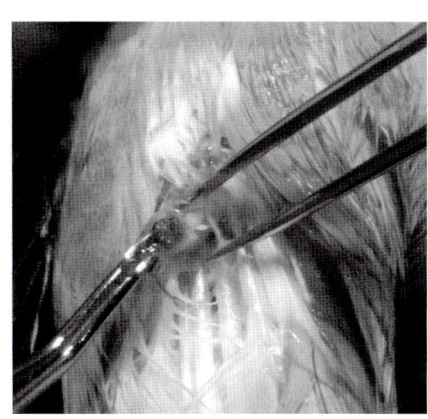

尾脂腺にできた肉芽腫を摘出しているところ。病理検査で抗酸菌が証明されました

*2〜3.5%グルタラール、0.55%フタラール、0.3%過酢酸、アルコール、0.5〜1%クレゾール石鹸液、0.2〜0.5%塩酸アルキルジアミノエチルグリシン、1,000ppm以上の次亜塩素酸ナトリウムなどが抗酸菌に有効な消毒薬とされますが、充分な接触が必要です。

流となっています。また、死後の検査、あるいは生検材料の検査としては、組織標本の抗酸菌染色も有用です。

【PCR検査材料】病変部位が明らかな場合は、病変部由来の排泄物（腸であれば便など）、または病変部の組織、あるいは拭い液を検査材料として検査を行います。特に体表に腫瘤が発見された場合は、抗酸菌症を鑑別診断の一つに加え、生検材料をPCR検査あるいは病理組織検査（抗酸菌染色）に供すべきと思われます。

健康診断で抗酸菌症の検査を行う場合：病変の部位によって排泄経路が異なるため、血液、後鼻孔・排泄腔スワブ、便など複数の材料を混合してPCR検査を行う必要があります。また、腸管に病変が存在する個体は、少なくとも1週間分の便を材料とすべきです。

しかし、PCR検査で陰性となっても、抗酸菌が潜伏感染している可能性は否定できないため、定期的な検査が推奨されます。

PCR検査で陽性と診断された場合：抗酸菌が検出されたからと言って、環境中の抗酸菌が通過菌として検出された可能性があるため、必ずしも抗酸菌症とは言えません。複数回検査を行う中で、抗酸菌が何度か検出された場合、抗酸菌が感染し持続的に排泄している可能性が高いと言えます。ただし、無菌的に採取した材料（例えば血液、内臓組織の生検）から抗酸菌が検出された場合は、単回でも抗酸菌に感染していると言えます。

何らかの病状が認められる場合：その病状と抗酸菌の因果関係を証明するためには異常部位から抗酸菌を証明し、かつ病状に対応するような病巣を確認する必要があります。さらに、抗酸菌の種類によって病状や人への感染性が異なるため、PCR検査による抗酸菌の種類の特定も必要です。

【届出伝染病】*
2. マイコプラズマ症

【原因】マイコプラズマ目（*Mycoplasmatales*）、マイコプラズマ科（*Mycoplasmataceae*）マイコプラズマ属（*Mycoplasma*）に属する微生物は、細菌（真正細菌）に分類されます。ほかの細菌と異なり、細胞壁を持たず、不定形で自己増殖可能な最小の微生物でもあります。

【発生種】すべての鳥類に発生する可能性があります。国内の研究では、オカメインコにおいて7割を超える陽性率が報告されています。全年齢に発生する可能性がありますが、1歳未満の幼鳥では8〜9割とその陽性率は著しく高くなっています。*1

【感染】マイコプラズマは空気感染による気道路伝播が主ですが、接触感染による生殖路伝播も生じます。気道や生殖器粘膜に好んで感染し、系統株によっては全身感染を引き起こし、脳や関節でも見つかることがあります。呼吸器から侵入し、気嚢を冒したマイコプラズマは、直接接触することで卵巣に伝播することもあります。

卵伝播率は低いとされますが、経卵感染は重要と考えられています。また、育雛給餌を介しての伝播もあり得ます。感染力自体は比較的低いとされますが、国内の飼い鳥では著しく高い感染率が報告されています。これは幼少期の密飼いや親の高感染率などが原因と考えられます。

【潜伏期】ニワトリで6〜21日、シチメンチョウで7〜10日です。

【発症と症状】主に上部気道症状が主体ですが、増悪化すると下部呼吸器症状、全身症状を呈します。

①上部気道症状：結膜発赤を主体とした結膜炎症状や、鼻炎症状（くしゃみ、鼻水、鼻孔発赤）、副鼻腔炎症状が生じます。

②下部呼吸器：肺炎、気嚢炎により咳、呼吸困難（開口、ボビング）、変声、元気食欲低下、膨羽などを起こします。

③易感染性：マイコプラズマの最大の問題は、罹患部位に他の感染症を起こしやすくする易感染性です。これにより二次感染が生じ、病状が発現あるいは悪化します。

【診断】咽頭・気管スワブ、鼻汁のPCR検

マイコプラズマによるものと考えられる結膜と鼻孔の発赤

> ### マイコプラズマ属の種類
>
> マイコプラズマ属には様々な種が含まれ、鳥に病原性を持つ種類は20種近く確認されています。
>
> *届出伝染病：ニワトリ、シチメンチョウでは、*Mycoplasma gallisepticum*、*M. synoviae*による「鶏マイコプラズマ病」が重大な被害をもたらし、届出伝染病となっています。これらはフィンチやオウム目にも感染する可能性がありますが、オウム目で一般的に問題となるのは未分類のマイコプラズマと考えられます。
>
> なお、キビタイボウシインコに流行し、約20％の致死率をもたらした上部気道疾患からは、*M. gallisepticum*、*M. iowae*、未同定のマイコプラズマが検出されています。ハトからは主に*M. columbinum*、*M. columborale*が分離されます。

■感染による病気

査により診断できます。しかし、幼少期のオカメインコでは健康な個体でもほぼ陽性となることから、現在起きている病状をマイコプラズマ症と診断することは難しいです。

【治療】飼い鳥の場合、その高い陽性率から、呼吸器疾患が存在する場合は、常にマイコプラズマを想定して治療を行うべきと言えます。*2 しかし、耐性菌の増加や、宿主細胞膜の陥凹部への潜伏などによって、陰転率は決して高くありません。

【予防】親鳥における摘発と治療が最も重要と考えられますが、ほかの病原因子を予防することでマイコプラズマ症の発症を防ぐことが可能です。適切な栄養の摂取（特にビタミンA）、ストレスの軽減、清浄な空気の保持が重要となります。

【消毒】アルコール消毒あるいは塩素消毒などが効果的。中水準消毒が推奨されます。

*1 『日獣会誌』(62 225-228, 2009)「飼鳥における呼吸器病の治療ならびにマイコプラズマ検索」平野郷子ら
*2 マイコプラズマは細胞壁を持たないため、壁合成を阻害する抗生物質は効果を持ちません。マクロライド系あるいはテトラサイクリン系の抗生物質を使用します。

【共通感染症】

3.鳥のオウム病

【原因】クラミジアは細菌（真正）に分類されますが、細胞壁、エネルギー代謝系がなく、細胞内でしか増殖できない特殊な微生物グループ（偏性細胞内寄生菌）です。オウム病の病原体である *Chlamydia psittaci* は Chlamydia 属でしたが、近年、Chlamydophila 属に移動し、*Chlamydophila psittaci* となりました。

【宿主と保有率】鳥のオウム病は100種以上の鳥種で報告されていますが、最も多いのはオウム類、ハト類、シチメンチョウです。また、鳥だけでなく、人をはじめとする哺乳類、爬虫類、両生類、昆虫など様々な動物種でも感染が確認されています。

飼い鳥では、特にオカメインコ、セキセイインコ、ハトで感染率が高いとされます。一般に、新熱帯区のオウム類（アマゾン、マコウなど）は、オーストラリア区のオウム類（バ

クラミジアの感染の仕方

偏性細胞内寄生菌であるクラミジアは、感染型である基本小体が細胞に感染→非感染型の網様体へと変化→分裂増殖し→中間体を経て再び感染型の基本小体になるという「増殖環」を持ちます。

Chlamydophila 属には、オウム病（*Chlamydophila psittaci*）、流行性羊流産（*C. abortus*）、モルモットクラミジア（*C. caviae*）、ネコクラミジア（*C. felis*）の4種類があります。オウム病の *C. psittaci* にはいくつかの病原型が存在します。

よく混同される人の性病のトラコーマクラミジア（*Chlamydia trachomatis*）や肺炎クラミジア（*Chlamydophila pneumoniae*）とは別種です。

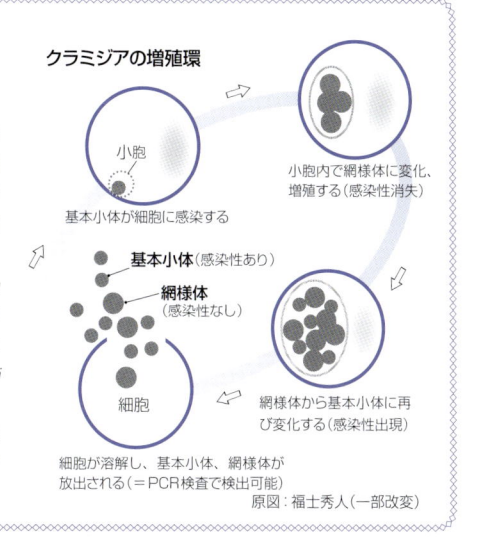

クラミジアの増殖環

小胞
基本小体が細胞に感染する
小胞内で網様体に変化、増殖する（感染性消失）
基本小体（感染性あり）
網様体（感染性なし）
細胞
網様体から基本小体に再び変化する（感染性出現）
細胞が溶解し、基本小体、網様体が放出される（＝PCR検査で検出可能）

原図：福士秀人（一部改変）

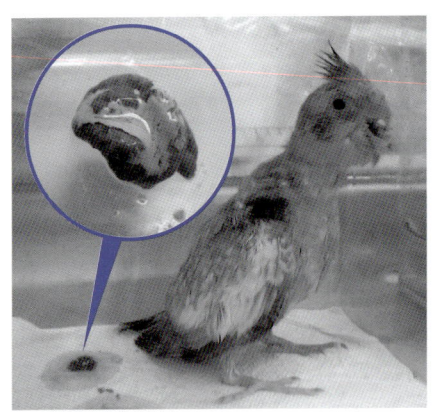

呼吸器症状（特に結膜炎や湿性の咳）と尿酸の緑黄色化が見られる場合は、まずオウム病を疑います

タン、ローリーなど）より感受性が高く、エチオピア区のオウム類（ヨウムなど）は、東洋区のオウム類（ホンセイなど）より感受性が低いとされます。

国内におけるPCR検査による疫学調査では、ボウシインコで陽性率が最も高く、セキセイインコ、オカメインコ、ラブバードがこれに続き、フィンチおよびヨウムは平均以下の陽性率と報告されています。

これまで行われてきたいくつかの疫学調査結果によれば、国内の飼い鳥からの C. psittaci の検出率は10％程度ですが、外見上健康な鳥の陽性率は6％前後です。また、野生のオウム目では4〜5％の保有率と言われています。

【感染】感染性を持つ基本小体は、糞尿、鼻汁、涙液、唾液、呼吸器分泌物などに、定期的あるいは断続的に排泄されます。糞や分泌物が乾燥してエアロゾル化（微粒子化）したもの、あるいはこれらが付着した羽毛を吸引することで主に伝播します。暴露された鳥のすべてが感染するわけではありませんが、感染鳥と同室の鳥は陽性率が著しく高いため、検査を実施すべきです。

また、糞尿に汚染された飲水や飼料の摂取、親からヒナへの育雛給餌による垂直感染も多いと考えられます。

介卵感染については意見が分かれます。野生下では吸血昆虫やダニによる伝播も存在します。若鳥は成鳥より感受性が高く、感染しやすいです。

【発症と進行】感染後3日〜数週間で発症しますが、潜伏期間は詳しくわかっていません。基本小体-網様体の増殖環に48時間はかかるため、潜伏期間は最短でも2日以上と考えられます。なかには発症せずキャリアとなり、数年後に突然発症することもあります。

これら発症には、何らかの免疫低下を起こすエピソード（特に購入直後などの環境変化や、寒冷、栄養不足、換羽、繁殖など）が関わっています。

本来、鳥と C. psittaci は共生に近い関係にあり、無症状の不顕性型がほとんどですが、クラミジア株の種類、暴露量、鳥の種類、個体の免疫状況などによって症状は軽症から重症、死亡まで推移します。進行も1〜2週以内に死亡する急性型から、数週間持続する慢性型まで様々です。いずれの場合も自然回復は稀ですが、回復した鳥はほとんどがキャリアとなります。

【症状】基本的に非特異的で、ほかの疾患と見分けづらいため、オウム類ではすべての疾患の鑑別診断にオウム病を含めるべきと思われます。一般的に見られる症状は、膨羽、沈うつ、食欲不振、体重減少などのSBSで、これら以外の症状は、どの器官が障害されるかによって異なります。比較的よく見られる器官系症状は、呼吸器系、消化器系（特に肝臓）の症状です。

①呼吸器系：軽症であればくしゃみ、鼻汁、あくびなどの上部気道疾患（URTD）症状や、それに続発、あるいは単発で眼病症状（結膜発赤、流涙、閉眼など）が見られます。これ

■感染による病気

らはセキセイインコやほかのパラキート、フィンチやハト、ガンカモなどに多い症状です。

重症例では、上部気道疾患症状に加え、咳や喘鳴（特に湿性）、呼吸困難（開口、ボビング、全身呼吸、スターゲイジング、チアノーゼ）などの下部呼吸器疾患症状も見られますが、これらは特に幼少のオカメインコに多く、マコウは下部呼吸器疾患症状のみ示すことが多いです。

②消化器系：肝臓もクラミジアの標的臓器で、黄～緑色の尿酸など、急性肝障害による症状も比較的多く見られます。これはオカメインコやボウシインコのオウム病でよく見られます。また、下痢も頻度の高い症状ですが、そもそも下痢をしにくい砂漠系の小型鳥では稀です。

③その他：呼吸器系、消化器系以外では、やや稀ですが、泌尿器系（ネフローゼなど）、循環器系（心外膜炎など）、中枢神経系（髄膜炎など）もクラミジアの標的となります。ネフローゼは多飲多尿、浮腫、腹水などの症状を招き、心外膜炎は心タンポナーデに発展し、心不全による突然死を招きます。髄膜炎による中枢神経障害は痙攣、後弓反張、振戦、斜頸、麻痺などの中枢神経症状を招きます。

④キャリア：キャリア鳥のうち、持続感染となっている鳥は基本小体を断続的に排泄し、環境の汚染源となります。潜伏感染となっている鳥では排泄は見られないため、汚染源にはなりませんが、摘発が困難です。免疫の低下は潜伏感染を持続感染に、持続感染を発症へと導きます。

【検査と診断】典型的なオウム病では、血液検査により肝酵素や白血球の著増、X線検査により肝肥大、脾臓の肥大、気嚢壁の肥厚などが確認されます。

①顕性鳥：発症している鳥はかなりの量の基本小体を便中に排泄します。しかし、必ずしも持続的に排泄しているとは言えず、また、呼吸器に局所感染している例では、便中に排泄していない可能性があります。そのため後鼻孔スワブ、総排泄腔スワブ、血液、便を混合した材料でPCR検査を行うことで、

クラミジア検査結果の判断

現在、最も検出率が高く精確なクラミジアの検出方法は、PCR検査（☞P57）です。検出率は基本小体の排泄の有無にかかっています。検査材料や検査方法、個体の状態、検体の採取法など様々な要素によって検出率が異ってくるため、検査結果の解釈には熟練を要します。

陰性の結果：クラミジアを保有していないことの証明ではなく、「そのとき採取した材料にクラミジアが含まれていないことの証明」です。

また、抗生剤（効果が乏しいものだとしても）を投与されている個体では、基本小体の排泄が停止することがあるため、検査で偽陰性となることがあります。

陽性の結果：その鳥に見られている病状のすべてがクラミジアによるものとは言いきれません。

②不顕性鳥：一方、キャリア鳥の摘発はかなり難しくなります。持続感染であれば、不定期ながら排泄が見られるため、数日分の便を材料とすることで検出率を上げることができます。また、便が陰性でも、血液やスワブが陽性となることがしばしばあるため、複数の材料を検体とするのが良いです。

③潜伏感染鳥：排泄が完全に止まっているため、摘発は困難です。定期的に検査を実施し、持続感染化したことを見逃さないようにします。

【治療】クラミジアに対しては、テトラサイクリン系、マクロライド系の抗生剤が特に効果が高いです。

投与期間：基本小体は代謝活性を持たないため抗生物質は無効ですが、代謝活性を持つ網様体が増殖している時期は抗生剤が有効です。このため、抗生剤により網様体の分裂増殖を抑えながら、基本小体が潜むマクロファージなどの細胞が生理的な寿命を迎え、新しい細胞（娘細胞）に入れ替わるまで投薬を続けます。この期間を考慮して45日間の投与が推奨されています。

しかし、基本小体は、細胞が入れ替わる際に娘細胞へと持ち越されるため、45日間の投与でも感染を排除できない個体も一部存在します。このような個体では数ヶ月にわたる投薬が必要です。長期投薬で耐性菌は現在のところ認められませんが、副作用の発現を考慮し、モニターすべきと考えます。

【感染鳥の管理】
①隔離の仕方：人やほかの鳥への伝播を防ぐため、隔離室で管理を行います。換気扇が設置された風呂場は、汚染空気の流出を

オウム病の薬と治療

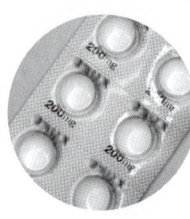

抗生剤の選択は状況によって異なるため、獣医師の判断に委ねられます。また、投薬中は適切なモニタリングが必要です。

一般に、テトラサイクリン系が第一選択薬となっていますが、肝障害、免疫抑制、菌交代症などのリスクが少なからず存在します。また、ニューキノロン系は副作用こそ少ないですが、鳥では効果が期待できないとされます。マクロライド系の中でも、ニューマクロライド系は人において副作用が少なく効果も高いですが、鳥でのエビデンスは乏しいです。なお、犬猫でよく使用されるβ-ラクタム系は効果が低く、アミノグリコシド系は効果を持ちません。

● オウム病は治るのか？
治らないと言われることもありますが、網様体が増殖し細胞を破壊することで起きる疾患であり、これを抑えることは充分可能です。特に軽度の発症であれば、早期の治療で予後は良好です。しかし、治療後も基本小体が細胞内に潜伏している可能性があるため、クラミジア感染（潜伏感染）を否定することはできません。

● 再感染するか？
ウイルスであれば、一度感染し、宿主が免疫を獲得すると（獲得免疫）、しばらく感染は起きませんが、クラミジアの場合、感染による獲得免疫は一時的であるため、容易に再感染します。

● 対症療法・支持療法
発症個体では、それぞれの感染臓器に障害が生じているため、適切な対処が必要です。クラミジアが消失しても、臓器の障害が重大な場合、これによって死亡することも少なくありません。また、適切な支持療法を行い、体力を落とさないことも重要です。

■感染による病気

防ぐことができ、室内すべてが消毒・洗浄可能であるため隔離室として便利です。

②**飼育器具の清掃と消毒**：ケージの清掃、特に糞便の処理は適切に毎日行います。乾燥し、粉塵となった糞便を吸い込んで感染するケースが多いため、マスクを装着します。嘴、爪による外傷から感染する可能性もあるため、手袋も装着します。

　飼育ケースは二つ用意し、新たなものに患鳥を移し替えると簡便です。汚染されたケースは、消毒剤を噴霧（あるいは塗布、浸漬）した後に、基本小体の徹底した洗浄を実施します。多くの消毒剤は糞などの有機物が含まれると効果が低下するため、洗浄後もう一度消毒を行うと良いです。

③**消毒の方法**：感染因子である基本小体は、乾燥した糞便中で数ヶ月間感染性を持ちますが、消毒には抵抗性が低く、一般的な細菌同様の消毒（低水準消毒薬や熱湯、日光消毒など）で足ります。消毒剤としては70％アルコール、1％次亜塩素酸ナトリウム（30分浸漬）が使用しやすいです。

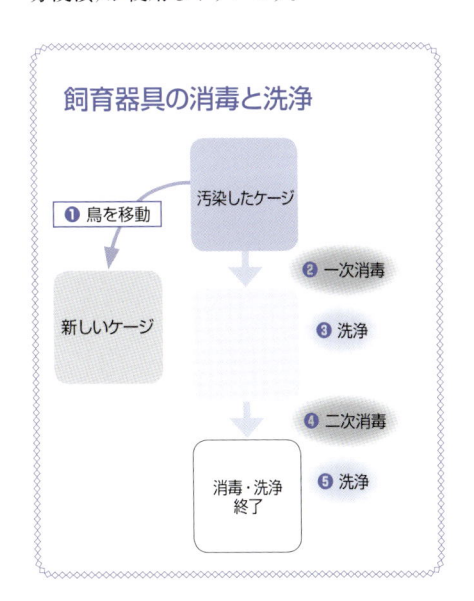

④**効果のあるフィルタ**：基本小体は$0.3\mu m$と小さいため、空気清浄機や掃除機のフィルタはHEPAフィルタ以上のものを使用しなければ、返って撒き散らす結果となります。マスクもN95クラス以上のものを適切に装着することが推奨されます。

【予防】　共通感染症であることから、予防投薬が検討されますが、副作用、薬剤耐性菌の蔓延など様々な問題が存在するため、獣医師の監督下で行うべきです。かつて、テトラサイクリン系抗生物質を含有したヒナ餌（アワダマ）が市販されていましたが、現在は販売が中止されています。

　最大の予防法は、キャリア鳥の摘発と隔離、そして治療です。理想的にはすべての鳥が定期的に検査されるべきです。特に、新しく鳥を迎える場合は、移動ストレスが加わることで発症する前（ショップにいる間）に検査を依頼し、陽性であった場合は治療により陰転してから迎えるべきです。

参考
・『第21回日本クラミジア研究会第10回リケッチア研究会合同研究発表会抄録』（27, 2003）「飼鳥におけるクラミジア症の疫学調査」真田靖幸ほか
・『モダンメディア』（51巻7号, 149-159, 2005）「オウム病の最近の知見」福士秀人

飼育器具の消毒と洗浄

❶ 鳥を移動
汚染したケージ → 新しいケージ
❷ 一次消毒
❸ 洗浄
❹ 二次消毒
❺ 洗浄
消毒・洗浄終了

第2章

人のオウム病

●年間報告数
　人のオウム病は、届出の必要な4類感染症で、国内では毎年30人前後が報告されています。国内の飼い鳥数は約1600万羽、オウム病保有率は約10%であることを考えると、この報告数は報告漏れを考慮してもかなり少なく、オウム病は移りやすい病気ではないと考えられます。

感染年齢：50代をピークに幅広い年齢で感染が報告されますが、30歳未満は報告が少なく、特に10歳未満の幼小児や、80歳以上の高齢者の報告は著しく少ないです。

妊婦への影響：C. psittaciは妊婦に流産を起こすとされてきましたが（妊婦オウム病）、これは人やヒツジに流産を起こすC. abortusが、かつてC. psittaciに分類されていたためと考えられます。鳥にオウム病を起こすC. psittaciが流産を起こす危険性はおそらく低いのですが、オウム病による母体の悪化が、出産に悪影響を与える可能性があるため、妊婦は鳥との接触に注意すべきです。

●感染経路と症状
感染由来動物：詳細不明のものを除くとオウム類71%、ハト類12%、その他鳥類15%、ヘラジカ2%*です。人から人への感染はないか、稀です。*旧分類のC. psittaciと考えられます。

感染：密閉された環境で、乾燥して粉塵化したクラミジアを含む糞便が舞い上がり、それを人が吸い込むことで感染が成立することが多いです。口移しなどの濃厚な接触や、咬傷・爪傷などからの感染もあり得ます。健常者が一般的な飼育環境で感染することは稀と考えられますが、免疫低下者では感染・発症が容易に生じると考えられるため、注意が必要です。

潜伏期間：潜伏期間は1～2週間。

症状：一般的には、高熱、悪寒、頭痛、全身倦怠感、筋肉痛、関節痛、咳などのインフルエンザ様症状が突然発症するとされています。

予後：適切な治療がなされれば、患者の致死率は1%未満と考えられます。

●予防
・定期的に適切な方法で飼育鳥のオウム病検査を実施する。
・口移しなど飼育鳥との濃厚な接触を避け、接触後の手洗いを習慣づける。
・飼育環境の清掃に努め、換気を定期的に実施する。
・免疫低下者は鳥との接触を避ける。
・鳥に病状がある場合は、すぐに動物病院へ相談する習慣をつける。

●鳥の飼育者にインフルエンザのような症状が見られたら
　必ず病院へ行き、医師に鳥を飼育していること、オウム病が心配であることを伝えましょう。

（疫学情報の出典：感染症情報センター
http://idsc.nih.go.jp/ IDER 2007年第19号）

■感染による病気

4. 真菌による感染症

【共通感染症】
1. アスペルギルス症

【原因】Aspergillus属の真菌は糸状菌を代表する大きな属で、コウジカビ Aspergillus oryzae など有益な種も含め、200以上の菌種が存在します。そのうち病原菌種として最も重要な種類は、A. fumigatus であり、A. flavus（☞P149：アフラトキシンによる中毒）、A. niger なども稀に問題を起こすことがあります。これら Aspergillus 属のカビは、土壌や穀物など自然環境中に一般的に存在する真菌ですが、日和見感染症として時に重大な問題を起こします。

【発生種】鳥類は特徴的な呼吸器構造、免疫機構、高体温などによって、哺乳類よりも真菌に感染しやすい性質を持ちます。ほとんどすべての鳥種が、アスペルギルスに対して感受性を持ちますが、種によって感受性が大きく異なります。

①**オウム類**：ヨウム、ピオナスが高感受性種で、ボウシインコでは鼻腔のアスペルギルス症がしばしば見られます。

②**猛禽類・水鳥**：シロハヤブサなど猛禽類の一部、ハクチョウや人工飼育下のペンギンなども罹患率が非常に高いです。

③**小型オウム目**：一般に感受性が低いとされますが、オカメインコやラブバードの幼鳥ではしばしば問題となります。

【感染】アスペルギルスは環境中に存在し、ケージ内では、糞で汚染されたワラ、牧草、チップ、穀物、種子の殻、巣材、湿ったエサなどが、真菌増殖の一般的な媒体となります。高湿度、温かい温度（>25℃）で増殖は促され、換気不足や過密飼育が環境中の胞子密度を増加させます。

これら大量の胞子を吸引したり、少量でも極度に免疫が低下している場合には（高感受性鳥では若干の免疫低下でも）、感染が成立します。経口感染や、外傷からの経皮感染は稀と考えられます。

【発症と進行】吸入され、気道粘膜に定着した胞子は発芽し、菌糸を粘膜内へと伸ばし、コロニーを形成します。コロニーでは胞子形成による無性生殖が行われます。

病変はすべての気道によく見られますが、主に肺と気嚢（特に後胸気嚢、腹気嚢、末梢肺野）に多く、次いで気管、鳴管、気管支（場合によっては含気骨）、鼻腔、副鼻腔において見られます。気嚢で増殖したアスペルギルスは気嚢壁を通して、隣接する内臓諸器官にも広がることがあります。血行性に全身へと広がることもあり、すべての臓器に感染し得ます。また、皮膚や粘膜においても稀に問題を起こすことがあります。疾病の進行は免疫状態と病巣の部位により、

気嚢アスペルギルス症：まるで食品に生えたカビのように、気嚢内に青緑色のコロニーがつくられます

急性型、慢性型、局所型、播種型に分けられます。

【症状】
①急性型：通常、幼若鳥や捕獲されたばかりの個体など免疫の低い個体が、大量の胞子を吸入することで発症します。肺炎、気嚢炎により、白色の粘液滲出物やうっ血が見られます。呼吸困難、頻呼吸、チアノーゼや、多飲多尿、嗜眠、食欲不振、嘔吐、腹水による腹部膨満などの徴候を示した後、数日内に死亡するか、なんら徴候を示さず突然死します。

②慢性型：肺や気嚢に形成された微小な結節が接合し、プラークやコロニーを含む大きな肉芽腫（Aspergillomaアスペルギルス腫、Fungus Ball真菌球）を形成し、主に肺炎および気嚢炎を発症します。

長期の栄養失調、ストレス、抗生物質やステロイドの誤用、慢性疾患などの免疫不全から発症します。ヨウム、ピオナス、ボウシインコなどにしばしば見られます。

初期症状は非常にわずかか、認められないこともあり、見逃されることが多くあります。また、その症状も運動不耐性や、食欲があるにも関わらず体重が減少するなど、非特異的な症状が見られるに過ぎません。

呼吸器症状は、疾病の後期まであまり観察されません。アスペルギルス腫は、全気道に見られますが、後胸気嚢および腹気嚢に多く発生し、下部気道障害が進行した症例では、安静時にも呼吸困難、頻呼吸、ボビング、開口呼吸、呼吸音などの呼吸器症状が認められます。

アスペルギルスの直接浸潤、あるいはアスペルギルスが産生する毒素によって、肝疾患徴候（緑色尿酸、肝肥大）、腎疾患徴候（多飲多尿、腎肥大）、それに伴う腹水の貯留が見られることもあります。また、胃腸障害が見られることもあります。

アスペルギルス菌糸は血管侵襲性であるため、軽度であっても呼吸器出血から突然死を招くことがあります。慢性型の予後は良くありません。症状の発現から死までの期間は、数日から数ヶ月にわたることもあります。

③-1 局所型／気管型：急性アスペルギルス症と同様、免疫不全の個体が胞子を吸い込むことで発生しますが、病変は気管、鳴管、主気管支に局在します。気管に発生した肉芽腫は重篤な閉塞性気道障害をもたらします。肉芽腫は特に、鳴管と気管分岐部に発生しやすく、鳴管が障害された場合、発声の変化あるいは無声が特徴的です。また、気道閉塞による呼吸困難から開口呼吸、気管分泌物による喘鳴、咳などが認められることもあります。突発的な気道閉塞による突然死もよく見られます。

③-2 局所型／副鼻腔型：局所的なアスペルギルス症が副鼻腔あるいは鼻腔に発生することがしばしばあります。眼窩下洞や眼窩

■感染による病気

周囲軟組織の膨隆、漿液性あるいは化膿性の鼻汁、鼻石や肉芽腫による喘鳴音などが見られます。副鼻腔は眼周囲と接近しているため結膜炎や、眼瞼炎、角膜炎を起こすこともあります。

③-3 局所型／皮膚型：抗生物質の効果が乏しい皮膚炎から、アスペルギルスが検出されることがあります。

④播種型：免疫が極度に低下した個体では、脈管浸潤したアスペルギルスが血行性に全身へとまき散らされ（播種）、全身の様々な臓器でアスペルギルス病変が形成されます。脳や脊髄に血栓を伴う病変が形成されると（脳アスペルギルス症）、運動失調、麻痺、協調運動障害、振戦、斜頸などの神経症状が見られることがあります。

【診断】アスペルギルス症は初期の段階で発見することが難しく、末期になり治療が困難となった後、あるいは死後に診断されることが多いです。生前の診断はアスペルギ

アスペルギルス症の検査

●検査方法

1. CBC検査：重度の白血球増多（左方移動、中毒性変化を伴う偽好酸球の著明な増加、慢性型では単球の増加、再生不良性貧血）。

2. 血液生化学検査：肝障害が見られる個体では、肝酵素値の上昇、低アルブミン血症などが見られます。

3. タンパク分画検査：高ガンマグロブリン血症、A/G比の低下、一部の鳥ではβ-グロブリンの増加などが見られることがあります。

4. 血清アスペルギルス抗体検査：フクロウ類、オウム類では有用性が低いとされます。

5. X線検査：線維素性の気嚢炎が存在する場合、健康では観察されることのない気嚢壁が明瞭に映ります。また、気嚢の左右不対称、過膨張、硬化、およびアスペルギルス腫による軟部組織様の陰影が認められることがあります。これら所見はアスペルギルスが消失した後も残存することがあります。また、肝や腎が障害された場合、肝肥大、腎肥大が確認されることもあります。ただし、気管型における気管、鳴管、主気管支内の肉芽は明瞭視されないことが多いです。

6. 内視鏡検査：気管内あるいは気嚢内へ硬性あるいは軟性の内視鏡を挿入することで、プラーク

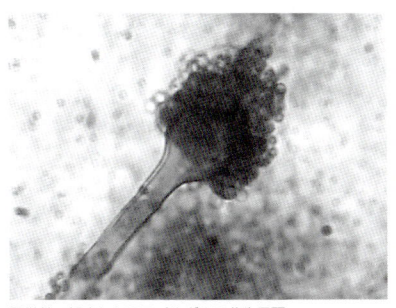

顕微鏡で観察したアスペルギルス分生子頭

クや結節、あるいはコロニーを直接観察することができます。また、病変から材料を採取し、病原体検査あるいは細胞学的検査を行うことが可能です。

7. 細胞学的検査：患部の拭い液や生検、気管洗浄液、眼窩下洞吸引液の塗沫標本を用います。これらを染色あるいは無染色で直接鏡検することで、アスペルギルスに特徴的な菌糸構造や胞子を確認できることがあります。

8. 病原体検査：PCR検査や真菌培養などを用いて、アスペルギルスの存在を証明できます。しかし、アスペルギルスは環境中に常在するため、口腔内拭い液や便を材料とした検査による陽性反応は必ずしも感染を示すわけではありません。血液のPCR検査や、血清中の菌体成分を検出する方法で陽性となった場合、播種性や侵襲性のアスペルギルス症が強く示唆されます。

ルスを疑ういくつかの徴候および、様々な検査を複合することによって行われます。
【治療】アスペルギルスに効果が高い抗真菌剤を用います。
【予防】適切な食餌と環境、そしてストレスの軽減はアスペルギルス症を予防できます。
①適切な食餌：シード食に伴うビタミンA欠乏症は、呼吸器粘膜の異常をきたし、感染成立を促します。ペレットを与えられている鳥の真菌症の発生率はごくわずかです。
②適切な飼育環境：一般的な住宅に浮遊するカビのほとんどを A. fumigatus が占めており、これを完全に排除することは困難ですが（化学物質を使わない住宅ではさらにその割合が高い）、その増殖を防ぐため、環境は低温低湿度に保ち、換気を充分に行うべきです。

また、植物性、吸湿性の物質（巣やおもちゃ、敷材など）から鳥を極力遠ざけ、古いエサは除去し、常にケージを清潔に保つ必要があります。さらに、HEPAフィルターを備え、カビを除去する機能を持つ空気清浄機を併用すると、予防効果は高くなると考えられます。

【消毒】低水準消毒薬では死滅しない可能性があり、中水準以上の消毒薬を用いる必要があります。ただし、アルコールやクレゾール石ケン液は比較的長い接触時間を要する場合があり実際的ではありません。0.05～0.1％次亜塩素酸ナトリウム、熱水（80℃ 10分）、ビルコン®S（1：100）が良いです。

【人への影響】鳥が人のアスペルギルス症の

アスペルギルス症の治療

●治療方法

1. **抗真菌剤の吸入・注入**：アスペルギルス症によく用いられる抗真菌剤は、ポリエンマクロライド系の抗真菌性抗生物質の一種です。この薬剤は、注射では腎毒性が著しいので、薬剤を気嚢内あるいは気管内、副鼻腔内へ直接注入、あるいはネブライザーで吸入させます。副作用はほとんど見られません。内服では呼吸器のアスペルギルス症に効果はありません。

2. **経口投与用の抗真菌剤**：イミダゾール系、トリアゾール系、アリルアミン系などが用いられます。効果がやや低く、副作用が生じることがあるので注意が必要です。

3. **抗真菌剤の注射**：近年、国内で開発されたキャンディン系の抗真菌剤は副作用もなく、高い効果を持ちます。利用可能なのは注射用の薬剤のみです。

4. **複合的な治療**：抗真菌剤には、相加、相乗効果が認められる薬剤が多いため、これら薬剤を複合し、投与経路も吸入・注入、内服、注射と、複合して用いるとより効果的です。特にアスペルギルス腫では、内服や注射での病変部への薬剤浸透がほとんど期待できないため、患部への直接投与が必須です。

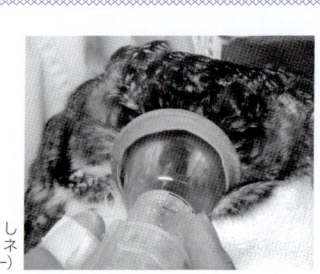

5. **外科的治療**：球状となった病変内部には薬剤が届きにくく、真菌球を外科的に摘出する必要が生じます。しかし、呼吸困難個体の麻酔外科はリスクを伴います。

6. **治療成績**：アスペルギルス症の治療は大変です。発見時すでに末期のことが多く、早期に発見してもカビはしつこいので長期治療が必要です。抗真菌剤が高価なのも難点です。

薬を霧にして吸引（ネブライザー）

■感染による病気

原因になるとは考えられていません。アスペルギルスは室内に一般的に浮遊している真菌であり、人のアスペルギルス症は、免疫不全者あるいは肺障害者がこれらを吸引することで主に発症します。

【共通感染症】
2. カンジダ感染症（カンジダ症）

【原因】Candida属の真菌は子嚢菌類に属し、200種以上を含みます。鳥に疾病を起こすCandida属菌種として特に病原性の強い*C. albicans*が最も有名ですが、*C. parasilosis*, *C. krusei*, *C. tropicalis*なども問題を起こすことがあります。

【発生種】鳥類の消化管内では、哺乳類に比べてカンジダが非常に増殖しやすく、カンジダ症は常に気をつけなければいけない疾患です。

アスペルギルスと異なり、小型種で問題となることが多いです。これは、もともとカンジダが好む糖類を多く含む果実や蜜を食べる中大型種では、カンジダに対する防御機構が生来備わっていて、カンジダが利用しづらい生デンプン（穀類）を常食する小型種では、防御機構が発達していないためではないかと筆者は考えています。

【感染と発症】*C. albicans*は、酵母形と菌糸形（仮性菌糸）を持つ二形性真菌です。消化管内、皮膚、粘膜、場合によっては呼吸器粘膜に酵母形で定着する生体常在菌です。

この状態は、保菌（コロナイゼーション）と呼ばれる状態で、宿主の防御機構や細菌フローラが酵母の数をコントロールしており、宿主は問題を起こすことはありません。

なんらかの原因によってカンジダが異常増殖し、さらに仮性菌糸を形成し組織へ侵入することで、「感染」と呼ばれる状態になります。感染および発症には以下の因子が関わります。

①**免疫抑制**：正常な免疫はカンジダの増殖・侵入を防いでいます。このため、捕獲や移動、疾患、衰弱、寒冷、栄養失調、劣悪な環境など様々なストレッサーにより免疫が低下した個体、あるいは、幼若個体、免疫抑制性疾患（PBFDなど）、ステロイドやある種の抗生剤など免疫抑制物質、先天的な理由で免疫が低下した個体などで発症します。

②**細菌叢の異常**：消化管内に限らず、皮膚や粘膜においても正常な細菌叢がカンジダなどの悪玉菌と拮抗し、その増殖を防いでいます。これらが広域抗生剤の長期乱用などによって減少した場合、悪玉菌が増殖しやすくなります（菌交代現象）。

また、悪玉菌が増殖するのに都合の良いエサが与えられた場合（単糖類や加熱炭水化物）、悪玉菌が優位となり、均衡は崩れ、悪玉菌の増殖が抑えられなくなります。

果実を食べる大型鳥はもともと単糖類が豊富なエサを食べているので、これらを与えても比較的問題を起こしません。

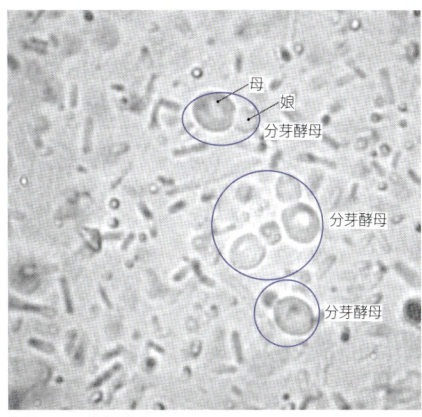

大量のカンジダ分芽酵母

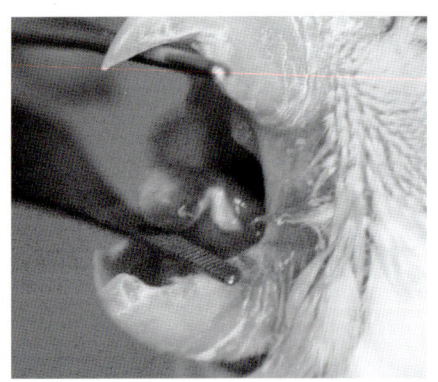

舌にできた偽膜性カンジダ症 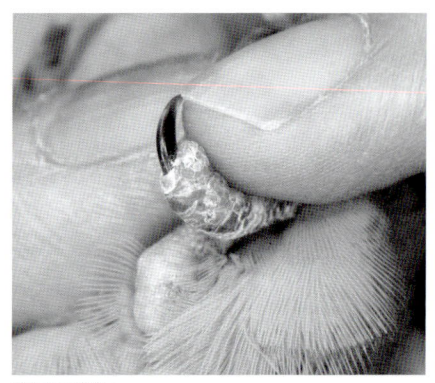　　　　　　　　皮膚カンジダ症

③**粘膜皮膚バリアの異常**：正常な皮膚や粘膜は免疫や正常細菌叢によって悪玉菌の増殖・侵入を防いでいます。これがビタミンA欠乏による角化亢進や、ほかの病原体あるいは物理的な原因により破壊された場合、カンジダの増殖・侵入を可能にします。
④**宿主感受性**：オカメインコのヒナは特に感受性が高いとされます。
【病型と症状】
①**消化管カンジダ症**：舌下をはじめとする口腔内や口角（口腔咽頭カンジダ症）、あるいはそ嚢、食道（そ嚢食道カンジダ症）に病変が見られます。急性期には、粘液を伴う白い偽膜が形成され、苔状に散在しますが、徐々に拡大して白苔が粘膜全体をおおうようになります（急性偽膜性カンジダ症）。急性期の白苔ははがれやすく、慢性期には肥厚角化した粘膜上皮と固着して、はがれにくくなります（慢性肥厚性カンジダ症）。そ嚢はトルコタオル状に肥厚します。
　口腔内の病変は疼痛を伴い、食欲が低下します。食道やそ嚢の病変は吐出や食欲廃絶、食滞をもたらします。食滞が生じた場合、そ嚢はカンジダにとって良好な培地となり、状況はさらに悪化します。
　カンジダの病巣は胃腸へと拡がることも多々あり（胃腸カンジダ症）、嘔吐、下痢、嗜眠、脱水などの症状が見られ、最終的にはやせ衰え死亡します。また、ケース内あるいは鳥自体が、カンジダによる独特の腐敗臭をかもすようになります。
②**皮膚カンジダ症**：皮膚においてもカンジダが増殖することがあり、病変部は肥厚し黄変します。
③**播種性カンジダ症**：免疫が極度に低下した個体では、脈管浸潤したカンジダが血行性に全身へとまき散らされ（播種）、髄膜、心臓、肝臓、肺、眼内など全身の様々な臓器でカンジダ病変が形成されます。
【診断】口腔内カンジダ症では特徴的な白苔あるいは粘液、そ嚢食道カンジダ症ではそ嚢液、胃腸カンジダ症では糞便を材料として、直接塗抹標本を作成し、顕微鏡観察します。国内ではゾンデを使ったそ嚢検査が盛んですが、綿棒で口腔内を拭うだけでも検査は充分可能です。
　ただし、酵母が存在するだけではカンジダ症とは言えず、分芽酵母が大量に存在する、あるいは仮性菌糸が見られた場合に、はじめて治療対象となります。同様にPCR検査や培養検査でカンジダが陽性となっても、カンジダ症である証明にはなりません。

■感染による病気

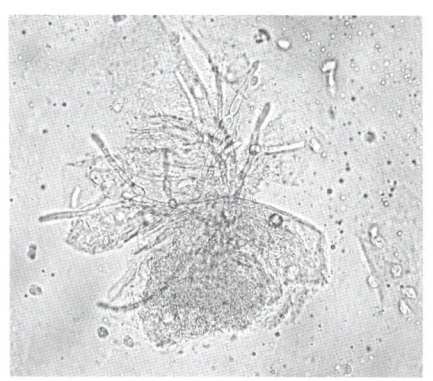

大量のカンジダ菌糸。組織への侵入を示唆

なお、パンを食べた個体ではパン酵母が見られ、サプリメント（例えばビール酵母）やペレット、パウダーフードに善玉酵母が使用されているものも多く、これらとカンジダ酵母が間違えられることがあります。

皮膚カンジダ症では病変をKOH（水酸化カリウム）で融解後、塗抹標本を作成し、特徴的な仮性菌糸を顕微鏡で観察します。

【治療】消化管カンジダ症では、ポリエンマクロライド系の抗真菌性抗生物質が使用されます。消化管粘膜からの吸収が著しく悪く、副作用がほとんど見られないため、酵母の増殖に対して最も一般的に用いられます。

ポリエンマクロライド系に耐性が見られる場合や、仮性菌糸が認められ粘膜内へのカンジダ侵入が予想される場合、あるいは皮膚カンジダ症、播種性カンジダ症では、アゾール系やアリルアミン系、キャンディン系の抗真菌薬剤が使用されます。

患部が口腔内に限られる場合、経口用のポビドンヨードによる消毒も有効です。

【予防】適切な環境と食餌、そしてストレスの軽減はカンジダ症を予防します。食餌は加熱炭水化物や単糖類を制限し、ビタミンAが豊富なものとします。免疫が低い個体に抗生剤やステロイドを使用する場合は、予防的に抗真菌剤を投与します。

【消毒】生体内の常在菌のため、環境消毒の必要性は低いのですが、汚染された器具や食器は消毒を行いましょう。低水準消毒で、充分効果が得られます。

【人への影響】カンジダは鳥と人双方に疾病を起こしますが、一般的な衛生に気をつければ、鳥が人のカンジダ症の原因になることはありません。

【共通感染症】
3. クリプトコッカス症

【原因と人への影響】担子菌に属する*Flobasidiella neofomans*の無性世代である*Cryptococcus neoformans**1によって起こる人獣共通感染症です（人以外では、特に猫、コアラ）。

クリプトコッカスは鳥の糞に汚染された土壌（特にハト、ニワトリ）からよく検出されるため、鳥が本菌の媒介動物として有名ですが、実際には鳥が保菌する例は少なく*2、鳥の糞によって窒素量が増えた土壌において増殖したクリプトコッカスが吸入され、人への感染が成立すると考えられています。しかし、鳥との接触や糞の吸入によって感染を受けたと確認されている事例はあまりありません。

*1　*Cryptococcus neoformans*には、*Cr. neoformans var. neoformans*と*Cr. neoformans var. gotti*の2変種が存在します。国内では前者のみが問題となります（後者はユーカリおよびそれを食するコアラが保菌）。
*2　鳥は*Cr. var. neoformans*に感染することはほとんどありません。クリプトコッカスが高い体温（40℃以上）を持つ鳥の体の中では増殖できないからです。免疫不全の鳥でわずかに呼吸器障害が報告されています（呼吸器は低温であるため）。

また、通常の免疫を持った人で本症がみられることはほとんどなく、逆にエイズ患者における発症率は5％を超えることから、本症は不顕性感染が多く存在し、免疫低下により発症すると考えられます。

　このようなことから、正常な環境で飼育されている鳥から人へ感染し発症することは、ほとんどないと考えられます。

【診断】顕微鏡観察が可能ですが、材料を墨汁などで染色することで特徴的な莢膜が観察できます。PCR検査も可能です。

【治療】ポリエンマクロライド系、アゾール系が有効ですが、キャンディン系には耐性です。

【消毒】低水準消毒でも充分効果が得られます。

AGY

カンジダ（分芽酵母）

AGY

【共通感染症】
4. マクロラブダス（AGY、メガバクテリア）症

【原因】この病気は、かつてGoing Light Syndromeと呼ばれ、1980年代初頭には、グラム陽性の大型桿状の微生物（20〜90×1〜5μm）が原因であることがわかりました。当時は細菌の仲間と考えられ、MegabacteriaあるいはMegabacterium（巨大細菌）と呼ばれ、本症はMegabacteriosis（メガバクテリア症）と言われるようになりました。

　2000年、真菌であることが確認され、Avian Gastric Yeast（鳥類の胃の酵母）と呼ばれるようになりました。学名は、2003年に*Macrorhabdus ornithogaster*と定まりました。

　本症の呼称は未だ定まっておらず、近年はMacrorhabdosis（マクロラブダス症）と呼ばれることが多くなっています。

【発生種】多くのオウム目、スズメ目、キジ目、ダチョウ目、カモ目、コウノトリ目などで感染の報告はありますが、特定の種を除いて病害が見られる種類は少ないです。哺乳類では感染が疑われた例が数例ありますが、確かではありません。

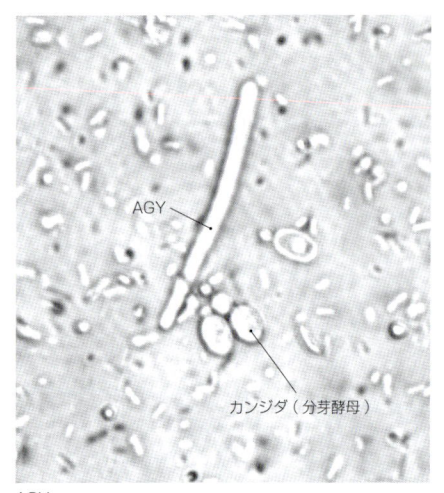

　一般的な飼い鳥で重篤な障害が見られることの多い種類は、セキセイインコ、マメルリハ、カナリア、キンカチョウなどです。幼若鳥あるいは免疫低下個体で障害が見られることの多い種類は、オカメインコ、オーストラリアンパラキートなどです。ブンチョウやラブバードで問題が見られることは稀です。しかし、どの種類でも重大な免疫低下で問題を起こすことがあります。

【保有率】海外では、セキセイインコの保有率は27〜64％とされます。国内では調査されていませんが、近年は健康診断でAGYを持っていないヒナを見ることの方が少なくなってきたことから、おそらくそれ以上と考えられます。

【感染と進行】主な伝播経路は、親から子へ起こる垂直感染と考えられます。親がヒナへ前胃から吐き戻し餌を与える際に、

■感染による病気

前胃に生息する*Macrorhabdus*を一緒に与えてしまうものと考えられます。繁殖ストレスが親鳥の免疫低下を招き、胃内での*Macrorhabdus*の増殖を許すことで、感染の機会を増大させている可能性があります。介卵感染はないものと思われます。また、同居鳥間での便、吐物の摂食による平行感染も一般的です。

摂食され胃に入った*Macrorhabdus*は、前胃粘膜の分泌性上皮細胞の過形成を促し、胃酸による影響を和らげる粘液を過剰分泌させることで、胃に定着すると思われます。その後、宿主の抵抗力の減弱により増殖し、粘膜内へと侵入することもあります。胃の障害は前胃、砂嚢双方に見られますが、中間帯で最も顕著です。

【発症】発症は、宿主の免疫力により左右されるため、一生を通じて発症しない不顕性型、病状が緩徐で持続的な慢性型、急激で激烈な症状を呈する急性型や亜急性型などが存在します。

【症状】*Macrorhabdus*は胃を障害することで胃炎症状と消化不良症状を起こします。

①胃炎症状：*Macrorhabdus*自体の起炎性は低いのですが、自己消化も加わり、胃炎から胃潰瘍、胃出血、そして胃穿孔まで起きます。胃炎症状としては、吐き気、嘔吐、食欲不振などが主に見られ、胃痛から沈うつ、膨羽、前傾姿勢、腹部を蹴るなどの症状も見られます。

胃出血が生じた場合は、黒色便が見られ、著しい場合には吐物に鮮血が混ざります。胃出血が慢性的に続いた場合、貧血から嘴や脚が白色・透明化します。急性の胃出血あるいは嘔吐にともなう脱水や誤嚥から、突然死することもあります。

胃炎が慢性化すると、前胃あるいは砂嚢の拡張が起き、これらが治らない場合は、*Macrorhabdus*がいなくなった後も問題は継続します。炎症部で狭窄が起きた場合は、粘液分泌過剰と通過障害により、そ嚢に白色粘液が溜まります。

②消化不良：*Macrorhabdus*は胃液の分泌異常を起こすため、胃のpHが上昇し、タンパク質の消化不良が起きます。また、胃のpH上昇は、砂嚢のコイリン層の低形成を招き、砂嚢炎による影響も合わさり、すりつぶされない種子の排泄（粒便）を招きます。

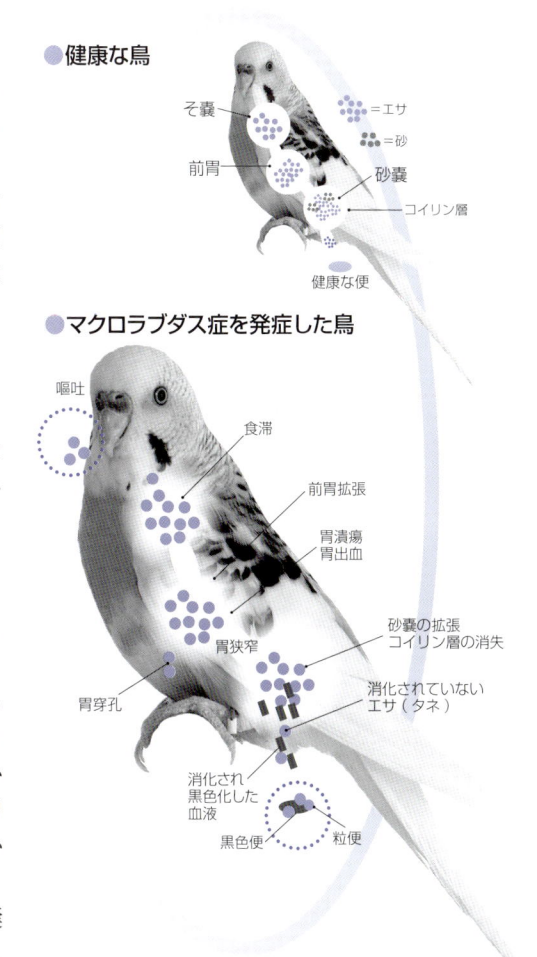

●健康な鳥

そ嚢
前胃
砂嚢
コイリン層
健康な便
＝エサ
＝砂

●マクロラブダス症を発症した鳥

嘔吐
食滞
前胃拡張
胃潰瘍
胃出血
胃狭窄
胃穿孔
砂嚢の拡張
コイリン層の消失
消化されていないエサ（タネ）
消化され黒色化した血液
黒色便
粒便

これら消化不良により慢性型のマクロラブダス症の個体は、食欲があるにも関わらずやせていきます。これらの個体は、見た目に元気が良いため、末期まで病状が見逃される傾向があります。

【診断】 便を直接塗抹して、顕微鏡で観察できます。直接鏡検では識別が困難とする記述もありますが、Macrorhabdus は大きく特徴的な形態なので、見慣れていれば容易に識別できます。加療後など、やや細く薄くなった菌体は見つけづらいですが、これも慣れれば見逃しません。

【治療】 Macrorhabdus は真菌なので、抗真菌剤が効果を持ちます。第一選択薬としては、腸管から吸収されることがなく安全性の高い抗真菌剤が用いられますが、近年は耐性菌が見られるようになりました。

その場合には Macrorhabdus に効果が認められているトリアゾール系抗真菌剤か、キャンディン系の抗真菌剤を使用します。キャンディン系は、これまで耐性菌が認められていません。現在、注射剤のみの販売なので、繁殖場やショップでの乱用を防ぎ、耐性菌の発現を防いでいると考えられます。

また、胃炎症状に対しては、胃粘膜保護剤や制酸剤、H2ブロッカー、プロトンポンプ阻害剤などを使用します。粒便が見られる個体では、粒餌の停止、流動食あるいはペレットへの切り替えが必要となります。

【予防】 現在、Macrorhabdus に汚染されていない繁殖場を探すのは難しく、購入後、Macrorhabdus の検査を実施し、発症前に駆除することが重要です。

【消毒】 Macrorhabdus の消毒法は知られていませんが、酵母様真菌であることから、低〜中水準消毒でも効果があると考えられます。

【共通感染症】

5. 皮膚真菌症

鳥類において、皮膚真菌症は極めて稀に報告されます。一般的に黄癬（鳥の白癬）と呼ばれる疾病は、ニワトリでは肉冠や肉垂に生じる白色粉状の鱗屑が特徴的です。飼い鳥では、フィンチ（ブンチョウ、カナリア）にしばしば見られますが、頭部あるいは脚の無毛部に、黄色の厚い痂皮を形成します。これらはオウム目にも稀に見られます。皮膚真菌症の主な原因は、Microsporum あるいは Trichophyton ですが、Candida, Rhodotorula, Aspergillus, Rhizopus, Cladosporium, Malassezia, Mucor, Alternaria なども報告されています。

皮膚真菌症を招く素因としては、ビタミンAの欠乏をはじめとする栄養失調、環境ストレス、抗生剤やステロイド剤の乱用などがあげられます。

診断は、病変部を採取し、KOHで融解後鏡検して真菌を検出するか、真菌培養を行います。治療は、培養検査で同定された菌種に効果的な抗真菌剤を経口的に投与することが推奨されますが、皮膚真菌症に効果の高いアゾール系やアリルアミン系抗真菌剤を試験的投与する方法もあります。

皮膚真菌症

■感染による病気 　第2章

5. 寄生虫による感染症

●原虫

1. トリコモナス症

【原因】 トリコモナス症は、原虫（原生動物）の中でも鞭毛を持つ、トリコモナス目トリコモナス科トリコモナス属に属するハトトリコモナス *Trichomonas gallinae* によって起きる鳥類の感染症です。ジュウシマツなどのフィンチの糞便に見られる鞭毛虫（コクロソーマ）は、これとは異なる種類で、また、人の腟トリコモナス（*T. vaginalis*）とも別種です。

トリコモナスは鞭毛のほかに波動膜を持ち、縦2分裂で増殖します。ジアルジアと異なり嚢子型はありません。

【生活環】 口腔内、食道、そ嚢内に寄生、増殖します。酸に弱く、通常胃で殺滅されるため、胃以下の消化管に寄生することはありません。また、環境変化に弱く乾燥した環境では短時間しか生存できませんが、飲水などの水性環境では長期間生存が可能と言われます。

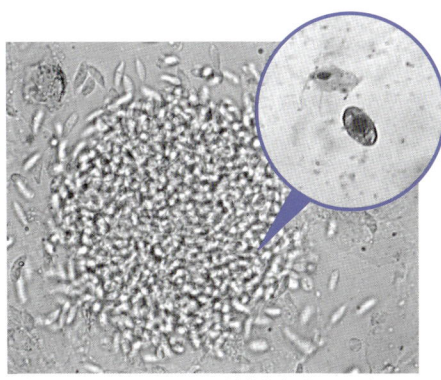

そ嚢に群れていたトリコモナス。波動膜がひらひらと波打つのが特徴です

【発生種】 多くの鳥類に感染すると考えられますが、国内の飼い鳥ではブンチョウに最も多く見られ、ハト、オカメインコが続きます。セキセイインコでは非常に稀ですが、ジャンボセキセイでは時折見られます。

【寄生率】 寄生率の調査は見当たりませんが、ブンチョウでは幼鳥時の健康診断において頻繁に検出されるため、繁殖場では相当数の親鳥が保有しているものと考えられます。1990年代まではオカメインコにおいても頻繁に見られましたが、現在は稀です。繁殖場での駆虫が一般化したためと考えられます。しかし、海外からの輸入に頼る日本では、輸出国が変更されるなどして、再び大流行を見る可能性があります。

【感染】 主として、親がヒナへ吐き戻し餌を与える際に、そ嚢に生息するトリコモナスを一緒に与えることで伝播します。飲水や発情中の吐き戻し餌を介したり、挿し餌器具の使い回しによって伝播することもありま

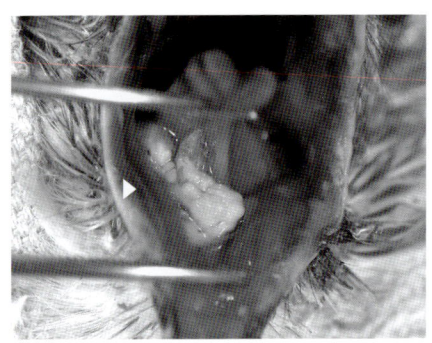

舌下のアブセス 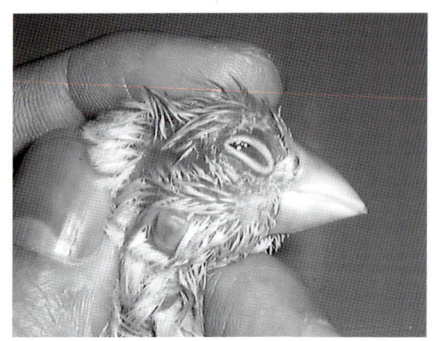　　　　　　　　　　　　　外耳孔から空胞の突出

す。また、トリコモナスを保有するハトをエサとして与えた猛禽にも感染が起きます。感染率は高いですが、必ずしも感染するわけではありません。

【発症】発症は、宿主の免疫力により左右されます。一生を通じて発症しない不顕性型はキャリアとなり、ほかの鳥への汚染源となります。一般に、免疫の低いヒナで発症し、成鳥で病害を見ることは稀です。

【症状】軽度の場合は、無症状、あるいは食欲不振程度しか見られません。口腔内の違和感や口腔内粘液の増多から、しきりに舌を動かす様子や、あくびのような症状、粘液の吐出、首を振る様子などが観察されることもあります。二次感染を起こし、アブセスが形成されると、食餌の通過阻害や下顎部や頸部の突出も見られるようになります。副鼻腔へ感染が広がると、くしゃみや鼻汁、結膜炎が見られます。ブンチョウでは、外耳孔から空胞の突出が見られることがあります。

【診断】口腔内ぬぐい液、あるいはそ嚢検査を実施し、直接顕微鏡で観察します。便からは検出されません。便から検出されるのは別種です。

【治療】ニトロイミダゾール系の抗原虫薬によって、容易に駆除できます。ただし、長期投与や高用量の投与で副作用が生じることもあるため、ニトロイミダゾール系薬に弱い個体では、ほかの駆虫薬を使用します。

また、トリコモナスが消失した後も、二次感染によるアブセスや全身状態の悪化から命を落とす個体も多々見られるため、抗生物質や抗真菌剤の投与など、総合的な治療が必要となる場合が多いです。

【予防】繁殖場での親鳥の駆虫が最大の予防策ですが、ブンチョウでは駆虫が行われていないことが多いです。トリコモナスを保有しているヒナは、購入直後の環境変化によって発症することが多いため、ショップにいる間、あるいは購入直後の健康診断で摘発し、発症前に駆虫を行います。

【消毒】トリコモナスは環境や薬剤に対する抵抗性が低く、充分な乾燥だけで殺滅が可能です。熱湯や塩素消毒、アルコール消毒も有効です。

●原虫

2. ジアルジア症

【原因】ジアルジア症は、原虫の中でも鞭毛を有するディプロモナス目ヘキサミタ科ジ

■感染による病気

アルジア亜科ジアルジア属の*Giardia psittaci*によって起きる鳥類の感染症です。多くの哺乳類や人で問題となるランブル鞭毛虫*G. intestinalis*とは別種です。

ジアルジアは栄養型（トロフォゾイト）と囊子型（シスト）の二つの形態を持ち、栄養型は洋梨型で左右2個の核と4対8本の鞭毛を持ち、木の葉状にひらひらと泳ぎます。腹面には大きな吸着円板を備え、これで腸粘膜上皮に吸着し、縦に分裂増殖します。囊子型は、栄養型が被囊したものであり、卵形〜楕円形です。

【生活環】ジアルジアは、小腸に生息し、上部では栄養を摂取し増殖する栄養型で、下部では囊子を形成し、便中に排泄されます。囊子は強い環境抵抗性を持ち、ランブル鞭毛虫は水中で3ヶ月間生存可能です。

【発生種】*G. psittaci*は一部の小型オウム類に高い感受性があると考えられますが、オオハシ類やカモ目、キジ目でも報告があります。

【寄生率】海外の報告では、セキセイインコ（55%）のほか、オカメインコ（70%）やラブバード（25%）においても高い寄生率が報告されていますが、国内ではセキセイインコに稀に見られるのみです。オカメインコのジアルジア症は、海外では毛引きの原因としてよく報告されますが、国内では事例がなく、海外ではヘキサミタとジアルジアが混同されているのかもしれません。

【感染】主に、囊子型が付着したエサを摂食することで感染すると考えられます。

【発症】発症は、宿主の免疫力により左右されます。一生を通じて発症しない不顕性型はキャリアとなり、ほかの鳥への汚染源となります。一般に、免疫の低いヒナで発症し、成鳥は病害を見せることがほとんどありません。あるセキセイインコの群れで20〜50%の致死率が報告されていますが、適切な治療を行えば、これほどの致死率になることはありません。

【症状】多くが不顕性のまま経過しますが、一部で難治性の下痢を生じます。腸に吸着したジアルジアが粘液分泌や腸蠕動を亢進させるためと考えられます。

【診断】栄養型は、新鮮な便を直接塗沫することで顕微鏡観察が可能です。囊子型は乾燥した便でも観察できますが、やや熟練を要します。

【治療】一般的に、ある種のニトロイミダゾール系抗原虫薬によって駆虫が行われますが、耐性をもつジアルジアが存在し、駆虫しきれないことがしばしばあります。そのような場合、ほかの駆虫薬が効くことがあります。どれを使っても駆虫が困難な場合には、宿主の免疫を高め、細菌叢のアンバランスを是正し、止瀉薬などを用いて下痢を抑える対症療法を行うことになります。

【予防】繁殖場での親鳥の駆虫が最大の予防策です。また、ショップにいる間、あるいは購入直後の健康診断で摘発し、発症前

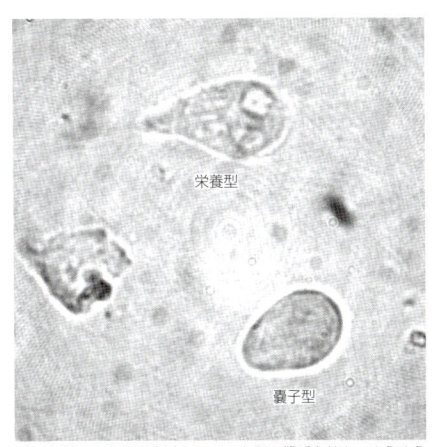

ジアルジアの栄養型（上）は、ハート型で鞭毛を持ち、ひらひらと舞うように泳ぎまわります。囊子型（下）は楕円形の殻に包まれ動きません

に駆虫を行います。糞便を摂食することで感染するため、検便の済んでいない個体との接触は控えます。

【消毒】 ジアルジアの嚢子は環境や薬剤、低温、乾燥に強く、水道水程度の塩素消毒では効果が期待できません。熱湯消毒が最も有効で、フェノールやクレゾール溶液も効果が高いとされます。また、駆虫中は再感染を防ぐため、糞きり網を使用し、便の摂食を防ぎます。

●原虫

3. ヘキサミタ症

【原因】 ヘキサミタは、ジアルジアに近縁な原虫です。

現在、種名は特定されていませんが、形態学上、ジアルジア亜科ではなくヘキサミタ亜科と考えられるため、国内ではヘキサミタと呼ばれることが多いです。オウム目から検出されるヘキサミタを *Spironucleus meleagridis*（あるいは *Hexamita meleagridis*）と呼ぶこともありますが、おそらくこれに近縁な別種と考えられます。

ジアルジア同様、栄養型（トロフォゾイト）と嚢子型（シスト）の二つの形態を持ちます。栄養型は、左右2個の核と4対8本の鞭毛を持ちますが、楕円形あるいは瓢箪型で吸着円板はありません。ジアルジアよりやや小さく、まっすぐに泳ぎます。嚢子型もジアルジアに似ていますが、小判形から楕円形で、複数集まってくっつく傾向があります。

【生活環】 ヘキサミタの生活環はよく知られていませんが、ジアルジアと同様と考えられます。

【発生種】 *Spironucleus meleagridis* は、シチメンチョウヘキサミタと呼ばれ、シチメンチョウに寄生します。飼い鳥のヘキサミタはオカメインコやクサインコ類で主に見られるほか、ローリーやハトにおいても見られます。

【寄生率】 国内のオカメインコは相当数の保有率と考えられます。クサインコでも稀に観察されます。

【感染】 主に、嚢子（シスト）が付着したエサを摂食することで感染すると考えられます。

【発症】 ほとんどの個体が、一生を通じて発症しない不顕性型です。発症は、ほかの疾患に付随して免疫の低下した幼若オカメインコに、ごく稀に見られます。

【症状】 軟便や下痢が見られ、体重が減少することがあります。海外では、オカメインコのジアルジア症は毛引きを起こすと信じら

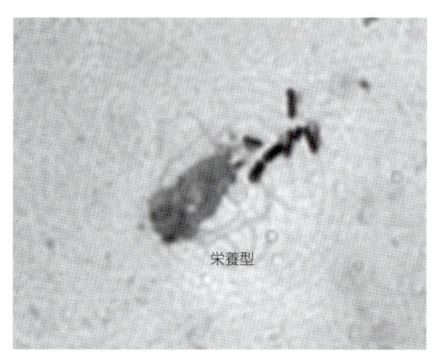

栄養型

栄養型は、楕円形から瓢箪型で素早くまっすぐ泳ぎます

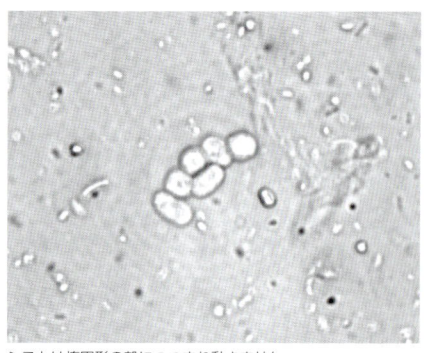

シストは楕円形の殻につつまれ動きません

■感染による病気

れていますが、ジアルジア＝ヘキサミタであるとしても、ヘキサミタの存在が毛引きを起こしている客観的な証拠はなく、この見解は国内ではあまり信じられていません。

【診断】栄養型は、新鮮な便の顕微鏡観察で診断できます。嚢子型は乾燥した便でも観察できますが、やや熟練が必要です。

【治療】ジアルジアと同様ですが、ヘキサミタの嚢子型はより薬剤に対する抵抗性が高く、栄養型が一次的に消失しても嚢子型が駆除しきれず、再発することが多いです。幼少期は治療成績がやや良いとされます。

ヘキサミタは病害を起こすことがほとんどなく、駆除が困難なことから、薬剤の副作用を考慮すると積極治療は是非が分かれるところです。

【予防】完全な駆虫が難しいため、予防は困難な場合が多いです。

【消毒】ジアルジア同様です。

●原虫

4. コクシジウム症

【原因】鳥のコクシジウム症は、真コクシジウム目アイメリア亜目アイメリア科アイメリア（*Eimeria*）属、あるいはイソスポラ（*Isospora*）属の原生動物によって起きます。哺乳類のコクシジウム症とは別種です。

検出されるコクシジウムの種類は鳥種によって異なります。

オウム類：アイメリア *Eimeria dunsingi*, *E.haematodi*, *E. aratinga*, *E. psittacina* など。イソスポラ *Isospora melopsittaci*, *I. psittaculae* など

スズメ目：イソスポラ *I. lacazei* が代表的

カナリア：*I. canaria*、*I. serine*

ブンチョウ：未同定

ニワトリ：*E.tenella*, *E. necatrix*, *E. acervulina*, *E. maxima*, *E. brunetti*, *E. mitis*, *E. praecox*, *E. hagani*

ウズラ：*E. uzura*, *E. tsunodai*

【生活環】コクシジウムは、その生活環において様々な形態に変化します。まず、オーシストが外界に排泄され、成熟後これを鳥が摂取します。鳥の体内に入ったオーシストは、膵液や胆汁へ暴露され、形態を変えながら腸の粘膜細胞に侵入します。さらに変態して、分裂増殖（無性生殖）と合体（有性生殖）を経て、再びオーシストを形成して便中に排泄されます。

オーシストは外界で成熟して感染性と強い環境抵抗性を持つようになります。

【発生種】かつて、オウム類でもコクシジウムはよく見られたそうですが、現在はほとんど見られません。しかし、ブンチョウでは現在も頻繁に検出されます。

【寄生率】寄生率の調査報告はありません。ブンチョウでは潜伏感染を含めると、かなりの寄生率になるものと考えられます。

【感染】感染は、糞便に排泄されたオーシストを経口摂取することで生じます。

【発症】発症は、宿主の免疫力により変わります。一生を通じて発症しない不顕性型はキャリアとなり、ほかの鳥への汚染源となります。一般に、免疫の低いヒナで発症しますが、ブンチョウで発症することは稀です。

【症状】コクシジウムが分裂増殖するときに腸の粘膜を破壊するため、二次感染が起きやすくなります。ブンチョウでは、コクシジウムの増殖に伴って粘液を含む淡褐色から赤褐色の軟便や、腸炎に伴う腹部の膨大が見られることがあります。ごく稀ですが、致死的な急性の血便を起こすこともあります。

【診断】オーシストは、便を直接塗沫することで顕微鏡観察可能です。花粉とやや形態が似ており、セキセイインコで近年診断

【共通感染症】　●原虫

5. クリプトスポリジウム症

オーシスト▲
オーシストと間違えやすい花粉▶

【原因】クリプトスポリジウム（Cr）症は、真コクシジウム目（グレガリナ？）Cr科Cr属の原生動物によって生じる感染症です。通常のコクシジウムと異なり、オーシストの大きさは4〜8μmと小さく、中にスポロシストがなく直接4個のスポロゾイトと残体が存在します。やや小型（4〜6μm）の腸管寄生性（intestinal Cr）と、やや大型（6〜8μm）の胃寄生性（gastric Cr）のグループに大きく分けることができます。

鳥種から検出される種類は次の4種です。
Cryptosporidium meleagridis：小腸、大腸、排泄腔、ファブリキウス嚢に寄生
C. baileyi：小腸、大腸、排泄腔、ファブリキウス嚢のほか、結膜、副鼻腔、気管などの呼吸器に寄生する腸管寄生性
C. galli：胃のみに寄生する胃寄生性
Avian genotype Ⅰ〜Ⅳなど：遺伝子系統樹上、Ⅰ、Ⅱ型が腸管寄生性、Ⅲ、Ⅳ型が胃寄生性の分類群に属します。

【生活環】Crのオーシストは排泄時すでに成熟していて、感染性を持ちます。また、脱嚢にコクシジウムのような膵液や胆汁への暴露の必要がなく、温かい液体中で脱嚢が可能です。このため、胃への寄生が可能となっています。

脱嚢後、放出されたスポロゾイトは胃あるいは腸の粘膜細胞に進入し、コクシジウムと類似した無性生殖と有性生殖を行い、再び成熟したオーシストを便中に排泄します。一部の壁の薄い成熟オーシストは体内でスポロゾイトを放出するため、感染環が体内で成立することになります（自家感染）。

されるコクシジウム症のほとんどは、おそらくこれと考えられます。

【治療】治療には抗コクシジウム薬が使われます。薬剤耐性を持つことが多く、完全な駆除が難しい場合もあります。下痢などの症状があれば、それへの対症療法も必要です。

【予防】繁殖場での親鳥の駆虫が最大の予防策です。ヒナでは発症前の摘発と駆虫、未検査個体との接触制限が予防となります。ニワトリでは抗コクシジウム薬の予防投与やワクチン投与が行われています。

【消毒】オーシストは環境や薬剤に対する抵抗性が高いです。消毒剤としては、オルソ剤が唯一高い効果を持ちますが、独特の臭気があり、オーシストの殺滅まで数時間要するため家庭内での使用は現実的ではありません。熱湯消毒が最も有効で簡単です。熱湯消毒できないものは廃棄するか、よく洗浄し天日乾燥します。

また、オーシストが感染できる状態になるまで通常半日〜1日以上かかることを利用し、ケージローテーションを1日2回行い、再感染を防ぎます。

■感染による病気

【発生種】 鳥類では、キジ目、ガン・カモ目、オウム目（バタン、オオハナインコ、パラキート、コニュア、マメルリハなど）、ダチョウ、フィンチなどで発生が報告されています。

飼い鳥では、コザクラインコにおいてgenotypeⅢと考えられるCrがよく検出されます。オカメインコからはgenotypeⅡ、Ⅲ、*C. meleagridis*、*C. baileyi*などが報告され、臨床現場でもしばしば確認されます。フィンチからは主に*C. galli*が報告されていますが、ブンチョウで見かけることはありません。

【寄生率】 飼い鳥における胃病変の病理調査報告では、ラブバード14％、オカメインコ4％、マメルリハ3％、フィンチ16％という寄生率が報告されています。（鳥類臨床研究会年次大会、2008年、牧野育子）

【感染】 感染している鳥の糞便に汚染された土壌、食物、水を経口的に摂取することで感染が生じます。また、自家感染も起きます。同居鳥に感染が見られない例もあり、宿主の防御能力が感染を左右するものと考えられます。

*C. baileyi*のような呼吸器に感染するCrは、オーシストを含む粉塵が吸入されることで感染すると考えられます。しかし、オーシストの直接感染の可能性は低く、結膜Cr症では、わずかながら糞便中に排泄されたスポロゾイトやメロゾイトが結膜に偶然付着することで感染が成立すると推察されています。

【発症】 コザクラインコにおけるgenotypeⅢ感染では、慢性感染例においてしばしば発症します。潜伏期は恐らく3日ほどと考えられますが、実際に病状が見られ始める年齢は通常2歳以上と遅く、5歳以上でより多く見られる傾向にあります。

上記以外のCr症は、そのほとんどが日和見感染と考えられ、発症は幼若期にほかの疾患に付随して見られるか、PBFDなどによる免疫不全に伴って見られるのみです。

【症状】

①**胃Cr症**：初期は吐き気のみが間欠的に見られます。次第に吐き気は頻繁になり、泡沫状の粘液やエサの吐出や嘔吐が見られ、患鳥はやせ衰えていきます。進行は緩やかで、全身状態が悪化するまで長期間要することが多く、コザクラインコとフィンチで見られることが多いです。

②**腸Cr症**：通常は不顕性ですが、免疫の低下した個体では抗生物質に反応しない難治性の軟便や下痢を生じることがあります。

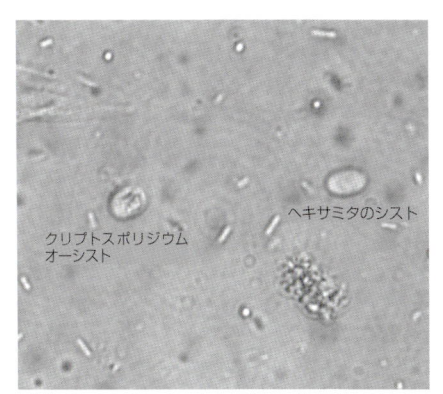

直接塗抹による観察：左の丸いのがクリプトスポリジウムオーシスト、右の小判型がヘキサミタのシストです

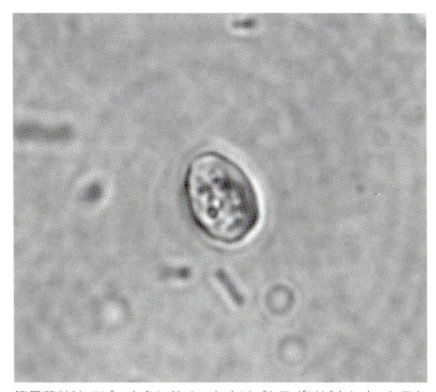

簡易蔗糖法でピンク色に染まったクリプトスポリジウムオーシスト

オカメインコのヒナや、PBFDの鳥に稀に見られます。腸管寄生Crは、急性の胆管炎の原因となっている可能性もあります。

③**呼吸器Cr症**：鼻炎、結膜炎、副鼻腔炎、気管炎、気嚢炎に伴い、咳、くしゃみ、呼吸困難などの呼吸器症状が見られます。主にキジ類、ガン・カモ類、フィンチ類で報告され、ラブバードでは結膜Cr症が報告されています。

④**尿管Cr症**：キジ類とフィンチ類においてCrの尿管寄生による腎不全が見られ、抑うつ、脚弱、内臓痛風、急死などが見られ、おそらく*C. baileyi*によって起きているようです。肺Cr症を伴うこともあります。

【診断】オーシストは非常に小さく、酵母などと見分けづらいですが、特殊な方法による染色・鏡検で鑑別でき、熟練すれば直接塗抹鏡検による観察も可能です。胃症状が見られる個体では、X線検査により腺胃拡張や、狭窄、腺胃内の腫瘤が観察されます。

【治療】現在、Crを確実に駆除できる薬剤は見つかっていません。腸Cr症は、日和見感染症であるため、免疫力の回復と対症療法が治癒につながります。胃Cr症では、Crを減少させる可能性がある駆虫薬や対症療法薬を使用して進行を遅らせます。

【予防】完全な駆虫が困難であるため、繁殖場でのCr保有鳥の摘発と隔離が重要です。同居鳥への感染を防ぐためには、Crの検査が可能な病院で検査を受けましょう。

【消毒】コクシジウムのオーシストと同様と考えられます。

【人への影響】人で集団感染を起こすCrは、*C. hominis*あるいは*C. parvum*が主で、鳥類に寄生するCrは人への影響がほとんどないと考えられています。

しかし、国内では、世界的にも稀な*C. meleagridis*による集団感染が過去に発生しています。この事例の感染源は特定されていませんが、飼い鳥において*C. meleagridis*が検出された場合、鳥の扱いと環境衛生に注意を払うべきです。

●原虫

6. 住血胞子虫症

【原因】住血胞子虫は、血液中の赤血球や白血球に寄生する、住血胞子虫目（あるいはピロプラズマ目）に属する原生動物です。鳥からは、*Plasmodiidae*科*Plasmodium*属、*Haemoproteidae*科*Haemoproteus*属、*Leucocytozoidae*科*Leucocytozoon*属の住血胞子虫がよく検出されます。

【発生種と寄生率】いずれも中間宿主として昆虫の媒介が必要となるため、野鳥や野外禽舎で飼育される鳥にのみ見られ、一般飼い鳥で見られることはまずありません。

【感染】住血胞子虫を保有する媒介昆虫（ベクター）が鳥を刺咬することで、スポロゾイト（生活環の一時期に見られる形態）が血液中に進入し、感染が成立します。*Plasmodium*属のほとんどがイエカによって伝播し、*Haemoproteus*属はヌカカ、あるいはシラミバエ、*Leucocytozoon*属はほとんどがブユによっ

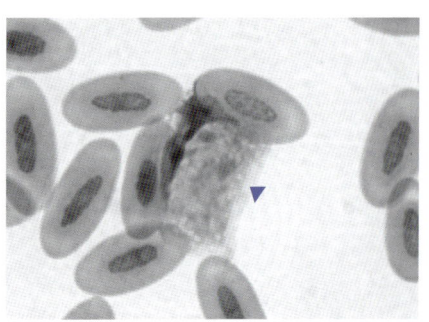

ロイコチトゾーン

■感染による病気

第2章

● 蠕虫（ぜんちゅう）

7.鳥の回虫症

【発症と症状】住血胞子虫の多くは、大部分の飼い鳥に問題を起こしませんが、強いストレスなどの免疫低下によって、貧血、肺水腫などによる症状を見ることがあります。

一方、*Plasmodium*属の一部の種株は、カナリア、ペンギン、キジ目、ガン・カモ目、ハト目とタカで非常に強い病原性を持ち、食欲不振、抑うつ、嘔吐と呼吸困難などの後、急死することがあります。また、*Leucocytozoon caulleryi*による鶏ロイコチトゾーン病も、ニワトリのヒナに対して強い病原性を持ち、届出伝染病に指定されています。

【診断】血液塗抹標本を作成し、顕微鏡観察を行います。

【治療】抗マラリヤ薬など、特殊な抗原虫薬を使用します。

【予防】住血原虫の感染を防ぐには、媒介昆虫との接触を防ぐことが重要です。除虫菊の成分（ピレトリン）は鳥類に対して副作用が少ないとされますが、換気に充分に注意する必要があります。網戸などで蚊やブユ、ヌカカなどの室内への侵入を防いだり、蚊帳の中にケージを置く方が安全性が高いです。

しかし、一般家庭で飼育されるオウム類から血液原虫が検出されることはまずないため、予防に神経質になる必要はありません。

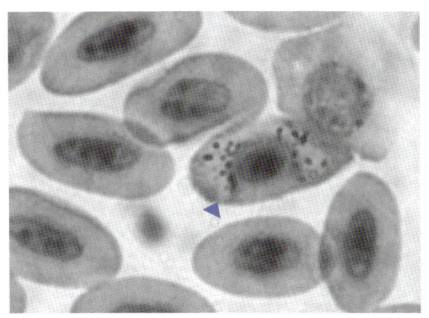

【原因】鳥の回虫は、回虫目、鶏回虫科、鶏回虫属（*Ascaridia*）に属する線虫です。オウム目からは、*Ascaridia hermaphrodita*、*A. platyceri*が主に報告され、*A. sergiomeirai*、*A. ornata*、*A. nicobarensis*も報告されています。また、キジ目およびハト目の*Ascarida*である*A. galli*および*A. columbae*もオウム目から報告されています。虫卵は大型（70×50μm）の楕円形で、分厚い壁を持ちます。

【発生種】*A. hermaphrodita*は、主に南アメリカのオウム目から検出され、*A. platyceri*は、オカメインコやオーストラリアンパラキートから主に検出されますが、宿主特異性は比較的低く、様々な種から検出されます。

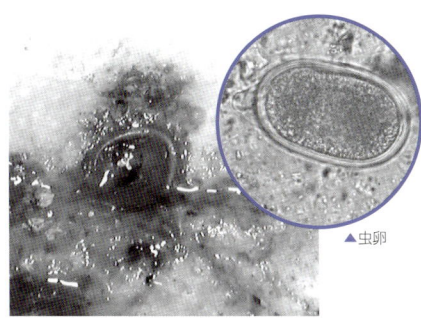

▲虫卵

血便とともに排泄された虫体。大型で立派な体形をしています

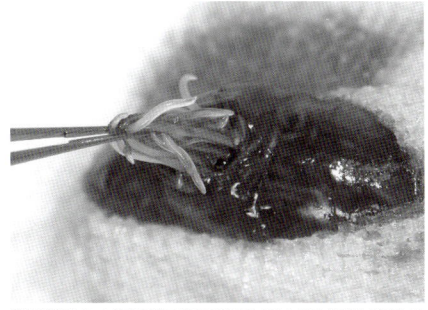

ヘモプロテウス

腸に栓塞した虫体を手術で取り除いているところ（写真は盲腸虫）

【生活環】回虫の虫卵の成熟には外界で2～3週間要し、成熟卵は直接経口摂取され、小腸で幼虫となり小腸粘膜に感染します。

【症状】少数の寄生では多くは無症状ですが、下痢、消化吸収不良、体重減少、成長不良などが見られる場合もあります。大量寄生では虫体による栓塞を生じ、死を招くことがあります。

【診断】糞便検査による特徴的な虫卵の観察により診断されます。駆虫に先立ち、X線検査を行い、大量寄生がないか確認します。

【治療】一般的な線虫駆除剤によって容易に駆虫が可能です。通常、1～2週空けて2回の駆虫が行われます。大量寄生の場合、駆虫剤の投与により死虫の栓塞を招く可能性が高いことから、開腹手術による外科的な摘出が推奨されます。

【予防】予防にはまず親鳥の駆虫、繁殖場の環境消毒が重要です。虫卵の成熟には日数がかかるため、1週間に1回の消毒で充分効果が得られます。

【消毒】回虫卵は様々な消毒剤に強い抵抗性を持ち、土壌中では数年間感染性を持ち続けます。糞便に汚染された土壌との接触を避け、熱湯、スチーム、火炎による消毒を実施します。

【人への影響】犬猫の回虫は人へ感染し、問題を起こしますが(幼虫移行症)、鳥の回虫の人への感染は知られていません。

● 蠕虫(ぜんちゅう)

8. ブンチョウの条虫症

【原因】条虫は蠕虫の中でも平たく長いテープ状の寄生虫です。飼い鳥に見られる条虫のほとんどが、頭節、頸部、その後方に鎖状に連なるたくさんの片節(ストロビラ)から成り立ちます。虫卵の中には六鉤幼虫が見られます。ブンチョウにしばしば見られる条虫の種類は明らかではありません。

【生活環】条虫は、ほとんどの場合に中間宿主を必要とします。便と一緒に排泄された片節は動き回り、昆虫などの中間宿主に捕食されます。片節は中間宿主の消化管内で溶解し、放出された虫卵は孵化して嚢虫となり、中間宿主の体内で待機します。この嚢虫を保有した中間宿主を鳥が捕食することで感染が成立します。捕食された嚢虫は小腸の壁に付着して片節を作ります。

【症状】条虫の仲間は病害をもたらすものが少なく、ブンチョウの条虫も病状を起こすことはほとんどありません。しかし、ニワトリでは大量寄生で下痢や元気食欲の低下などが見られ、オーストラリアンフィンチでは *Choanotaenia sp.* の虫体栓塞による高死亡率が報告されています。

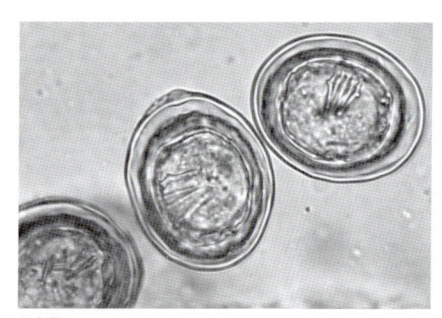

条虫卵

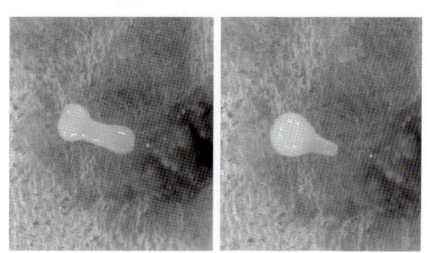

片節は後端からちぎれて便に排泄され、ニョキニョキ動き回ります

■感染による病気

【診断】 糞便検査で虫卵が検出されることはほとんどなく、糞便とともに排泄される可動性の白い片節の発見により診断されます。
【治療】 一般的な条虫駆除剤によって容易に駆虫が可能です。通常、1～2週を空けて2回の駆虫が行われます。
【予防】 親鳥の駆虫、昆虫などの駆除で予防します。
【消毒】 条虫卵も様々な消毒剤に対して強い抵抗性を持ちます。飼育用品の熱湯消毒、希釈しない塩素系漂白剤への浸漬が有効です。日光(紫外線)消毒は、かなり長時間の照射が必要です。

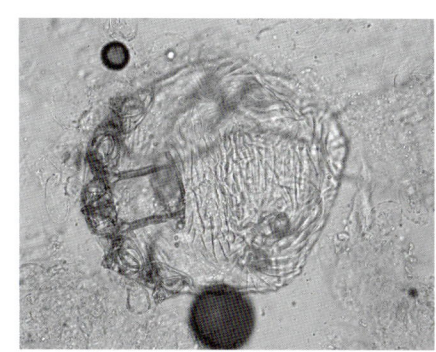

トリヒゼンダニは脚が短く丸い体で、顕微鏡で観察できます

口角にできた疥癬症の初期症状です

● 節足動物
9. 鳥の疥癬症(かいせんしょう)

【原因】 疥癬はダニ目、ヒゼンダニ(無気門)亜目、トリヒゼンダニ科、トリヒゼンダニ(*Knemidokoptes*)属の節足動物です。

　主に *Knemidokoptes mutans* はキジ目から、*K. pilae* はオウム目およびフィンチ類から、*K. laevis* はハト目から、*K. jamaicensis* は北アメリカのスズメ目から報告されています。トリヒゼンダニは、円形、短足のダニで、0.4×0.3mmと小さく肉眼では観察できません。
【生活環】 トリヒゼンダニは皮膚に空けた穴で生活します。交尾は皮膚表面で行われ、受精したメスはすぐに穿孔し、皮膚に潜り込んで産卵します。孵化した幼ダニは皮膚表面で脱皮を繰り返し、成ダニとなります。ヒゼンダニの仲間は鳥の体を離れると長くは生きていられず、鳥同士が接触することで伝播すると考えられています。
【発生種・寄生率】 一般的な飼い鳥では、セキセイインコによく見られ、ブンチョウ、チャボにもしばしば見られます。感染していても増殖することが少なく、実際の寄生率はかなり高いと考えられます。
【感染】 疥癬がいても、必ず皮膚病変が形成されるわけではありません。免疫異常に伴って増殖し、角化亢進が起きることで、独特な軽石様の皮膚病変が形成されます。

　セキセイインコでは、口角や脚の鱗が最初に冒されやすく、次第に嘴、ロウ膜、顎下、顔、脚全体に広がり、嘴や爪が徐々に変形し過長します。重度の場合、排泄孔や全身の皮膚が冒され、衰弱死することもあります。痒みを強く伴う場合と、そうでない場合があります。チャボやフィンチでは脚に独特なハバキが形成されます。
【診断】 病変部を掻爬およびテープスタンプ

し、特殊な薬剤で角質を溶解して顕微鏡検査します。ダニやダニ卵が検出されない場合でも、特徴的な病変から暫定的に診断し、治療が行われることもあります。

【治療】マクロライド系駆虫薬を経口投与、あるいは経皮投与します。通常、一度の投薬で成ダニは駆除されますが、卵は死なないため、卵が孵化をするのを待って1〜2週間の間隔で再投与します。

重症例では5回以上の反復投与が必要です。副作用はほとんど見られませんが、個体あるいは投与法によって生じる可能性があります。

【予防】親鳥あるいは、個体の予防投与。

【消毒】鳥の体で生活するダニなので、環境消毒は重要ではありません。

【人への影響】人へ感染した報告はありません。

●節足動物
10. ワクモ・トリサシダニ

【原因】ワクモ（*Dermanyssus gallinae*）はダニ目、中気門亜目、ワクモ科、ワクモ属に属し、胴長0.7〜1.0mm、赤〜黒色、長卵形で足が長く、素早く移動する吸血性の節足動物です。同属のスズメサシダニ（*D. hirundinis*）は、ワクモに比べやや小さいです。トリサシダニ（*Ornithonyssus sylviarum*）は、節足動物門、クモ綱、ダニ目、オオサシダニ科、イエダニ属に属し、ワクモに似ていますが、胴長0.4〜0.7mmとやや小さいです。

【生活環】ワクモは昼間、ケージや巣箱の隙間などの隠れ家で生活、繁殖し、夜になると鳥を襲い吸血します。近年は鳥の体で生活するワクモも現れています。一般に夏季に多いです。

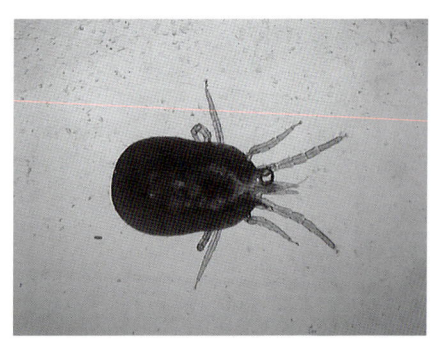

ワクモは脚が長く体は楕円形で赤く、素早く動き回ります。1mmほどの大きさなので肉眼で観察できます

トリサシダニは一生を鳥の体表で生活、繁殖し、第一若ダニと成ダニが吸血します。一般に、夏季に少ないです。

【発生種】ワクモの仲間は、様々な鳥種から報告されています（＝宿主特異性が低い）。特に、トリサシダニは鳥類のみならず、げっ歯類、人にも好んで寄生し、スズメサシダニはスズメなど野鳥に主に寄生します。

【寄生率】現在、家庭内で飼育される飼い鳥において、ワクモの仲間が検出されることはほとんどありません。人の家屋でツバメやスズメなどの野鳥が繁殖した場合、巣からダニが家屋内へ移動し飼い鳥に寄生することがあります。

【症状】多量に吸血されると貧血が生じ、元気食欲が低下します。ワクモは夜間に吸血するため、鳥は夜間に暴れることがあります。

【診断】体表あるいは環境に生息するダニを捕獲し、鏡検します。ワクモはケージや巣箱の隙間で多く見つかります。

【治療】マクロライド系の駆虫薬は吸血した際に効果があります。ピレスロイド系や有機リン系の噴霧系殺虫剤は安全性が高いとされますが、事故が起きることもあり、注意が必要です。

【予防】繁殖場での駆除、野鳥の巣の撤去、環境の消毒が予防につながります。

■感染による病気

【消毒】ワクモは環境消毒が重要です。卵や親ダニは熱湯消毒が有効で安全です。トリサシダニは環境に生息しないため、消毒は重要ではありません。
【人への影響】トリサシダニやスズメサシダニは、人におけるトリサシダニ刺症を起こします。また、これらが大量に発生した場合、呼吸器系のアレルギーを起こすことがあります。

●節足動物
11. キノウダニ（コトリハナダニ）

【原因】一般飼い鳥に見られるキノウダニは、ダニ目、中気門亜目、ハナダニ科、Sternostoma 属に属する Sternostoma tracheacolum で、和名はコトリハナダニです。体長0.6mm程、黒褐色、卵形でやや足が長く、あまり素早くありませんが、気管内を移動する様子が観察されます。
【生活環】卵から成ダニまで、すべての生活環を鳥の呼吸器内で過ごします。Air Sac Mite（気嚢ダニ）と呼ばれますが、主に鼻腔や副鼻腔、気管、肺に寄生します。伝播は直接的な接触によるもので、主に親から子への感染が重要と考えられています。
【発生種】宿主特異性が高いとされますが、様々な種で報告されています。主に、カナリア、コキンチョウで問題となります。
【寄生率】駆除の行われていない繁殖場由来のカナリアやコキンチョウでは、寄生率が高くなっています。国内のカナリア繁殖場で約3割の高寄生率が報告されています。
【症状】寄生部位に炎症と粘液分泌亢進を起こし、開口呼吸、呼吸音、呼吸困難、咳、変声・無声、くしゃみ、鼻汁などの症状が見られます。重度の寄生で、呼吸困難から死に至ることも多いです。
【診断】気管を下方からライトで透化させることで、虫体を観察できます。特徴的な症状から暫定診断し、治療が行われることもあります。
【治療】マクロライド系の駆虫薬が使用されます。ただし、大量寄生の場合は、死亡虫体の栓塞による症状の重篤化が見られることもあり、これに対する予防的な対応を充分に行った上で治療を行う必要があります。
【予防】繁殖場での駆除が重要です。
【消毒】環境に生息しないため消毒は重要ではありません。
【人への影響】人へ寄生することはありません。

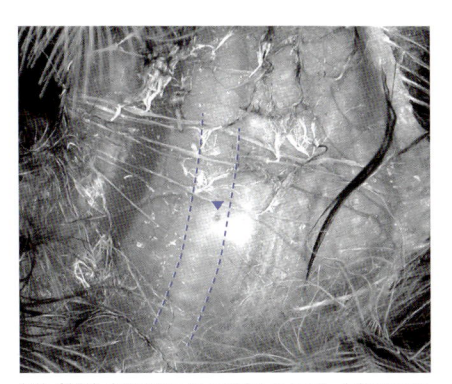

気管（点線）を下からライトで照らしたところ。気管の中でもぞもぞ動き回るキノウダニ（▲）が観察できます

●節足動物
12. ウモウダニ

【原因】ウモウダニ類は、ダニ目、無気門亜目の Analgoidea 上科、Pterolichoidea 上科、Freyanoidea 上科に含まれる33科、数千種におよぶ非常に大きなグループです。宿主特異性が高く、鳥種ごとに多種のウモウダニが生息します。

●節足動物

13. ハジラミ

▲羽軸周囲のウモウダニ
▶羽づくろいで摂食されたダニが検便で見つかることもあります

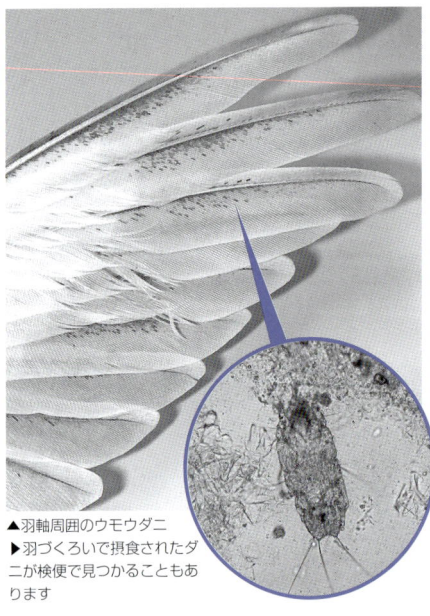

【生活環】その多くが、卵から成ダニまですべての生活環を鳥の羽で過ごし、主に羽に付着した有機物を食べて生息します。夏季に増加し、主に長羽裏側の羽軸周囲に見られ、鳥同士の接触によって伝播すると考えられます。これらのダニは羽づくろいによって駆除されます。
【発生種】すべての鳥種に発生します。飼い鳥ではセキセイインコに多いです。
【寄生率】寄生率は高いと思われます。
【症状】大量寄生でも、症状はほぼ見られません。
【診断】肉眼で発見できます。
【治療】ピレスロイド系や有機リン系の噴霧系殺虫剤が使用されますが、病害がほとんどないことから、治療の是非は分かれます。
【予防】繁殖場での駆除が重要です。
【消毒】環境に生息しないため、消毒は重要ではありません。
【人への影響】ダニアレルギーを起こす可能性があります。

【原因】ハジラミ類は、咀顎目(そがくもく)に属する寄生性の昆虫で、数千種存在します。オウム類からは、*Neopsittaconirmus*属や*Psittaconirmus*属、*Eomenopon*属、*Pacifimenopon*属などが報告されています。足が短く、体は長細い棒状で、かなり素早く移動します。ほかの外部寄生虫に比べ大型で、肉眼で観察できます。
【発生種】宿主特異性が高く、鳥類ではすべての目で報告されています。飼い鳥ではオカメインコやハト、アヒル、チャボで見ることが多いです。
【寄生率】寄生率は高いと思われます。
【生活環】卵から成虫まで、すべての生活環を鳥の羽で過ごします。鳥同士の接触によって伝播すると考えられています。鳥が死亡すると急速にその体から離れ、その際に気づかれることが多いです。羽づくろいによって駆除されます。
【症状】掻痒、羽質の低下を起こすことがあります。
【診断】成虫は素早く発見しにくいですが、羽軸に産卵された卵は容易に観察できます。
【治療】ウモウダニと同様です。
【予防】繁殖場での駆除、個体の予防投与が有効です。
【消毒】重要ではありません。
【人への影響】人へ寄生することはありません。

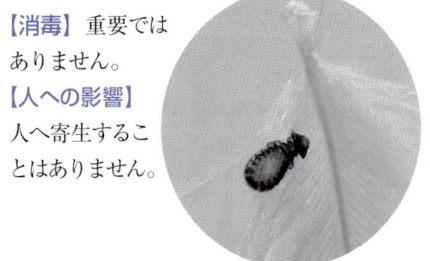

アヒルに見られたハジラミ

第3章
繁殖に関わる病気

◆ メスの繁殖関連疾患

腹壁の病気

腹部ヘルニア症 114
腹部黄色腫 115

産卵に関わる病気

過剰産卵 116
異常卵 117
卵塞 118
排泄腔脱・卵管脱 120
異所性卵材症 121

卵管に関わる病気

卵管蓄卵材症（卵蓄） 122
右側卵管の遺残 123
卵管の嚢胞性過形成 123
卵管腫瘍 124
卵管炎 124

卵巣に関わる病気

嚢胞性卵巣疾患 125

カルシウム（Ca）代謝に関わる病気

多骨性骨化過剰症（PH） 126
産褥テタニー・麻痺 127

◆ オスの繁殖関連疾患

精巣腫瘍 128

◆メスの繁殖関連疾患

◆飼い鳥としてポピュラーであるための必須要素として、繁殖が容易な点が上げられます。セキセイインコやオカメインコ、ラブバードなどは、元来、砂漠に生息し、厳しい環境下でも繁殖可能な種類です。

人工飼育下では、環境ストレスがほぼ存在せず、明時間も長いため通年繁殖・大量生産が可能となり、世界中に流通し、飼育人口も非常に多いです。しかし、この容易な繁殖性は、繁殖関連疾患をももたらし、寿命を半分ほどに縮めてしまうことになりました。また、産業動物として通年繁殖、多産となったニワトリ、ウズラ、アヒルなどでも繁殖関連疾患は非常に多いです。

現在、メスの繁殖関連疾患は鳥の病院において最も頻繁に遭遇する疾患であり、これを予防することが鳥の寿命を延ばすための最大のテーマとなっています。

1. 腹壁の病気

1. 腹部ヘルニア症

【概要】何らかの原因により腹筋が裂け、その裂孔（ヘルニア輪）から腹腔内容物が皮下に脱出し、袋状のヘルニア嚢を形成した状態を言います。主に、腹部の中央に形成されますが、排泄口尾部や側腹部にも形成されます。脱出臓器は腹膜、脂肪、腸管、排泄腔、卵管などが主であり、時折、卵巣、気嚢、肝臓なども含まれます。

【原因】ヘルニアの形成は、事故や、先天的な原因によって生じることもありますが、そのほとんどが発情に関連したものです。

鳥類の卵は体の大きさに比較して著しく大きく、卵作成期のメスは、作成された卵による内臓圧迫を防ぐための腹筋を伸展させる必要があります。おそらく女性ホルモンがこの現象をコントロールしていると考えられますが、過発情・持続発情によって女性ホルモンの異常が生じると、腹筋の過剰伸展や脆弱化が起き、ヘルニアが生じると考

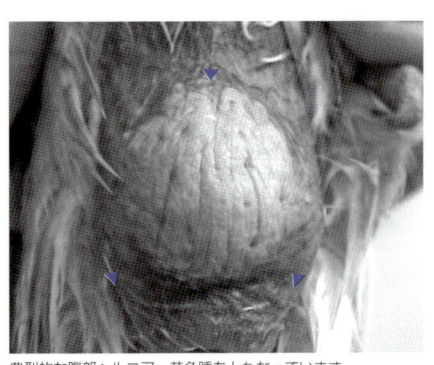

典型的な腹部ヘルニア。黄色腫をともなっています

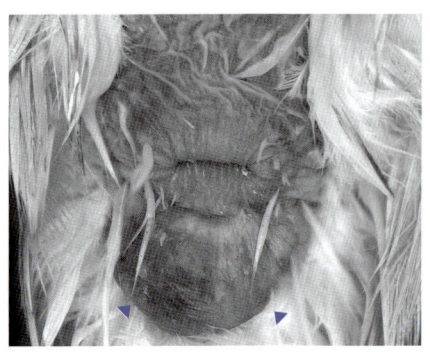

排泄口尾部のヘルニア

■繁殖に関わる病気

えられます。さらに、産卵によるイキミや、腹腔内腫瘤による腹圧の上昇がヘルニア形成に関わっていると考えられます。
【発生】小型鳥、特にメスのセキセイインコに頻繁に発生し、ラブバードがこれに続きます。オカメインコやブンチョウにもしばしば見られ、ニワトリ、ウズラ、アヒル、ハトなどでも多く見られます。また、オスのセキセイインコにおいても、精巣腫瘍による女性ホルモンの過剰で起こります。ヘルニアは鳥の手術理由の半数以上を占めます。
【症状】
①腹部膨隆：腹部の一部あるいは全体が膨隆します。発情の強さ、脱出臓器、内容物の増減によって大きさは変化し、通常、皮膚は黄色に肥厚し黄色腫を形成します。擦過や自咬により、出血や穿孔が生じることもあります。
②便秘：排泄腔がヘルニア嚢に脱出した場合、便の停滞(便秘)が生じることがあります。便は巨大になり、細菌の異常増殖により便臭を放ちます。重度の場合、自力排泄が困難となり、全身状態が悪化します。
③腸閉塞：脱出した腸などがヘルニア輪の狭窄によって絞扼されたり(嵌頓ヘルニア)、ヘルニア嚢内でねじれたり(捻転)することによって壊死を起こすことがあります。また、ヘルニア嚢内での癒着によって、腸閉塞が起きることもあります。これらの場合、排便は完全に停止し、食欲廃絶、嘔吐、膨羽、嗜眠などが見られ、多くの場合急死します。
【診断】触診、視診、あるいはX線検査(単純あるいは造影)によって診断されます。
【治療】ヘルニアの治療は通常、ヘルニア輪閉鎖手術を行います。ヘルニア嚢内に脱出した臓器を腹腔内に戻し、ヘルニア輪を閉鎖します。通常、ヘルニア再発予防および卵管疾患の予防・治療のため、卵管摘出術

があわせて実施されます。また、黄色腫の除去も行われます。卵巣摘出は困難なため、あわせて実施されることは稀です。このため、発情は残ります。術後に強い発情が生じると、ヘルニアを再発することがあります。

手術以外の方法として、発情抑制剤によって、ヘルニア嚢やヘルニア輪を縮小させる方法があります。しかし脱出臓器が腹腔内に戻る前にヘルニア輪が縮小した場合、嵌頓が生じるため、発情抑制剤の投与はヘルニア輪が大きく、脱出臓器が容易に腹腔内に戻る場合に限られます。
【予防】発情抑制。

2. 腹部黄色腫

【概要・原因】黄色腫は、血管外に漏出したリポタンパクを異物として貪食したマクロファージが集簇したものです。その形成には高脂血症と患部皮膚の血管損傷が関わります。罹患した皮膚は黄白色に肥厚します。黄色腫は発情に関連して、腹部に多く認められます。繁殖に関連した黄色腫は、エストロゲン過剰による高脂血症と過剰な抱卵斑形成やヘルニアによる皮膚の過剰進展が大きく関与すると考えられ、腹部の皮膚に見られます。このため発情の消退とともに黄色腫は消失することが多いです。
【発生】長期の持続および過剰発情のセキセイインコのメスに頻発します。特にヘルニアが生じた場合、ヘルニア嚢の皮膚は黄色腫化することが多いです。ブンチョウなどフィンチ類では稀で、アヒルやニワトリでもよく見られます。
【症状】皮膚は黄白色になり、肥厚し、伸

展性を失くします。掻痒（そうよう）が生じる例が一部あり、自咬や出血が見られることもあります。
【診断】正確な診断は病理検査によりますが、特徴的な外観から暫定（じこう）診断されます。
【治療】通常、黄色腫が単独で問題を生じることが少ないため、積極的な治療は行われません。軽度であれば発情の終了とともに消失します。自咬を伴う場合はカラーを設置し、発情抑制剤、高脂血症を抑える薬、食餌制限などの内科療法を実施するか、併発疾患（例えばヘルニア）の解決を兼ねて外科的な切除を行います。
【予防】発情抑制。

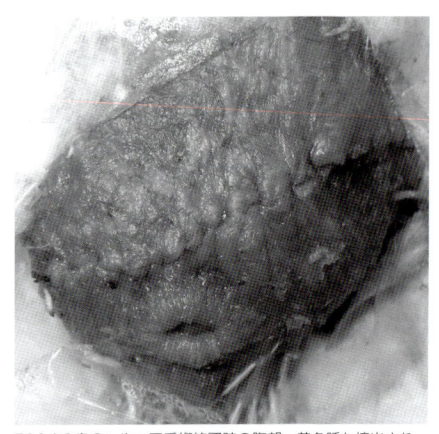

P114の鳥のヘルニア手術終了時の腹部。黄色腫も摘出され、きれいな皮膚同士が縫合されています

2. 産卵に関わる病気

1. 過剰産卵

【概要】厳密には1クラッチの数が多すぎる過剰産卵（Over-Production）と、慢性的に産卵を繰り返す慢性産卵（Chronic Egg Laying）に分けられますが、ここではまとめて過剰産卵として扱います。

野生下のセキセイインコであれば、年に1クラッチ、場合によっては2クラッチが正常で、1クラッチで4～7個産卵します。しかし、人工飼育下では過剰産卵、あるいは通年産卵する個体があり、年に100個以上産卵することもあります。充分な栄養供給がなされない場合、カルシウム（Ca）欠乏から卵塞や骨粗しょう症などが生じます。卵管障害や卵巣障害も頻発します。

【原因】過発情や持続発情が原因となり、発生します。遺伝、環境、食餌、卵巣疾患などが関与します。

【発生】小型鳥はそもそも多産の傾向にあります。砂漠など厳しい環境ストレス下で生息する種の場合、環境ストレスが和らぐと産卵をします。このため、人工飼育下では通年産卵となりやすくなります。セキセイインコ、ブンチョウ、ラブバード、オカメインコなど一般飼育種はどれも過剰産卵となりやすいです。また、産業的にはほぼ毎日卵を産むように改良されたウズラ、ニワトリ、アヒルも繁殖関連疾患により寿命は著しく短く、医療上は過剰産卵と言えます。

【症状】繁殖回数は通常年1～2回であり、産卵数も種によってほぼ決まっています。過剰産卵の個体では、これを上回る産卵回数および産卵数となります。通常、栄養的に充足し、卵管などに異常がなければ問題は生じません。しかし、栄養不足（特にCa）や卵管異常を生じると、卵の変質や変形が見られ、最終的には卵塞、卵管蓄卵材症などを起こし、産卵が停止します。

■繁殖に関わる病気

過剰な産卵は、産卵異常だけでなく全身状態にも異変を起こすことがあります。Ca欠乏からは産褥テタニーや骨粗しょう症による骨折、タンパク質の欠乏では、やせ衰え、羽や嘴の質の低下などが見られます。

【診断】過剰な産卵数をもって過剰産卵としますが、病的であるかどうかは個体の状態次第です。しかし、産卵自体が生体にとっては大きなストレスであるため、本来避けるべきです。

【治療】慢性的な産卵から卵塞などの疾患の発生を心配し、発情抑制剤が投与される向きもありますが、副作用がまったくないとは言えず、安易な投与は避けるべきです。例外はありますが、異常が生じない限り、適切な栄養投与（Ca、ビタミンD、タンパク質など）を心がけ、環境操作による発情抑制を試み続けるべきと考えます。

重度の過剰産卵で、発情抑制の効果も乏しく、卵塞がたびたび生じるなど危険性が高い場合は、卵管摘出術による不妊を試みることもあります。しかし、卵巣は摘出されないため、高エストロゲン血症は抑制できません。そのため、ほかの繁殖性疾患を予防することはできません。

【予防】発情抑制。問題を生じるものでは卵管摘出が検討されます。

2. 異常卵

【概要】ここでは外形に異常が生じた卵を異常卵とします。表面粗雑卵、薄殻卵、変形卵、無殻卵、無形卵、小型卵などがあります。

【原因】①表面粗雑卵 ②薄殻卵 ③変形卵
④無殻卵：主に卵へのCa沈着不足により発生し、通常①→④へと進行します。主要な原因として、Ca摂取不足（ボレーなどのCa源が与えられていない）、Caの吸収不良（日光浴不足やビタミン剤投与不足によるVD$_3$欠乏、Ca吸収阻害物質である高脂肪、高シュウ酸物質の多給など）、Caの沈着不良（卵管の異常、ホルモンバランス異常による卵管のCa放出不全など）があげられます。

⑤無形卵：卵管内での破卵、あるいは卵材の異常分泌によって発生します。

⑥小型卵：排卵が起きなかった、あるいは卵墜を起こしたにも関わらず、それ以降の卵形成過程が継続して行われた場合に発生すると考えられます。

【発生】過剰産卵の個体で頻発し、特に栄養が不充分な個体に多く、初産や高齢個体

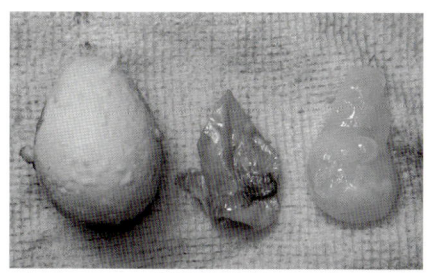

▲左から
表面粗雑卵
無形卵（卵殻膜）
無形卵（卵白、卵黄）
▶無殻卵：卵殻がありません
▼小型卵：卵黄が入っていません

で発生率が高くなっています。
【症状】卵形が異常の場合、難産や卵塞、あるいは卵管蓄卵材症となることが多いです。
【診断】触診、あるいはX線検査。
【治療】①〜④の場合、Caの注射によって卵殻が形成され正常に産卵される可能性があります。24時間過ぎても卵が排泄されない場合や、卵塞症状を伴う際は、すぐに卵排出を考慮する必要があります。圧迫による卵排出が困難な場合は、開腹手術により摘出します。
【予防】発情抑制、適切な栄養と飼育管理（Ca、ビタミンD、日光浴）を行い、繰り返す場合は卵管摘出を行います。

3. 卵塞（らんそく）

【概要】卵秘、卵づまり、卵停滞、難産とも言います。卵が膣部あるいは子宮部から、一定時間以上産出されない状態をさします。卵塞の中でも、正常に卵を産出させる機構の失調（機能的卵塞）を「卵停滞」、物理的な卵の通過障害（機械的卵塞）を「難産」と呼び分けることがあります。

一般的な鳥種では、排卵後24時間以内に産卵が行われます（ニワトリの場合：卵管采（らんかんさい）15分、膨大部30分、峡部75分、子宮部20時間、膣2〜3秒）。腹部に卵の形が触知されてから24時間以内に産卵されない場合、卵塞と考えられます。しかし、個体の状態によっては停滞期間が延長する場合もあり、病的であるかどうかの判断は難しくなります。一般に、卵塞は1個の卵によって生じますが、中には次の排卵が起こり、2個以上が卵塞することもあります。

【原因】様々な原因により卵塞は発生しますが（下欄参照）、主な原因は①低Ca血症による子宮収縮不全、②卵形成異常、③環境ストレスによる産卵機構の急停止、④何らかの原因による卵管口の閉鎖です。これらの原因により卵は卵管子宮部、あるいは膣部に停滞します。産卵の機構上、卵は排泄腔内を通過しないため、排泄腔内で卵が停滞することは通常ありません。

【発生】初産、過産卵の個体で頻発します。穀類が主体で、ビタミン剤、ミネラル剤が与えられておらず、日光浴が充分でない個

卵塞が起きる様々な原因

●**機能的卵塞の原因**：正常に卵を産出させる機構に問題がある
①**神経障害（麻痺）**：低カルシウム血症、ビタミンE欠乏、中毒、ある種の疾病、腰椎骨折など産卵に関わる神経の障害。
②**筋力不足**：運動不足、栄養低下、疾病などによる卵管の筋肉や産卵時のイキミを支配する筋肉群の障害。
③**ホルモン失調**：環境（低温、高温、移動、騒音など）や疾病によるストレスや、先天的、病的（卵巣、下垂体などの疾患）、医原的（ホルモン剤）な産卵を統御するホルモンの失調。

●**機械的卵塞の原因**：卵の通過に物理的な障害がある
①**卵管の問題**：卵管口の閉鎖（先天的、ホルモン失調、外傷など）、嚢胞性過形成、腫瘍、奇形などによる卵の通過障害や卵管炎による卵の癒着など。
②**卵の問題**：表面粗雑卵、変形卵、巨大卵、未成熟卵など卵の形成異常による通過障害。
③**卵通過道の問題**：鎖肛や骨折、くる病などによる卵通過道の構造異常による卵排出阻害。

■繁殖に関わる病気

第3章

体で発生率が高いです。また、低温で、日光浴不足になりがちな冬季に発生しやすいです。小型鳥、家禽で多発します。

【発症】　卵塞が生じていても、無症状のことがあります。発症には、卵による臓器や坐骨神経の圧迫、持続的な卵管収縮やイキミによる疼痛、低Ca血症などが関わります。それまで無症状であった個体が、突如発症し、死に至ることもあります。卵による圧迫は、発情終了によって腹囲が縮小することで生じます。

【症状】　典型的には、床でうずくまる、沈うつ、膨羽、食欲不振、呼吸促迫、イキミによる声漏れなどの症状が見られます。疼痛によりショック症状を起こしている例も多くあります。低Ca血症あるいは卵による坐骨神経の圧迫によって脚麻痺が生じたり、排泄腔脱（☞P120）を招くことも多いです。

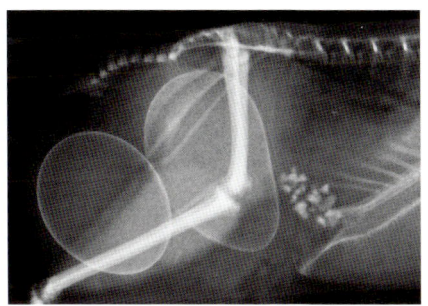

2卵塞。片方は変形卵

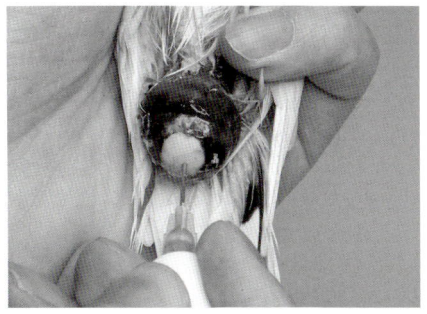

卵管口の開口不全による卵塞（卵内包性排泄腔脱）。卵の中身を吸引し、卵をつぶしてから出します

【診断】　腹部に卵が触知されてから24時間以上経過している場合、あるいはイキミなど卵塞症状が見られる場合、卵塞と診断されます。熟練すれば触診のみで診断が可能ですが、場合によってはX線検査や超音波検査が行われることもあります。

【治療】　①Ca注射：低Caが原因の場合、Caを注射することで、卵殻形成および卵管子宮部の収縮が正常に生じて産卵される可能性があります。

②用手卵排出：Ca注射で排出されそうにない場合や、すでに卵塞症状を伴う際は、すぐに卵排出を考慮する必要があります。用手にて腹部を圧迫して卵排出を行いますが、卵管口の開口が充分でなかったり、卵殻が卵管に癒着して引き出せない場合、卵殻に穴を開け、中身を吸引後、卵殻を砕いて牽引摘出することもあります。卵殻が牽引できない場合、砕いた卵殻を放置して自然排泄を数日待つこともあります。

　卵排出後、腫れた卵管・排泄腔が脱出することが多いため、消炎剤が使用されます。卵管・排泄腔の損傷からの感染を防ぐための抗生剤や、低Ca症を併発している個体ではCa投与、腎圧迫が疑われる個体では輸液、ショックが起きている個体では抗ショックなど、処置後の内科治療が重要となります。

③帝王切開：圧迫による卵排出が困難な場合は開腹手術により摘出します。通常、再発予防のため卵管も同時に摘出します。

【予防】　発情抑制、適切な栄養飼育管理（Ca、ビタミンD、日光浴）を行い、繰り返す場合は卵管を摘出します。最も大事なことは卵ができているのを見逃さないことです。発情中は、毎朝体重を計測し、おなかを触診しましょう！（☞P246）　卵を触知して24時間経っても出てこない場合は、病院に相談を!!

4. 排泄腔脱・卵管脱

【概要】排泄腔脱とは、様々な原因によって排泄腔が外転し、排泄口から脱出した状態を言います。ここでは繁殖性疾患としての排泄腔脱に限定して解説します。

産卵後、卵内包性、その他の繁殖関連性に分かれます。卵管脱は卵管が外転し、排泄口から脱出した状態です。排泄腔、卵管双方が脱出する排泄腔・卵管脱もあります。

脱出した臓器は、外気刺激や自咬によって腫脹したり、排泄口による圧迫から嵌頓状態となりさらに腫れるという悪循環により、自然整復が不可能となります。

【原因】①産卵後：自然産卵後あるいは圧迫排出後、卵管あるいは排泄腔に炎症、腫脹が残存すると、イキミが持続して反転・脱出が起きます。

②卵内包性：産卵時、卵管口が開口せずイキミが強い場合に、膣部に卵を内包したまま排泄腔が外転し脱出します（☞ P119）。

③その他の繁殖関連性：生殖器の腫瘍による物理的圧迫、全身状態の悪化などから排泄腔脱を起こします。予後が悪いことが多いです。

④卵管脱：卵管の蠕動異常により、卵管の途中あるいは排泄腔との接続部から卵管が反転し、脱出します。卵管は間膜によって牽引されますが、間膜が断裂あるいは過伸展して脱出します。

【発生】卵塞後、特に卵質異常による卵塞時に発生しやすく、初産、過産卵個体で発生率が高くなっています。また、繰り返し発生することも多いです。小型鳥および家禽で多発します。

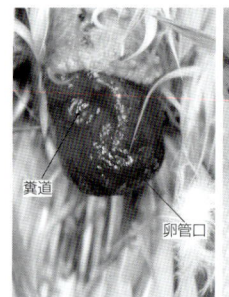

▲排泄腔脱：糞道、卵管口が見えます　▲卵管脱

【症状】お尻から赤いものが見えているのに気づいて来院することが多いです。通常、疼痛から食欲不振、膨羽、沈うつなどの症状が見られます。患部の自咬や出血が見られることが多いです。

卵内包性排泄腔脱では、排泄腔が虚血や乾燥から壊死することもあります。左側尿管口が壊死した場合には、尿閉から腎不全が生じ、予後が悪いです。排泄腔や卵管の損傷が重度の場合、疼痛によるショックや感染などから死に至ることも多いです。

【診断】排泄腔脱、卵管脱、脱腸は混同されることがありますが、排泄腔は糞洞、卵管口、尿管口が存在し、表面が滑らかな赤黒い粘膜です。卵管は孔を一つしか持たない螺旋状の溝をもつ鮮やかな赤色の粘膜です。脱腸はめったに起きません。

【治療】脱出した臓器は早急に体腔内に戻す必要があります（家庭での処置：☞ P251）。抗生剤、腫れ止めなどを塗布し、湿らせた綿棒で中に押し込みます。再脱出する場合には、糞尿排泄の隙間を残し、排泄口縫合をして臓器の脱出を物理的に防止します。内科的には消炎剤、抗生剤、発情抑制剤などを使用し、腫脹した臓器が退縮したら抜糸します。卵管脱では卵管摘出が必要となることが多いです。

【予防】卵塞の予防に準じます。

■繁殖に関わる病気

5. 異所性卵材症(いしょせいらんざいしょう)

【概要】卵や卵材が卵管内ではなく、体腔内に落ちることがあります。ここではこれら卵あるいは卵材を異所性卵材とし、これによって生じる疾患を異所性卵材症とします。

卵巣から排卵された卵黄が卵管に取り込まれず、体腔内に落ちる現象を異所性排卵(卵墜)とし、これによって生じた卵材を①**卵墜性異所性卵材**とします。また、卵管を逆行して卵管采(らんかんさい)(☞P42)から体腔内に落ちた卵材を②**逆行性異所性卵材**、卵管破裂により体腔内に落ちた卵材を③**破裂性異所性卵材**とします。これら異所性卵材により生じた腹膜炎を④**卵材性腹膜炎**とします。

【原因】①**卵墜性異所性卵材**：卵管采での卵黄の取り込み失敗は、過発情に基づく過剰排卵や卵黄取り込み機構の失調が原因と考えられます。卵管摘出が行われた鳥では、卵墜が発生しやすいように思われますが、卵巣と卵管の間にはフィードバック機構が存在し、卵管摘出後は通常排卵が起きません。しかし、過発情個体ではこのフィードバック機構を無視して排卵が行われ、卵墜が生じることもあります。

②**逆行性異所性卵材**：卵管蓄卵材症や卵塞などの際、卵管の機能的、物理的障害により逆蠕動が生じ、卵管采側から卵材あるいは未成熟卵が卵管内を逆行して、体腔内に漏れ出すことがあります。

③**破裂性異所性卵材**：卵管炎、外傷、腫瘍(しゅよう)などによって卵管破裂が生じ、卵あるいは卵材が体腔内に漏れ出すことがあります。

④**卵材性腹膜炎**：体腔内は、卵や卵材が存在できるようにできていないため、付着部位で炎症が生じます。

【発生】過発情の個体で発生率が高く、卵管蓄卵材症、卵塞、過剰産卵に続発あるいは併発して発生します。小型鳥で多発し、家禽ではある程度の産卵歴のある個体であれば普通に見られます。

【症状】異所性卵材が生じた場合、多くは結合織に取り囲まれて結節様の病変となり、無症状に経過します。しかし、一部の個体では急激な腹膜炎が生じ、ショック状態から突然死することもあります。また、卵材が腸や肝臓に癒着して腸閉塞や肝炎を生じたり、膵臓へ癒着して膵炎・糖尿病へと発展することもあります。

【診断】過発情個体での急性経過、血液検査や画像診断の所見などにより予測されますが、開腹以外での確定診断は難しいです。

【治療】通常、異所性卵材症は問題を起こすことが少ないため、経過観察となることが多いです。内科療法としては腹膜炎に対して消炎剤、発情抑制剤などが使用され、急性症状に対しては抗ショック剤が使用されます。異所性卵材の外科的摘出や腹腔洗浄はほかの理由で開腹手術が行われた際に併せて行われることが多いですが、単独で実施されることは少ないです。

【予防】発情抑制。

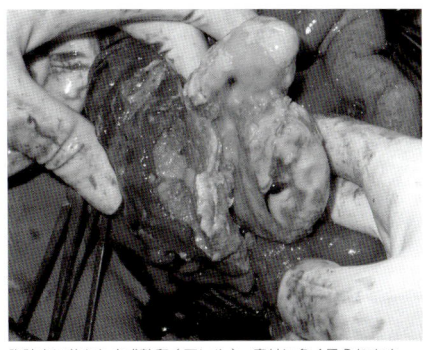

腹腔内に落ちた未成熟卵（アヒル）。意外に多く見られます

3. 卵管に関わる病気

1. 卵管蓄卵材症（卵蓄）

【概要】異常分泌された卵材が卵管内に蓄積した状態です。卵材は、卵黄、卵白、卵殻膜、卵殻などを原材料として、ゼリー状、液状、粘土状、消しゴム状、砂状、結石状のものから、完成形に近い卵状まで様々な形態で卵管内に存在します。

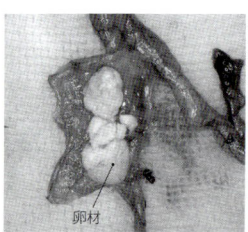

◀ 典型的な卵蓄。黄白色の卵材が溜まっています

◀ 卵管腫瘍が原因で発生した卵蓄。卵管結石も見られます

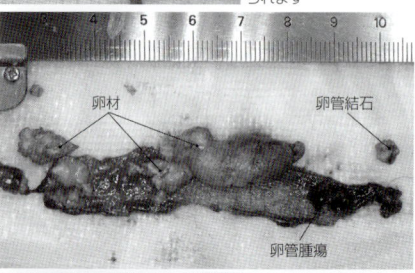

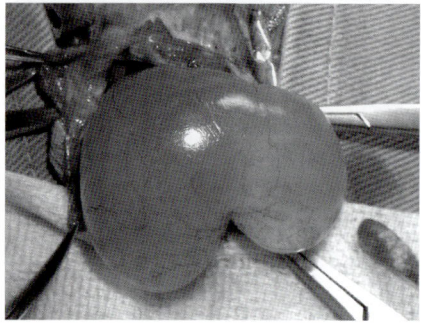

卵材　卵管結石　卵管腫瘍

卵蓄（嚢胞性卵管）。液体が貯留しています

広い意味では卵塞も卵管蓄卵材症に含まれます。液体が卵管に蓄積して嚢胞状となったものを、特に嚢胞性卵管と呼ぶことがあります。

【原因】エストロゲン過剰、分泌腺の過形成、卵管内異物の存在などによって無秩序に分泌された卵材が、物理的な原因（卵塞、嚢胞性卵管、卵管腫瘍、卵管炎など）や、卵管の蠕動異常などの機能的な原因によって排泄が障害されて生じると考えられます。

【発生】3〜7歳、平均5歳前後で多く発生します。過剰産卵の個体で、異常卵を産卵後、あるいは卵塞後に産卵が停止して腹部が膨隆し始めた個体では、卵管蓄卵材症になっている可能性が高いです。セキセイインコに多発し、小型鳥や家禽に多く見られます。

【症状】腹部膨大によって気づかれます。卵材の蓄積量が少量の初期に気づかれることは稀です。ヘルニア手術の際に気づかれることも多いです。異所性卵材や卵管炎が併発した場合、食欲不振、膨羽、傾眠、多尿、下痢などの症状が見られることもあります。卵材が一部排泄される例も稀にあります。

【診断】卵材を満たした卵管が触知できることがあります。単純X線検査では、卵管結石あるいは卵管砂の確認が可能です。超音波検査では、液体状の卵材が明らかになる場合があります。多くの場合、卵管蓄卵材症の診断は開腹後となります。

【治療】発情抑制や消炎剤などにより、一時的に蓄積された卵材が減量されることもあります。通常、卵管口からの排泄はなく、完治には卵管摘出手術が必要となります。

【予防】卵塞の予防と一緒です。

■繁殖に関わる病気

2. 右側卵管の遺残

【概要】鳥は右側の卵管・卵巣は退縮し、左側の卵管・卵巣のみが発達します。しかし、一部の個体では右側の卵管が遺残し、発達することがあります。通常、遺残した卵管内には液体が貯留し、嚢胞性卵管となります。
【原因】詳しい原因は不明ですが、おそらく発情過剰、持続発情がこの疾患を導いていると考えられます。
【発生】ヘルニアや卵管蓄卵材症で、開腹手術を行ったセキセイインコでしばしば見られます。
【症状】右側卵管遺残のみで症状が見られることは稀で、多くの場合、ほかの繁殖関連疾患の併発により症状が認められます。
【診断】超音波検査によって、液体の貯留した嚢胞状の構造が確認できます。しかし、左側嚢胞性卵管なのか、嚢胞性卵巣疾患なのかの鑑別は難しいです。
【治療】発情抑制により液体が吸収され、退縮することがあります。通常、外科的な右側卵管摘出術が行われます。
【予防】発情抑制

3. 卵管の嚢胞性過形成

【概要】卵管粘膜に水泡が形成される非腫瘍性の変化です。
【原因】卵管粘膜上皮は、発情によって生理的な過形成を起こします。嚢胞性過形成は、異常に過形成を起こし、管腔内への分泌液の排泄が困難になった状態で、過剰な発情が関与していると思われます。
【発生】ほかの繁殖関連疾患で開腹手術を行った際に発見されることが多いです。セキセイインコに多発し、小型鳥や家禽によく見られます。
【症状】嚢胞性過形成単独では症状が見られることはありませんが、卵塞や卵管蓄卵材症を招くことがあります。
【診断】通常、嚢胞は小さく、超音波検査での発見は困難で、卵管摘出の際に気づかれます。
【治療】発情抑制で消失の可能性があります。
【予防】発情抑制。

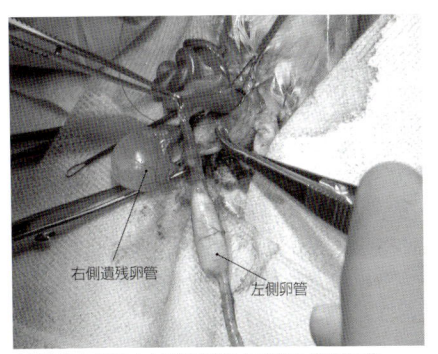

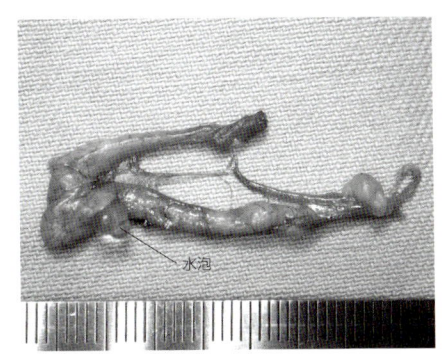

左側卵管（卵蓄）と右側遺残卵管（嚢胞性）の摘出手術

嚢胞性過形成

4. 卵管腫瘍

【概要】 鳥の卵管腫瘍は卵管の腺腫（良性）や腺癌（悪性）がほとんどで、平滑筋腫、平滑筋肉腫、リンパ腫なども報告されます。
【原因】 原因は不明ですが、慢性発情との関連が強く疑われます。ほかの因子（例えば卵管蓄卵材症や卵管炎との関係、遺伝、ウイルス感染など）の関与も考えられます。
【発生】 セキセイインコは卵管腫瘍の発生率が著しく高く、悪性である確率も高くなっています。セキセイインコの卵管膨大症の約1/4に、腫瘍が存在していたとする報告もあります。オカメインコ、ラブバードなどの小型鳥や家禽でもしばしば起こります。
【症状】 初期に症状が見られることは稀です。物理的な通過障害が生じ、卵塞や卵管蓄卵材症が起こることがあります。腫瘍が増大すると、通過障害や呼吸困難など、諸臓器の圧迫症状が見られます。転移や腹膜播種は末期に見られることが多いです。
【診断】 X線検査や超音波検査によって疑われることがありますが、確定診断は卵管摘出後の病理検査によります。
【治療】 良性であれば卵管摘出により完治します。悪性であったとしても、初期であれば腫瘍が卵管腔内に限られていることが多いため、完全な摘出が可能です。末期では、腫瘍が漿膜面に浸潤、あるいは卵管破裂により腹膜播種を起こしている、あるいは遠隔転移していることもあり予後不良となります。内科療法としては、発情抑制剤が使用されますが、効果は乏しいです。
【予防】 発情抑制に予防効果があるかもしれません。

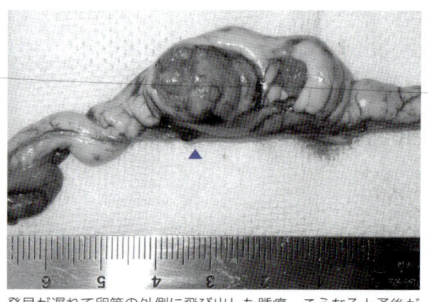

発見が遅れて卵管の外側に飛び出した腫瘍。こうなると予後が悪くなります

5. 卵管炎

【概要】 卵管が炎症を起こした状態です。古い飼鳥本などでしばしば見かける疾病名ですが、実際に診断されることは稀です。
【原因】 細菌をはじめとした各種病原体が原因で発生する「感染性卵管炎」と、腫瘍、卵蓄、卵塞などが原因となって発生する「非感染性卵管炎」に分かれます。感染性卵管炎は、排泄腔から病原体が上行するものと、血行性に病原体が進入するもの、腹腔内から波及するものがあります。
【発生】 感染性卵管炎の発生は稀です。非感染性卵管炎にはしばしば遭遇します。
【症状】 重度の卵管炎では全身状態の悪化が生じると考えられます。また、腹部の自咬、蹴る動作など、腹部の疼痛症状が見られるかもしれません。また、稀に黄白色の膿が排泄されることもあります。
【診断】 卵管摘出後の病理検査が必要です。
【治療】 感染性卵管炎に対しては消炎剤、抗生剤等が使用されます。非感染性卵管炎では卵管摘出が検討されます。
【予防】 非感染性では発情抑制。

4. 卵巣に関わる病気

1. 嚢胞性卵巣疾患

【概要】卵巣に単数あるいは複数の嚢胞が形成された状態で、卵巣嚢腫とも呼ばれます。非腫瘍性の「卵巣嚢胞」と「嚢胞性卵巣腫瘍」に分かれ、嚢胞性卵巣腫瘍には卵巣腺腫、卵巣腺癌、顆粒膜細胞腫などが含まれます。

【原因】①卵巣嚢胞：抗エストロゲン療法が効果的なことから、エストロゲン過剰症が関与していると考えられます。

②嚢胞性卵巣腫瘍：多産系の鳥種に多発することから、過発情との関連が疑われます。しかし、ニワトリの研究では卵巣腺癌の発生に産卵数は関係がなく、性ホルモン濃度も非産卵鶏と同等と報告されています。

【発生】小型鳥で頻発し、とくにセキセイインコに好発します。当院では7割方がセキセイインコで、残りをラブバードとオカメインコが占めます。ニワトリでは高い卵巣腫瘍の発生率が報告されています。

【症状】①腹部膨大：嚢胞の拡大に伴って腹部が膨大します。ヘルニアと異なり、腹部全体が膨らみます。

②嚢胞による圧迫症状：腹部の膨大は腹筋の弛緩に依存していて、腹筋の弛緩が起きない場合や急激な嚢胞拡大では内側に拡がり、坐骨神経の圧迫による脚の不全麻痺（特に左側）や、消化管圧迫による食欲不振、食滞、嘔吐、吐出、排便困難などの消化器症状が見られます。また、気嚢の拡張を妨げた場合は、呼吸困難の症状が見られます。

③浸水症状：嚢胞水が接触する気嚢壁を浸

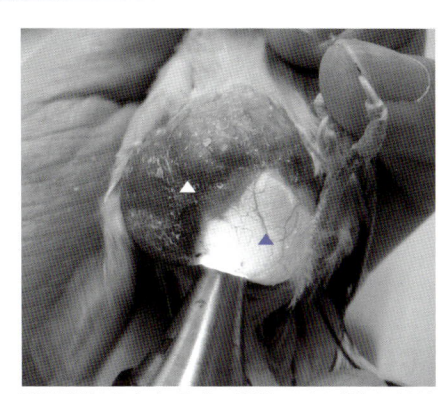

嚢胞性卵巣疾患（▲）：ライトで透過していない部分（△）は血液が溜まった嚢胞です

透し、咳（ケッケ、ケンケンなど）、断続性湿ラ音（プチプチッ、グチュッグチュッなど）、あるいは急激な呼吸困難が認められます。また、腹部の打撲、あるいは急激な運動（飛行など）によって嚢胞・気嚢壁が破裂した結果、急激な浸水による鼻からの液体の噴出（鼻汁のように見える）、喀水、突然死が見られます。

④ロウ膜の青色化：セキセイインコの顆粒膜細胞腫において、ロウ膜のオス化（青色）が報告されています。これは哺乳類やニワトリで報告される顆粒膜細胞腫症におけるエストロゲン過剰症と矛盾する症状です。

【診断】腹部膨大が認められた場合、まずライトを当て、液体が貯留しているか否かを見分けます。液体が貯留している場合、超音波検査あるいはX線検査によって腹水か、腹腔内嚢胞性疾患かを鑑別します。

腹腔内嚢胞性疾患：嚢胞性卵巣疾患、嚢胞性卵管疾患、その他の臓器の嚢胞性疾患に分けられます。これらの鑑別は、画像診断では難しく、通常、開腹後に診断が確定します。しかし、そのほとんどが嚢胞性卵巣

疾患で、それ以外の疾患は1割に満たないです。

囊胞性卵巣疾患：卵巣囊胞と卵巣腫瘍に分かれ、卵巣腫瘍は良性と悪性に分かれます。当院において内科療法の効果が乏しく、摘出された卵巣の病理検査結果は、卵巣囊胞が約3割、卵巣腫瘍が約7割で、卵巣腫瘍の6割強が悪性でした。特に、超音波検査で実質性の腫瘤が確認された症例の腫瘍率は100％で、悪性度は80％でした。

【治療】卵巣囊胞の何割かは、発情抑制によって縮小します。卵巣腫瘍ではいったん縮小することもありますが、通常再発し、次第に効果は乏しくなります。

内科療法の効果が乏しい症例では、卵巣摘出術が検討されます。ただし、卵巣の全摘出術は非常に難しく、通常、部分摘出に留まります。このため数ヶ月から数年後に再発することがあります。また、手術の成功率も卵管摘出術に比較すると低く、卵巣腫瘍が存在する例ではさらに低くなります。しかし、手術を実施した場合と実施しなかった場合を比べると、前者の1年後生存率が明らかに高くなるため、手術を勧めることが多いです。

手術のリスクが高い個体では、囊胞による物理的圧迫や呼吸器への浸水を防ぐため、穿刺（穴を空ける）、抜水を実施し、延命治療を行うことがあります。ただし、抜水時や抜水後に状態を崩し、死亡する例もあることを念頭に置かなければなりません。

【予防】発情抑制。

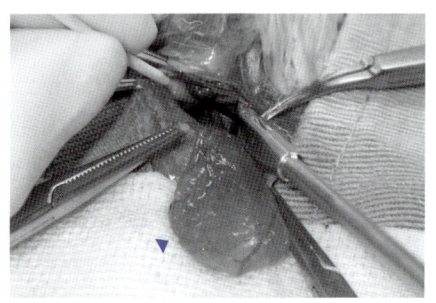

卵巣摘出術。吸引し、縮小した卵巣（▲）にクリップをかけ、血行を止めてから摘出します

5. カルシウム（Ca）代謝に関わる病気

1. 多骨性骨化過剰症（PH）

【概要】鳥類は、産卵の数週前より（ニワトリでは2週前）、卵殻形成用のカルシウム（Ca）を骨に蓄積し始めます。これを骨髄骨（骨髄硬化）と言いますが、この作用が過剰となり、骨、あるいは骨以外の組織に著しいCa沈着が生じたものを多骨性骨化過剰症（以降PH）と言います。

【原因】骨髄骨の形成はエストロゲンの影響と考えられており、骨髄骨形成の終了は、エストロゲンの減少が引き金となると考えられています。

しかし、過発情、持続発情の個体ではエストロゲンの減少が起きず、Caの沈着が持続します。このため、PHはセキセイインコにおいてエストロゲン過剰症と関連があると考えられていて、卵管腫瘍、卵巣囊腫、卵材性腹膜炎などの繁殖異常を持つメス、あるいは精巣腫瘍を持つオスに見られます。

【発生】セキセイインコに頻発する病気です。

特にCaの異所沈着は高齢の個体で頻発します。
【症状】①**無症状**：過剰に沈着していても、無症状のことが多いです。
②**脚麻痺**：脚の挙上、開趾不全、跛行などが見られることがありますが、これは、関節へのCa沈着や、坐骨神経孔へのCa沈着による神経圧迫などが原因と考えられています。高齢個体に非常に多く見られます。
③**飛行不全**：肩関節にCaが沈着し飛べなくなることがあります。
④**咳**：気管にCaが沈着した場合、咳が見られることがあります。
⑤**後躯麻痺**：脊椎に過剰な沈着が起きた場合、後躯麻痺を起こすことが稀にあります
【診断】X線検査で確認できます。
【治療】発情抑制。ただし、過剰沈着したCaは吸収されないこともあります。
【予防】発情抑制。

2. 産褥テタニー・麻痺

【概要】哺乳類では産後に強直（産褥テタニー）を起こすことがありますが、鳥類では強直よりも不全麻痺を起こす印象があります。ここでは産卵後に起こる急激な低Ca血症による起立困難のうち、筋肉の持続的な強調（痙攣）を産褥テタニーとし、持続あるいは単発する麻痺症状を産褥麻痺とします。
【原因】産褥性テタニーは低Ca血症による筋肉の強直性痙攣を指します。牛では強直による筋の断裂が主な原因ですが、鳥では明らかではありません。産卵後の起立不能になった個体にCa剤を投与すると、急速に回復することが多いことから、低Ca血症が関与しているのは間違いありません。
　低Ca血症の原因は、産卵過多、Ca供給不足、Ca吸収阻害物質（脂質、シュウ酸など）の多給、ビタミンD不足（ビタミン剤投与不足、日光浴不足など）などが主です。
【発生】過産卵の個体に頻発し、特にオカメインコで多く見ます。日光浴不足、適切なビタミン剤およびミネラル剤が与えられていない個体で高率に発生します。
【症状】脚の不全麻痺から跛行が起き、起立困難となって床に座り込みます。呼吸促迫や協調不全、精神異常、痙攣などが生じ、急死することも稀にあります。
【診断】特徴的な臨床症状および血液検査により診断されます。
【治療】Caを投与します。効果が早く高い注射での投与が推奨されます。神経症状に対してステロイドを使用することもありますが、ステロイドはCaの吸収を妨げるため、注射によるCa投与が望ましいです。
【予防】適切な栄養給与と日光浴、および発情抑制で予防します。

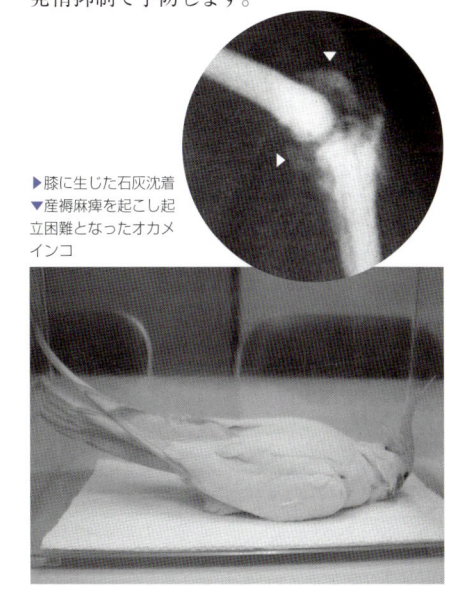

▶膝に生じた石灰沈着
▼産褥麻痺を起こし起立困難となったオカメインコ

■繁殖に関わる病気

第3章

◆オスの繁殖関連疾患

メスに比較すれば、多くの種類でオスの繁殖関連疾患は稀です。しかし、セキセイインコでは、メス同様に寿命を短くする疾患が存在します。

精巣に関わる病気

1. 精巣腫瘍
せいそうしゅよう

【概要】精巣に生じる腫瘍です。セルトリ細胞腫、精上皮腫、間細胞腫、リンパ肉腫、あるいはこれらが混合した腫瘍などが見られます。

【原因】精巣は熱に弱い臓器なので、哺乳類では内臓からの熱を受けにくく、また冷えやすいように体腔外の陰嚢に存在します。空を飛ぶ鳥では体腔外に精巣を出すことが困難なので、普段は縮小し外気が流通する気嚢に包まれ、常に冷やされている状態にあります。

しかし、発情期には著しく増大し、各臓器と密着します。鳥の体温は42℃前後と高温で、持続発情の個体では高温への暴露期間が長くなります。高温に長期暴露された精巣は腫瘍化しやすくなると考えられています。犬において精巣が体腔内に遺残する潜在精巣は、腫瘍化する確率が高いです。

ほかにも、性腺刺激ホルモンの高暴露や、高頻度に繰り返す精巣の増大と縮小、遺伝的要因、感染性因子なども精巣腫瘍の高発生率に関っている可能性があります。

【発生】セキセイインコに際立って多く発生し、ウズラにもしばしば見られます。3歳頃より発生が見られ、5〜8歳の罹患率は非常に高くなります。

【病期による症状】

Ⅰ期／雌化徴候期

エストロゲンを分泌する細胞が腫瘍化、増殖した場合、メス化が起きます(セルトリ細胞腫など)。精巣腫瘍の何割かはメス化しないタイプで、これらではまったく症状が認められません。Ⅰ期は比較的長く続くことが多く、数年維持することもあります。

①ロウ膜の褐色化：セキセイインコのオスのロウ膜は青色(ロウ膜のメラニン色素が欠損している品種では桃色)ですが、メス化によって白色へと変化し、次いで下部が暗色となります。さらにロウ膜の角化亢進が生じ、発情期のメスと同様、茶褐色になります。

初期は腫瘍からのエストロゲンの分泌が断続的なため、ロウ膜はオス色とメス色を繰り返します。特に換羽期は性ホルモンが抑制されるためオス色となりやすく、進行する

繁殖に関わる病気

とメス色のままとなります（☞P16）。
②**骨髄骨の形成**：エストロゲンの働きで生じた骨髄骨がX線検査で確認できます。
③**メス性行動**：交尾の受け入れ姿勢、巣作り行動、抱卵行動などの行動が起きます。
④**エストロゲン過剰性疾患**：メス化が進むとともに、黄色腫、肥満、多発性骨化過剰症、腹壁弛緩、ヘルニアなど、メスに見られるエストロゲン過剰性の疾患が生じることがあります。
⑤**一般症状**：急激な女性ホルモンの増大により、体調を崩す個体もいます。

Ⅱ期／精巣肥大期
精巣の肥大は認められますが、症状は認められない時期です。非メス化タイプではX線検査で偶然発見されます。

Ⅲ期／精巣肥大による障害の発生期
精巣の肥大が進行し、他臓器を圧迫することで症状が認められる時期です。非メス化タイプでは、この時点ではじめて精巣腫瘍に気づくことになります。症状の進行は急速で、急激な状態悪化から死亡する個体もいますが、治療により一端改善することもあります。
①**脚麻痺**：精巣（特に左側）の肥大は、腎臓と腎臓の中を通る坐骨神経を圧迫することから、脚の麻痺が生じることがあります。また、メス化による骨化過剰からも脚麻痺が起きることもあります。
②**通過障害**：精巣の肥大により消化管が圧迫され、吐き気や嘔吐、食滞、食欲不振、腸閉塞などの消化器症状が見られることがあります。
③**腹部膨大**：中期から末期では、精巣の肥大やエストロゲンによる腹筋の弛緩などにより、腹部膨大が見られます。
④**呼吸器症状**：腫瘍の増大によって気嚢域が縮小し、ボビングや呼吸促迫などの呼吸困難の症状が見られます。

Ⅳ期／腹水の貯留期
腹水が貯留する時期です。多くの場合、急激に状態が悪化し、死亡しますが、中には数ヶ月コントロールできる例もあります。
①**腹水貯留**：腫瘍の増大が重度となると腫瘍による門脈圧亢進から腹水が生じます。
②**呼吸器症状**：腹水が生じた場合、呼吸器へ流入し、湿性の呼吸音や咳などが見られ、重度の場合は呼吸困難により死亡します。
③**血腹**：末期では、腫瘍の血管破綻から腹水に血液が混じるようになります。出血が重度となると、失血死することもあります。

【診断】 オスのセキセイインコでロウ膜が褐色化した場合、エストロゲン分泌性精巣腫瘍である可能性が非常に高くなります。セ

精巣腫瘍で褐色となったロウ膜

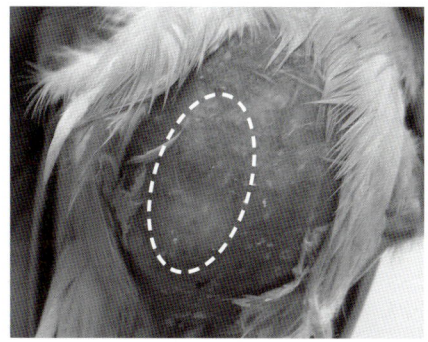

膨大した腹部。精巣腫瘍が腹壁を透過して見えます

キセイインコ以外の種類では、X線検査による骨髄骨の証明がエストロゲン分泌の証拠となります。

エストロゲンを分泌しない精巣腫瘍では、X線検査による精巣肥大の確認が必要です。腹水が貯留したものでは、超音波検査が有用です。精巣腫瘍の確定診断は、精巣摘出後の病理検査が必要になります。

【治療】早期であれば、精巣摘出手術によって完治する可能性が高いですが、精巣摘出術は難しい手術と考えられているため、現在のところ実施されることはほとんどありません（将来的には推奨されるようになると思います）。末期での手術は全身状態の低下からさらに成功率が下がると考えられます。

内科治療としては、精巣の活動を抑えるための発情抑制剤が使用されます。末期となり腹水が溜まった場合は、利尿剤あるいは穿刺による腹水の除去が行われます。

【予防】発情抑制に効果があると考えられます。去勢手術は一番の予防法ですが、現在のところ研究段階で一般的ではありません。

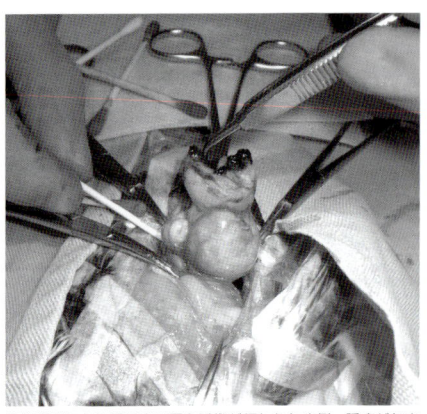

精巣腫瘍による腸閉塞で緊急手術が行われた症例。腫瘍が無事摘出されているところ

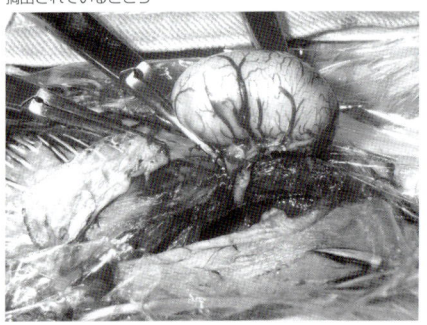

研究段階の去勢手術

第4章
栄養失調による病気

ビタミンB_1欠乏症（脚気・チアミン欠乏症）	132
ビタミンA欠乏症	133
ビタミンD欠乏症	134
その他のビタミン	135
ヨウ素欠乏性（甲状腺腫）	135
カルシウム欠乏症	137
くる病・骨軟化症	137
その他のミネラル欠乏症	138
タンパク質・アミノ酸欠乏症	139
脂質の欠乏症	140

●ビタミン欠乏

1. ビタミン B₁ 欠乏症
（脚気・チアミン欠乏症）

【原因】ビタミン B₁ (VB₁) は糖代謝に重要な補酵素として働き、欠乏により神経の糖代謝阻害が起き、多発性神経炎を起こします。VB₁ は飼料に豊富に含まれており、通常欠乏することがありません。しかし、水溶性ビタミンなので体に貯蔵されることが一切なく、VB₁ が少ない飼料や VB₁ が溶出した飼料を与えられていたり、VB₁ の吸収を阻害する物質であるアンプロリウム（抗コクシジウム薬）や、チアミナーゼ（ある種の生魚に含まれる）、ある種の酸（コーヒー酸、クロロゲン酸、タンニン酸）が与えられていたり、

ビタミン B₁ 欠乏による脚麻痺（脚気）

VB₁ を破壊する亜硫酸塩（防腐剤）が与えられたりしていると欠乏を起こします。

【発生】アワダマ飼育されている巣立ち後の幼若鳥に多く見られます*。

【症状】神経炎は末梢の屈筋より始まり、握力の低下が生じるため、典型的な例では趾の屈曲不全を生じます。神経炎は脚から

---

*「アワダマ飼育」がビタミン B₁ 欠乏症を招く理由

●ムキアワ自体の栄養不足
VB₁ は穀類に含まれ、通常欠乏しませんが、アワダマ飼育個体に多発します。アワダマはアワを精白したムキアワに卵黄を添加し、加熱・乾燥したものですが、アワの VB₁ は精白された段階で半減し、ムキアワには必要量の約半分しか含まれません。卵黄も同程度の含有率です。

●加工・保存、アワダマをつくる過程での破壊
ムキアワ加工の際の加熱処理でも破壊されます (100℃15分、pH7で90%、pH9で100%破壊)。遮光せずに保存した場合には、紫外線による破壊が加わります。

また、アワダマを与える際、煮てお湯を捨て、ボレーや小松菜を加えて調節するため、VB₁ は加熱により再度破壊され、水溶性のためお湯に溶出して捨てられます。また、アルカリ性の強いボレーや小松菜と混ぜることでも破壊が進み

ます。

こうしてアワダマはほとんど VB₁ を含まない飼料となってしまいます。

●体内での競合・破壊・流出・過剰消費
体内では、消化管内で増殖した細菌・真菌による競合や、VB₁ 破壊酵素（チアミナーゼ）を持つ細菌による破壊が生じます。また、挿し餌の水分が多かった場合、多尿による流出も起こります。

VB₁ は炭水化物の代謝に利用されるため、低タンパク、低脂肪、高炭水化物なアワダマは、VB₁ を過剰消費します。

●巣立ち期にはさらに必要
とくに、巣立ち期は、運動量の増大による炭水化物の代謝亢進により、VB₁ の要求量がはね上がります。このため脚気は巣立ち期の若鳥に多発します。

■栄養失調による病気

始まるため、脚気（かっけ）と呼ばれます。その症状から、事故の存在を訴える飼育者が多く、診療のきっかけになることがあります。麻痺は脚全体、そして対足に広がり、進行すると翼の振戦・下垂を起こします。最終的には中枢神経が障害を受け、後弓反張、強直性・間代性の痙攣を生じ、死亡します（ウェルニケ脳症）。また、食欲低下や開口呼吸を起こすことも多くあります。

【診断】VB_1の注射により、早い場合には数分後、遅くとも翌日には何らかの回復傾向が認められます。

【治療】VB_1の投与。

【予防】VB_1が含まれた飼料を適切に与えます。特に育雛期はパウダーフードの使用が薦められます。

●ビタミン欠乏

2. ビタミンA欠乏症

【原因】ビタミンA（VA）は、穀食鳥や果実食鳥では$β$-カロテンにより肝臓で形成されます。VAは様々な生理作用に関わりますが、外界と接するすべての体表、体腔の上皮細胞の維持に重要な役割を持ち、欠乏すると上皮の角化亢進を起こします。

【発生】穀類には$β$-カロテンが含まれないため、青菜やビタミン剤、ペレットを与えられていない個体で生じます。

【症状】①眼疾患：上皮の障害による角膜乾燥症、結膜炎、涙管閉鎖による流涙など。また、VAから作られるロドプシンの欠乏により、夜間視力が衰える夜盲症が生じます。

②呼吸器疾患：呼吸器粘膜が過角化し、粘膜バリアが破壊されることで病原体の進入が容易となるため、呼吸器疾患の潜在的な要因となります。

③消化器疾患：口腔、口角あるいはそ嚢粘膜の角化亢進、粘液腺の化生による塞栓は、患部でのカンジダやグラム陰性菌の増殖を招きます。腸ではVA欠乏により杯状細胞（粘液を分泌）が減少し、腸炎を引き起こします。炎症を起こした腸は、VAの合成や吸収が悪いため悪循環を招きます。

④腎臓疾患：腎臓では尿細管上皮の角化亢進によって尿細管の塞栓が起き、尿酸が蓄積して腎機能を障害し、腎不全や痛風を起こします。

⑤易感染性：オカメインコでは二次抗体価の減少による免疫低下が確認されています。

⑥成長不良：様々な要因により成長を阻害しますが、特にビタミンDとともに骨の成

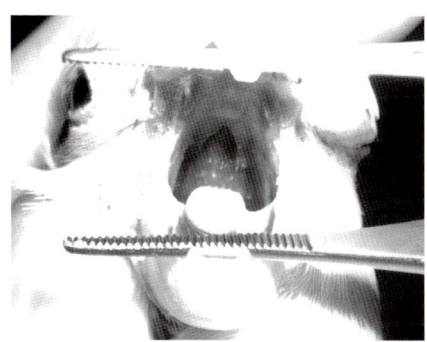

ビタミンA欠乏による後鼻孔乳頭の消失

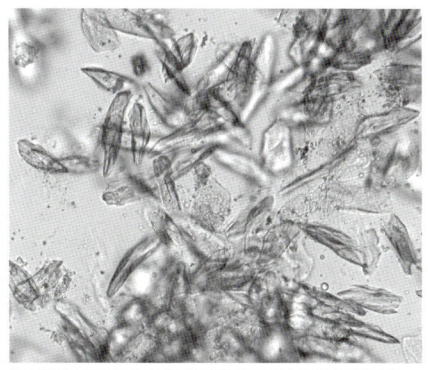

そ嚢検査で認められた角化細胞の増加像（VA欠乏が疑われる）

長に関わります。

【診断】上部呼吸器症状、後鼻孔乳頭の鈍化・消失、そして鼻汁、そ嚢液、便検査で検出される角化細胞数の増加などから推察されます。

【治療】VAの給与。脂溶性ビタミンであるため、過量投与は中毒を起こします。

【予防】穀食鳥は植物から摂取したβ-カロテンを腸で変換し、VA源として利用しています。幼鳥はβ-カロテンの変換が不充分なので、幼少期は緑黄色野菜を与えるよりも、VAを飼料に添加するほうが有利と考えられます。成鳥では、セキセイインコで一日40IU必要とされ、これは小松菜で2枚近くに相当し、ペレットを食べない個体ではビタミン剤の常時使用が推奨されます。育雛期は、適切なパウダーフードを使用することで予防が可能です。

●ビタミン欠乏

3. ビタミンD欠乏症

【原因】活性型のビタミンD_3（VD_3）は、腸管、骨、腎臓に作用して血中のカルシウム（Ca）、リン（P）濃度の増加をもたらします。特に腸管でのCa吸収はVD_3に依存していて、VD_3欠乏は代謝性骨障害をもたらします。

鳥類はVD_2の利用率が低く（VD_3の約1/30）、VD_3のみを利用します。VD_3は植物には一切含まれないため、穀食鳥や果実食の鳥は体内で合成する必要があります。VD_3はコレステロールが体表でUV-B（280〜320nmの中波紫外線）の照射を受けて作られます。このため、ビタミン剤やペレットを与えられていない個体では、日光浴の不足がVD_3欠乏症の原因となります。また、

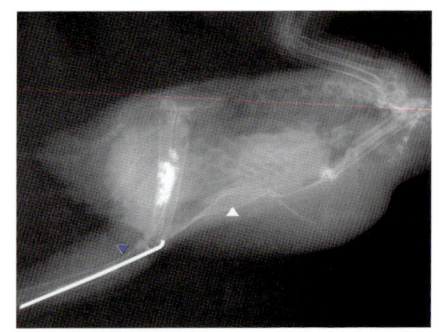

くる病による脛骨骨折（ピンニング手術済み▲）と胸骨の陥没骨折（△）。全身の骨濃度も著しく低下しています

UV-Bはガラスを通過しにくいため、ガラス越しの日光浴をしている個体での発生も多くなります。

【発生】幼鳥および産卵鳥で発生することが多く、なかでも骨軟症はオカメインコでの発生が多く見られます。特に日光浴をさせなくなる冬場での発生が高くなります。

【症状】Caの吸収不良により、幼鳥ではくる病、成長不良が生じ、成鳥では骨軟化症、骨粗鬆症、骨折、卵塞が生じやすくなり、低Ca血症から神経症状を招くこともあります。

【診断】血液検査による血中Ca濃度、X線検査による骨濃度などを指標とします。

【治療】VD_3の投与。ただし、VD_3は中毒を起こしやすいため適切な投与が必要です。

【予防】一日に最低15分の日光浴が推奨されます。直射日光でなくてもかまわないとされますが、ガラス越しは効果が著しく低いため、窓は開ける必要があります。

充分な日光浴ができない家庭や、VD_3の必要量が増加する時期は、ペレットを食べない鳥の場合、ビタミン剤でのベースアップが必要となります。ただし、VD_3は毒性が高いため、あくまでも必要量以内です。とくにヨウムは、Ca代謝に先天的な異常がある個体が存在するとされます。そのような個体では適切なCa-VD_3供給を行う必要が

■栄養失調による病気

あります。

なお、幼鳥ではVD₃の経口投与の効果がない可能性があり、親鳥へのCa-VD₃投与が最大の予防との意見があります。

●ビタミン欠乏

4. その他のビタミン

①**活性ビタミンC（アスコルビン酸）**：いくつかの種を除けば、鳥類では体内で完全に合成できるため、厳密に言えばビタミンではありません。むしろ、鳥類では鉄分の過剰吸収を促し、鉄貯蔵病を招く可能性があるため、制限することが推奨されます。しかし、合成が困難であったり、要求量が高くなったりする状況もあり、常時投与が必要と考える臨床家もいます。

②**ビタミンB群**：幼少期の指曲がりやペローシス、羽毛障害、皮膚粘膜障害、神経障害などはビタミンB群の欠乏と関係があると言われ、積極的な投与が推奨されます。

③**ビタミンE**：ビタミンE（VE）は種子に充分含まれるため、通常欠乏しません。しかし、VE欠乏症はニワトリの大脳壊死症でよく知られており、オカメインコにおいても神経症状が多発すると報告されています。

④**ビタミンK**：ビタミンK（VK）は止血に重要な役割を持つため、欠乏により出血傾向が生じます。VKは緑黄色野菜に含まれ、腸内細菌も産生します。緑黄色野菜を食べない、抗生物質の長期投与により腸内細菌数が減少している、胆管閉塞によりVKの吸収に必要な胆汁の分泌が少ないなどの状況では、VKを積極的に投与する必要があります。鳥類専用のVKを重視したサプリメント（ネクトンQ®）も販売されています。

●ミネラル欠乏

5. ヨウ素欠乏性（甲状腺腫）

【原因】ヨウ素は甲状腺ホルモンを合成するうえで核となる重要な物質です。ヨウ素が欠乏した食餌を長期に与え続けると貯蔵量が枯渇し、甲状腺ホルモン（TH）の産生・分泌量が低下するので、甲状腺を発達させる甲状腺刺激ホルモン（TSH）が分泌されるようになります。これが慢性的に続くと甲状腺腫となります。

穀類にはヨウ素が含まれないため、ほかの副食あるいはサプリメントからヨウ素を摂取しなければなりません。しかし、多くの飼育者がこれを怠っており、また、甲状腺誘発物質であるゴイトロゲンを多く含む物質（アブラナ科植物、マメ科植物など）が多給されているため、甲状腺腫の発生頻度は非常に高くなっています。

甲状腺腫のできるまで

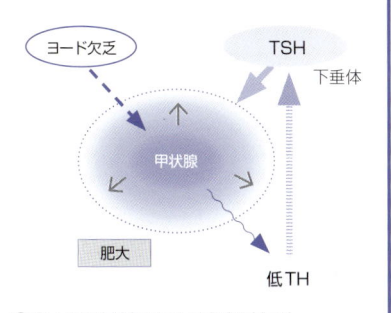

ヨード欠乏 → 甲状腺 → 低TH
TSH（下垂体）↑

①THの原材料であるヨウ素が欠乏
②甲状腺からTH分泌低下
　→ 低THは下垂体からのTSH分泌増強
③TSHは甲状腺の発達を促す
　→ 甲状腺が肥大する
④ヨウ素欠乏継続 → → → TSH分泌継続
　→ 甲状腺肥大継続（甲状腺腫）

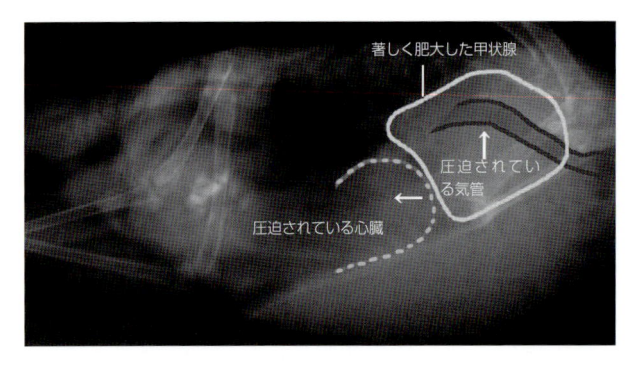

著しく肥大した甲状腺
圧迫されている気管
圧迫されている心臓

【発生】甲状腺腫はセキセイインコに著しく、死亡原因の2番目に多く、23.8％が死亡したとする報告もあります。ハト、カナリヤ、コンゴウインコでも多いとされますが、いずれの鳥種でも発生します。報告は少ないですが、ブンチョウにも著しく多く、その発生頻度はセキセイを上回る可能性があります。

中高齢での発生が多く見られますが、幼鳥でも認められ、これは親鳥のヨード不足や先天的な問題が関与すると考えられます。

【症状】鳥類の甲状腺は、胸郭入り口の狭い区域にあり、腫脹することで呼吸器、消化器、循環器などを圧迫して、様々な症状を引き起こします。圧迫症状は、夜あるいは暗くした際に悪化して見られる傾向があります。これはTSHの概日周期と関係があると考えられています。

①**呼吸器障害**：甲状腺腫の最も頻度の高い症状は、気管および鳴管の圧迫による開口呼吸、呼吸音（ヒューヒュー、キューキュー、ギューギューなど）です。呼吸音は「勝手に声が出ている」と表現され、進行すると乾性の咳（ケッケッ）が見られます。特にシードを食している最中や、食べた直後に見られることが多いです。気管の圧迫が慢性重度になると、呼吸困難（スターゲイジング、チアノーゼなど）が認められるようになります。

②**消化器障害**：食道の圧迫により、シードを食べている最中あるいは直後に、「むせたように」少量吐き出されます。重度になると、エサの通過は悪くなり、そ嚢内にエサが滞留するようになります。

③**循環器障害**：心臓あるいは頸動脈の直接的な圧迫、慢性的な呼吸困難、甲状腺機能低下症は循環器障害を引き起こします。

④**甲状腺機能低下症**：THの減少により、膨羽、嗜眠、肥満、脂肪腫、顔の皮膚の腫脹した様子（粘液水腫）、不規則な換羽、換羽不全および異常な羽毛の発育（綿羽症）などの甲状腺機能低下症の症状が観察される可能性があります。

[診断] 特徴的な症状と飼育環境から診断されます。X線検査で甲状腺の腫大が観察可能ですが、呼吸困難のある個体ではリスクがあるため推奨されません。

[治療] 軽度であれば、ヨウ素の投与で改善が認められますが、症状が見られる状態はかなり重度の状態で、早期治療のため甲状腺製剤の投与が推奨されます。また、心不全の疑いがある個体では強心剤の投与、呼吸困難のある個体では酸素の投与などが行

ブンチョウに見られたチアノーゼ

■栄養失調による病気

第4章

われます。飛翔時に喀血して死亡することが多く、絶対安静が必要です。

【予防】ヨードの適切な投与：ヨウ素はボレー粉など海産物に含まれますが、摂取量が安定しないため、ヨウ素の含有されたビタミン剤の使用、あるいはペレット食への移行が推奨されます。従来から用いられてきたルゴール液やポビドンヨードの添加は味が悪く、ほかの添加物による副作用などが心配されるため、用いられなくなってきています。

過剰摂取を避ける：ヨウ素は過剰投与でも甲状腺腫を起こすため、投与量には注意が必要です。

甲状腺腫誘発物質を避ける：甲状腺腫が起きやすい個体や種では、アブラナ科（キャベツ、コマツナなど）などの野菜は避け、ほかのビタミンが豊富なキク科（サラダ菜、リーフレタス、春菊）やセリ科（ニンジン）、シソ科（オオバ）などの野菜で代用します。

●ミネラル欠乏

6. カルシウム欠乏症

【原因】カルシウム（Ca）の給与不足や、吸収不良（VD_3不足）、吸収阻害物質の多給、胆汁分泌障害、過産卵に伴う必要量の増大、あるいは先天的な要因によって生じます。

【発生】穀類を主食とした場合、Ca源を追加で与えない限り、必ずCa欠乏症になります。Ca源を与えていても摂取しない個体も多く、摂取していてもVD_3不足からCaの吸収不良による欠乏症が生じます。また、穀食鳥では過産卵の個体も多く、これらの鳥では何らかの対策を取らない限りCa欠乏症が起こります。大型鳥では、幼少期のヨウムが低Ca血症を起こしやすいことがわかっ

ていて、これは骨格からのCa動員が先天的に困難なためと言われています。

【症状】成長期ではくる病、成鳥では神経症状（振戦、痙攣、麻痺など）、骨折、産卵前であれば卵塞、産卵後であれば産褥麻痺（☞P127）などの原因となります。

【診断】血液検査による低Ca血症、X線検査による骨の異常像などで診断されます。

【治療】CaおよびVD_3の投与で治療します。ただし両者とも安全域が狭いため、慢性例では正常量を投与しながら回復を待ちます。急性の低Ca血症に対しては、経口投与では吸収が間に合わないため、注射でCaを投与する必要があります。

【予防】適切なCa源の供給。VD_3に関しては、サプリメントでベースラインを確保し、日光浴で必要量の増大に対応する方法が、安全性の高い方法です。

●ミネラル欠乏

7. くる病・骨軟化症

【原因】くる病は主に、Caやリン（P）の欠乏、あるいはVD_3の欠乏によって生じます。CaやPが欠乏すると、骨の石灰化障害が生じ、類骨組織（骨化していない状態の組織）が増加します。これが成長期に起きた場合をくる病、成長期以降では骨軟化症と言います。

鳥類のヒナは、哺乳類の約5倍の速度で成長します。特に成長の速い晩成鳥のヒナは多くのCaが必要であるため、くる病を生じやすくなります。

親鳥へのCa・P源の給与不足や、アワダマなどの栄養が不充分な飼料で人工育雛が行われた場合、また、Caの吸収に必要なVD_3の欠乏（日光浴不足あるいはVD_3添加

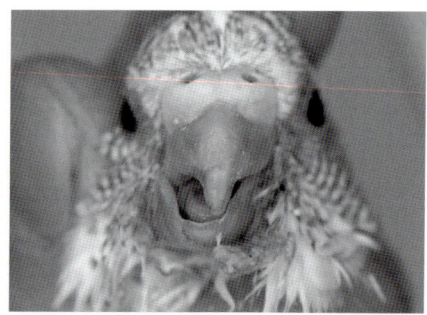

くる病による嘴の矮小化

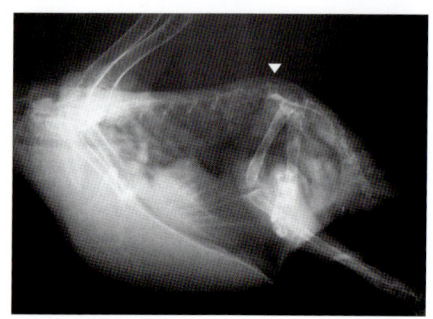

くる病による腰椎の屈曲

の明らかな低下、骨端線の拡大、長骨の透化亢進が見られます。

【治療】初期であれば、適切な栄養管理によって石灰化は正常になりますが、すでに大きく変化してしまった骨の歪みは戻りません。矮小化した嘴は正常に成長します。

【予防】親鳥へCa、P、VD$_3$（あるいは日光浴）を適切に給与します。人工育雛する場合には、ミネラルが適切に添加された育雛餌を使用します。

手作りの育雛餌の難しさ：Caの推奨量は0.9％ですが、1.2％以上で有害となります。また、CaとPの比率も重要で、2：1が推奨されますが、2.5：1の比率でさえ逆にくる病を招く恐れがあり、安全域が非常に狭いのが特徴です。鳥類の栄養学に基づいて研究開発されたパウダーフードは、くる病を起こす可能性が低いとされます。

不足）によっても生じます。

さらに、脂質、フィチン酸、蓚酸、食物繊維、テトラサイクリン系、ニューキノロン系抗生剤など、Caと結合し吸収を阻害する物質の多給もくる病を起こします。ステロイド、タンパクの欠乏あるいは過剰、そしてアスコルビン酸の合成不全などでもCa欠乏が起きる可能性があります。

【発生】不適切な飼育管理下の親鳥や、過産卵の親鳥から生まれたヒナ、Ca源が添加されていないアワダマで育てられたヒナに多発します。

【症状】典型的なくる病では、跛行、成長遅延、矮軀化、小さく屈曲した上嘴、O脚、そして波打った竜骨が見られます。若木骨折の発生も多くなります。

【診断】特徴的な外見、X線検査で診断されます。X線検査では、骨の変形や骨濃度

●ミネラル欠乏

8. その他のミネラル欠乏症

①塩分(NaCl)の欠乏：穀類は塩分をほとんど含まないため、塩分欠乏症が起きやすくなります。また、下痢をはじめとした様々な疾患は、Naの漏出を招きます。欠乏は多飲多尿、慢性的な体調不良、成長の低下を起こし、重大な場合ショック死します。ニワトリでは「尻つつき」、飼い鳥では「毛引き」との関連も疑われます。

成鳥の維持量は0.15％、幼鳥の要求量はその倍と考えられます（アワダマには計算上0.005％しか含まれません）。ClはNaと1：1で与えられるべきで、欠乏により特有な神経過敏症を示します。塩分の供給源として用いられる塩土の自由摂食は塩分過剰にな

■栄養失調による病気

第4章

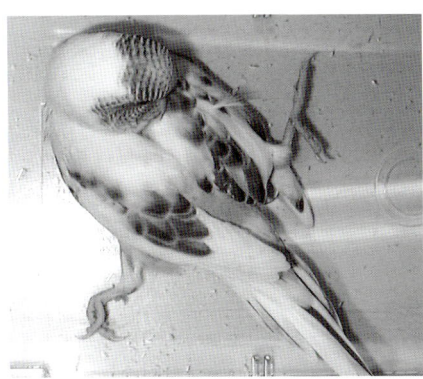

ペローシスにより脚が開いた状態。「腱はずれ」とも呼ばれます。原因としてマンガンの欠乏や先天的な問題、孵化温度の問題など様々な要因が疑われます

ることがあるため、適切に塩分が配合されたペレット食が推奨されています。

②**鉄分の欠乏**：小球性低色素性貧血を起こします。しかし、鳥類は鉄貯蔵病（ヘモクロマトーシス）が起きやすいため、鉄分は100ppm以下に制限すべきとされます。

③**亜鉛の欠乏**：皮膚病が顕著です。

④**マンガンの欠乏**：ペローシスが生じます。

●栄養素の欠乏

9. タンパク質・アミノ酸欠乏症

【原因】飼料中には、成鳥で10％前後、幼鳥で20％前後のタンパク質が必要です。また、繁殖期や換羽中の鳥も必要量が増大します。タンパク質欠乏症は、飼料中のタンパク質量の不足や、タンパク質の消化不良（AGY症やPDD、胃癌などの胃障害や膵外分泌不全）、吸収不良（腸障害）などで生じます。

また、タンパク総量が足りていても、アミノ酸の不均衡により障害が生じることもあります。鳥類の幼若鳥は10種の必須アミノ酸に加え、グリシンおよびプロリンが必要で

す（グルタミンも半必須）。1種類のみのアミノ酸欠乏によっても、タンパク質欠乏症と同様の症状が見られます。

【発生】通常の穀食鳥用飼料のタンパク質量は10％前後で、必要量の増大期（換羽中、繁殖中、病後など）には、過食することで必要なタンパク量を確保しています。しかし、これらの時期に何らかの問題によって過食が制限された場合には、必要なタンパク量が確保できず、欠乏症が生じます。

このほか、タンパク含有量の少ない市販のアワダマ（10％前後）などで育雛された幼鳥、胃障害を起こしやすいセキセイインコでの発生率が高いです。

アミノ酸欠乏症は、穀食鳥で穀類にリジンやメチオニンの含有率が低いため、生じやすくなります。

【症状】成長期にタンパクが欠乏した場合、成長不良が生じます。例えば、ニワトリでは体重の約6〜7％が損失します。オカメインコでは死亡するまで体重が維持されますが、晩成鳥における体重の停滞は、早成鳥の体重減少と同じです。挿し餌のヒナの場合、欠乏分を過食で補おうとして水分過剰症が発生し、最終的には食欲不振を起こし、体重が減少します。

このほか、羽毛の発育不全、成鳥では過食分のエネルギーが消費しきれなかった場

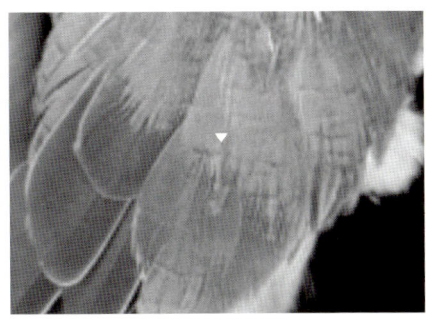

アミノ酸欠乏症による羽のストレスライン

合の肥満が顕著です。

アミノ酸欠乏症では、成長不良と繁殖成績の低下、異常羽毛などが生じる可能性があります。特に、羽毛・嘴・爪などの原材料であるメチオニンやシスチン、羽毛の正常化に重要であるリジンやアルギニンなどの欠乏により、ストレスラインなどの羽毛の形成異常や爪・嘴の軟化や変形が見られる可能性があります。

【診断】食餌内容の聴き取り、および羽毛症状などから診断します。

【治療】正常な食餌への変更を行います。高濃度のタンパクに対する肝臓のタンパク代謝酵素の適応は、最低3日必要です。急速な変更は高尿酸血症、高窒素血症、高アンモニア血症を起こす危険性があるため、徐々に変更する必要があります。

アミノ酸欠乏に関しては、ネクトンBIO(ネクトン社)などの鳥用のアミノ酸サプリメントを使用します。

【予防】通常、必要量の増大がない限り、一般的な配合の穀類(アワ・ヒエ・キビ・カナリーシード)でタンパク質量は足ります。穀類の配合を変更する場合は注意が必要です。

必要量の増大期：適切な飼料を使用するか、サプリメントで補います。種子でタンパク量の増大を行う際は、タンパク質の多い種子は脂質も多い点に注意します。カナリーシードは高タンパクで、脂質はさほど高くないため適しています。ペレット食であれば増大期用のフードへ変更します。

幼少期：適切なパウダーフードを使用することが推奨されます。換羽期に状態を崩しやすい個体は、あらかじめネクトンBIOなどを使用すると良いです。

胃障害を持つ個体：胃障害の治療とともに、APD(ラウディブッシュ社)などの胃障害専用フードへの切り替えが効果的です。

●栄養素の欠乏

10. 脂質の欠乏症

すべての脂質の中で、リノール酸のみが鳥における必須の栄養素です。必須脂肪酸はプロスタグランジンの前駆物質として重要です。幼鳥において必須脂肪酸が欠乏した場合、成長遅延、皮膚障害(落屑、透明化)が起きます。

また、高脂肪食は消化不良性の下痢や、不溶性石鹸の形成によるカルシウムや鉄の吸収阻害を生じます。低脂食では脂質と一緒に吸収される脂溶性ビタミン(VA、VD、VE、VKなど)の吸収不良が生じます。

一部のコンゴウインコやヨウムなど、油椰子を食べる種類は必須脂肪酸不足が生じやすいとされています。

第5章
中毒による病気

重金属による中毒
急性鉛中毒症　142
亜鉛中毒症　145
銅中毒症　146
鉄貯蔵病（ヘモクロマトーシス・鉄過剰症）　146
植物による中毒
アボカド　147
サトイモ科観葉植物　148
マイコトキシン（カビ毒）
アフラトキシン　149
有害な食品
チョコレート　150
塩化ナトリウム（塩）　151
アルコール飲料　151
タンパク質の過剰症　151
シードジャンキー　152
水分過剰症（水中毒）　152
空中の毒素
ポリテトラフルオロエチレン（PTFE）ガス　153
タバコ　153
次亜塩素酸ナトリウム　154
アスファルト類　154
アンモニア　155
ビタミン過剰症
ビタミンD_3過剰症　155
ビタミンA過剰症　156

1. 重金属による中毒

◆重金属中毒は、飼い鳥において頻繁に発生する疾患です。鳥は歯を持たない代わりに、砂嚢に小石などを貯留して物理消化の助けとしています。そのため、小石や砂、果ては金属片までも摂食する習性があり、丈夫で力強い嘴は軟らかい金属であれば切断可能です。

これらの理由から鳥（特にオウム類）は、哺乳類に比較して重金属中毒が発生しやすくなっています。

1. 急性鉛中毒症

【原因】通常、固形の鉛を摂取することで発症します。中には散弾の埋没、鉛煙の吸引、鉛塗料のなめとりなどで発症することもあります。一般家庭内の鉛源として最も多いのはカーテンウェイトで、ほかにはハンダ、つりの錘、パワーアンクルなどの錘、ワインのフタ、鏡の裏、古いペンキなどがあります。また、台所（特にガスレンジの周り）でうろうろしていたとの情報が聴取されることも多くあります。小型鳥では極々微量の鉛片で発症するため、鉛源を発見できる例は稀です。

【発生】感受性：動物種により異なり、鳥類自体は哺乳類よりも感受性が低いとされています（有核赤血球は核内に鉛を隔離・蓄積するため）。

また、鳥種によっても感受性は大きく異なり、オカメインコはPbBが23 μg/dLで胃腸症状を示しますが、ニワトリでは400 μg/dLを超える量であっても臨床症状を示さないと報告されています。

発生率：飼い鳥では高頻度に発生する疾患です。急性の消化器症状の鑑別診断に必ず加えるべきです。一般飼育種では、特にオカメインコに多く、ラブバード、セキセイインコが続きます。なかには鉛含有金属を選り好んで摂取する個体も存在し、再発率は

●発症の原因となる可能性があるもの

- 錘（カーテン、ペンギンのおもちゃ、釣りやダイビング、セーリング、ボートの付属品、ホイールバランス）
- 鉛の鳴子入りのベル
- バッテリー
- ハンダ
- ショットガンの鉛散弾
- エアーライフルの散弾
- 鉛が基剤の塗料（ニス、ラッカー）
- 鉛の乾燥剤入りの無鉛塗料
- 鋼製金網
- 亜鉛線（鉛と亜鉛）
- シャンパンやワインのボトルホイール（一部）
- 電球の基部
- リノリウム
- 汚染された骨粉および白雲石産物
- 有鉛のガソリンの煙（吸入）
- 釉薬をかけた陶器（特に輸入雑貨）
- アクセサリー
- 汚染されたイカの甲
- 漆喰
- ステンドグラス（装飾グラス）-鉛の継ぎ目
- 種まき用の種（ヒ酸鉛塗布）
- 一部の潤滑油（ナフテン酸鉛）

出典：Avian Medicine:Principles andapplication (WingersPublishing)

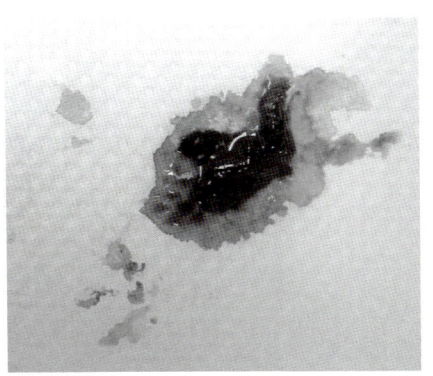

■中毒による病気

典型的な溶血便（便と尿酸の色はP30を参照） 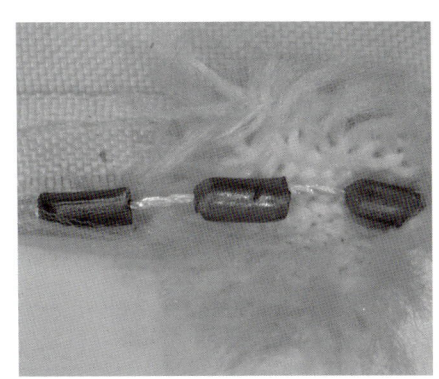　　カーテンウェイト

非常に高くなっています。

　また、監視をせずに放鳥している個体では異物摂食率が高く、鉛中毒の発生率も高いです。また食餌制限を受けていたり、発情期に適切なミネラルが与えられていない個体でも高まります。好奇心が旺盛な若鳥は、本来低いはずの感受性を上回る発生率となっています。

【病態生理】
①鉛の溶解と吸収：摂取された鉛は、前胃で酸（pH2.5）により腐蝕を受け、砂嚢の機械的作用により徐々に溶解し、腸管から吸収されます。腸管から血中に吸収された鉛は全身の組織に取り込まれ、組織に蓄積するか、腎臓から排泄されます。骨に最もよく蓄積し、ついで肝臓、腎臓に蓄積されます。
②毒性：鉛の毒性は、すべての組織に影響を与えます。特に血液・造血器系、神経系、消化器系、腎臓への影響が強く、鳥では肝臓に対しても強い影響が認められています。
③発症：鉛が実験的に投与されたオカメインコでは、4日目まで症状は認められず、6～12日の間に重篤な症状を示したと報告されています。しかし、実際は摂食後数時間で症状が見られることも少なくありません。鉛中毒はいったん発症すると進行は急速で、

48時間以内に死に至ることもあります。
④重症度：摂取した鉛の質や量、期間、粒子の大きさ、砂嚢内の研磨物質の量と質に左右されます。多数の小さな鉛片は表面積が大きいため急性毒性を増加させ、大きな破片は小さな破片よりも排泄しにくいため慢性重篤化する傾向があります。

【症状】
①溶血症状：鉛はまず、赤血球に影響をもたらします。赤血球と結合し、急性溶血反応を強く生じます。壊れた赤血球（溶血）からはヘモグロビン（赤）が溶出し、ヘモグロビンからはビリベルジン（緑）が作られます。ビリベルジンは便あるいは尿中に排泄され、便の濃緑色化と、尿酸の黄～緑色化を引き起こします（黄色はビリベルジンが還元されて生じると言われています）。

　さらにヘモグロビン溶出量が著しい場合、ビリベルジンへの還元が間に合わず、ヘモグロビンがそのまま尿中に排泄され、尿・尿酸が朱鷺色（ピンク色）となることもあります。このような重篤な溶血の場合、予後が不良であることが多いです。
②神経症状：鉛は神経に対する障害も強く、末梢神経障害としては、迷走神経に最も早く現われ、各末梢神経へと広がります。

第5章

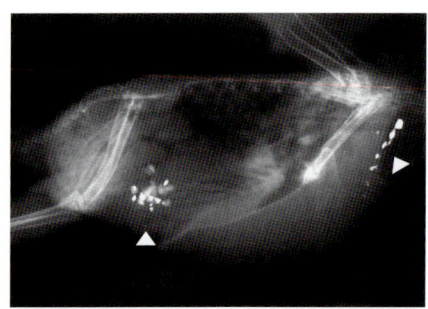

X線検査による鉛の陰影

神経症状：翼の下垂（翼垂れ）

迷走神経障害：消化器の弛緩性麻痺が顕著で、前胃の拡張をはじめ、そ嚢、砂嚢、腸管など各消化管の筋肉の緊張が弱くなるアトニーが生じ、いわゆる食滞や便秘が起こります。これらに付随して、食欲減退、廃絶、吐出、嘔吐が見られることも多いです。消化管運動の停止は鉛の排泄を遅滞させ、中毒症状をさらに重症化させます。また、鉛仙痛による、活動低下、膨羽、前かがみ姿勢、腹部のついばみ、腹部を蹴る動作などの腹痛症状が見られることもあります。

末梢神経障害：上肢の末梢神経障害では、翼の下垂が起き、初列風切がクロスしなくなり、翼の振戦や頻繁な「のび」などが見られることもあります。下肢の末梢神経障害からは、片側あるいは両側性の脚麻痺が見られ、跛行、脚の挙上、握力の低下、ナックリング、開脚姿勢、犬座姿勢、止まり木からの落下などの症状が起こります。そのほかにも、頭部下垂、頭部振戦、胸筋の萎縮などが末梢神経障害によって見られます。これら神経症状は重篤な場合、後遺症として残ることがあります。

③**中枢神経障害**：軽症例で、精神異常として現れ、興奮、パニック、沈うつ、凶暴化など、情緒不安定が認められます。重篤な例では間代性痙攣、強直性痙攣を起こし、死に至ることもあります。また、これら中枢神経障害は後遺症として残ることがあります。

④**消化器症状**：主に迷走神経障害に基づきますが、鉛による直接的な障害による粘液便が見られることもあります。また、鳥では肝障害も起きることがあり、胆汁うっ滞から尿酸の黄～緑色化が生じます。

⑤**腎不全症状**：近位尿細管上皮細胞の障害により、腎不全を生じます。その結果、多尿や脚麻痺が見られることがあり、多尿はオウム目で一般的です。

[診断] 突発的な病鳥徴候、溶血症状（特に濃緑色便、尿酸の色彩変化）、神経症状など、鉛中毒の特徴的な症状が見られた場合、鉛中毒症が疑われます。

①**X線検査**：消化管内に鉛片が存在する場合、X線写真に明瞭に描写されます。ただし、鉛中毒の個体の一部は、X線写真上で金属陰影が認められないことがあり、非中毒性の金属も鉛同様に描写されることもあるため確定診断とはなりません。症状やほかの検査と複合して診断に用いられます。

②**血中鉛濃度**：血液中の鉛濃度を測定することで、鉛中毒症の確定診断を得ることができます。血液量がある程度必要です。

③**治療的診断**：通常、鉛中毒であればキレート療法にすばやく反応します。キレート剤は鉛と結合して無毒化します。血液中の鉛

■中毒による病気

神経症状：ナックリングと犬座姿勢

は腎臓を経て尿から排泄されます。とくに小型鳥では、採血よりキレート剤の方が負担が軽微です。このため、特異的な症状、X線検査による重金属陰影が認められた時点で治療的診断が行われることが多いです。
④血液検査：鉛中毒による全身の障害を把握するために実施することがあります。
【治療】ほとんどの鳥はキレート剤投与の6時間以内に劇的な反応を見せます。

そ嚢内に鉛が存在する場合は、そ嚢洗浄による物理的な排除が試されます。また、通過促進剤や潤滑剤、強制給餌、輸液などを用いて、消化管内の鉛の物理的な体外排泄を急がせます。鉛中毒症は全身を冒す疾患で、原因療法以外にも対症療法、支持療法により全身状態の改善に努める必要があります。
【予防】ながら放鳥を行わない、放鳥を行う部屋は鉛源を排除する、エサ内に混入した鉛を除去するなどを行います。

2. 亜鉛中毒症

【原因】亜鉛は、金属の防錆加工である「メッキ」に一般的に用いられ、家庭内にも多く存在します。鳥用ケージや、鳥用として販売されている器具や食器、おもちゃなどの防錆加工も多くが亜鉛メッキです。また合金として用いられることも多く、5円、500円硬貨にも亜鉛が数割含有されています。

鳥は、亜鉛そのもの（1982年以降のペニー硬貨など）、あるいは亜鉛メッキ加工された小さな金属片、亜鉛メッキに付着した白錆（特に毒性が高い）、はが（さ）れた亜鉛メッキなどを、摂食あるいはなめとり、亜鉛中毒を発症します。亜鉛メッキには鉛も含まれることから、鉛中毒も同時に発生することがあります。
【発生】一時期、飼育者の間で亜鉛中毒症がクローズアップされ有名になりましたが、鉛中毒に比較すると国内での発生は稀です。飼い鳥では鉛中毒同様、オウム目の鳥に発生する傾向があります。
【症状】急性例では、膨羽、床に下りる、嗜眠、食欲廃絶、体重減少、食滞、緑がかった下痢、運動失調、横倒し、死亡などが見られ、慢性例は、断続性の嗜眠、嚥下困難、抑鬱などの症状が見られることがあります。また、毛引きとも関連すると言われています。
【診断】①X線検査：消化管内に亜鉛片が存在する場合は、X線写真に明瞭に写ります。ただし、亜鉛中毒症の一部の個体は、X線写真上で金属陰影が認められません。
②血中亜鉛濃度：血液中の亜鉛濃度を測定することで、確定診断を得ることができます。ただし、血液量がある程度必要です。
③治療的診断：通常、亜鉛中毒であればキレート療法にすばやく反応します。鉛中毒と治療法が一緒なので、鑑別の必要はありません。
④血液検査：亜鉛中毒による全身の障害を把握するために実施することがあります。
【治療】鉛中毒と同様です。

【予防】亜鉛メッキ製品を除去してください。亜鉛メッキのケージは錆びる前に交換するか、ステンレスあるいはアルミ製のケージに交換しましょう。亜鉛メッキは、ブラシと弱酸性溶剤（酢）で磨くことによって、サビを減少させることができます。

3. 銅中毒症

【原因】飼い鳥において最も一般的なのは、電気コードに含まれる銅線の摂食です。それ以外にも、銅製の食器やおもちゃ、インテリアなどが銅中毒症の原因となります。

【発生】鳥は哺乳類に比較して銅に耐性があると考えられています。実際、頻度は少ないです。

【症状】精巣の萎縮、口腔の潰瘍形成、貧血、壊疽性皮膚炎、前胃拡張、前胃と砂嚢の壊死の原因として認められています。

【診断】①X線検査：消化管内に銅片が存在する場合、X線写真に明瞭に描写されます。
②血中銅濃度：血液中の銅濃度を測定することで銅中毒症の確定診断が得られます。
③治療的診断：通常、銅中毒であればキレート療法にすばやく反応します。
④血液検査：全身の障害を把握するために、実施することがあります。

【治療】鉛中毒と同様です。

【予防】銅製品を除去します。特にコードに注意しましょう。

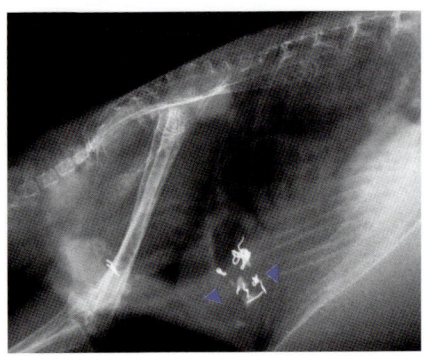

銅線を摂食した症例

4. 鉄貯蔵病
（ヘモクロマトーシス・鉄過剰症）

【原因】鉄貯蔵病では、何らかの原因によって体組織に鉄分が過剰に蓄積し、鉄の毒性により肝臓を中心とした蓄積臓器において障害が発生します。

通常、鉄分は経口的に過剰摂取しても、十二指腸粘膜からの吸収は防御機構によって制限されます。ところが一部の鳥種（鉄貯蔵病感受性種）では、鉄分が過剰に吸収されることがあります。

おそらくこれら感受性種では鉄吸収規制に必要な十二指腸粘膜防御機構が、遺伝的に欠損していると考えられます。しかし、これら鳥種に高用量の鉄分を給与しても鉄過剰症の割合が増加しないことから、発症には個体差あるいはほかのストレス因子が関与していると考えられます。

また、ヒインコ科の鳥では、鉄分の吸収を促すビタミンCの過剰摂取が発生に関与していると考えられます。これら鉄貯蔵病を起こす種類の鳥は熱帯雨林で果実を主に食べる種類で、その食性と鉄吸収システムに何らかの関係があると推測されます。

【発生】発生には種差があり、果実食性、食虫性、および雑食性の鳥は、肝臓に鉄をより蓄積する傾向があります。飼い鳥では、特にキュウカンチョウ、オオハシの仲間での報

■中毒による病気

告が多く、オウム目での報告は少ないですが、ヒインコ科は例外です。

【症状】オオハシ科：前兆なしの突然死、あるいは腹部膨満や呼吸困難、羽質低下、一般症状が死の直前に見られることもあります。

キュウカンチョウ：症状の進行はゆるやかです。典型的な例では、肝肥大とそれに伴う腹水によって顕著な腹部膨満が見られます。また、一般症状に加え、呼吸器への腹水流入や、肝肥大・腹水貯留による気嚢スペースの縮小により、呼吸困難、咳、くしゃみ、鼻汁（実際には喀水）、喘鳴、変声・無声などの呼吸器症状を招きます。

ヒインコ科：肝肥大や突然死に加え、呼吸器症状、神経症状なども報告されています。

[診断] X線検査で肝肥大が確認されますが、血液検査では肝機能検査が正常であることもあり、肝障害を見逃す恐れがあります。人では血清鉄濃度など様々な特殊検査が行われますが、鳥では信頼性が低いとされます。現在のところ、肝生検が生前の鳥の鉄貯蔵病を確実に診断し、監視するための唯一の方法です。

[治療] 毎週あるいは月に1～2回、血液を取り除く瀉血が推奨されます。鉄キレート療法は賛否が分かれます。食餌療法、対症療法も重要です。

[予防] 鉄貯蔵病を予防するために、エサ中の鉄濃度は100ppm以下が推奨されます。また、動物性タンパク質やビタミンCは制限すべきと考えられています。

腹水貯留により呼吸困難に陥ったキュウカンチョウ

2. 植物による中毒

◆室内観葉植物の多くは毒性成分を含み、放鳥している鳥がこれら観葉植物を食べてしまうことは珍しくありません。また、飼育者が、知らずに毒性植物を与えてしまうこともあります。

　鳥に有害であることが実証されている植物を次ページに示しますが、表に存在しない植物が安全と言うことではありません。飼育者は毒性がないことが証明された野菜のみを与え、放鳥時は観葉植物との接触を避けるべきです。

1. アボカド

[原因] 飼い鳥が好み、家庭内に普通に存在し、かつ致死的という点で、アボカドは最も危険な物質です。果実を含むすべての部分に含まれる「ペルシン」が、鳥に対して毒性を持つと考えられています。

　ウサギの研究では、ガテマラおよびナバル品種の毒性が強く、メキシコ品種は無毒と

アボカド

する結果がでています。セキセイインコとカナリアの研究では、ガテマラ、フェルテ品種で毒性が証明されています。

【発生】家庭で一般的に食される果物であり、鳥も好むことからしばしば見られます。

【発症】アボカドを摂取後9～15時間、少なくとも24時間以内に発症することが多く、発症後はかなり短時間で死亡します。

【症状】少量摂取の場合、床に下りる、食欲不振、膨羽、呼吸数増加、呼吸困難、開翼、沈うつなどの後に回復することもありますが、大量摂取の場合、急激重度の呼吸困難を起こして死亡します。

【診断】飼育者からの聞き取り聴取により、診断します。X線検査により、肺全域の高陰影像が確認できます。

【治療】ペルシンの毒性は、肺や心臓に対するものであり、利尿剤や強心剤が使用されます。呼吸困難に対しては酸素吸入を行い、食べた直後の個体に対しては、そ嚢洗浄や活性炭による毒素の吸着が試みられます。

【予防】放鳥中は目を離さないようにし、食事中の放鳥やダイニングやキッチンでの放鳥を行わないようにします。アボカドを調理した包丁やまな板は、よく洗ってから使用するようにしましょう。

鳥で実証された有毒植物の例

◯＝臨床報告、●＝実験報告

		臨床	実験
1. アボカド	オウム目	●	●
2. ハリエンジュ	セキセイ		●
3. クレマチス	セキセイ		●
4. ディフェンバキア	カナリア		●
5. ジギタリス	カナリア		●
6. スズラン	ハト	●	
7. ルピナス	カナリア		●
8. クラウンベッチ（タマザキクサフジ）	セキセイ オカメ ラブバ		●
9. オレアンダー	セキセイ カナリア		●
10. パセリ	ダチョウ アヒル		●
11. フィロデンドロン	セキセイ		●
12. ポインセチア	セキセイ		●
13. シャクナゲ	セキセイ		●
14. バージニアクリーパー	セキセイ		●
15. イチイ	キジ カナリア		●

出典：Avian Medicine : Principles and application (WingersPublishing)

2. サトイモ科観葉植物

【原因】観葉植物として一般的なサトイモ科の植物（ポトス、スパティフィルム、オランダカイウ、フィロデンドロン、クワズイモ、ディフェンバキアなど）は、不溶性のシュウ酸カルシウム結晶を多量に含みます。

これらの長い針状結晶は、咀嚼の過程で、鳥の口腔や舌の粘膜組織に物理的損傷をもたらし、口腔内痛を生じさせます。短時間なめたり、吸ったりしただけでは症状は現れません。疼痛の発生にはタンパク分解酵素や青酸配糖体などの関与も考えられます。

また、サトイモ科ではありませんが、ルバーブの葉やカタバミ、若いパイナップルなどにもシュウ酸カルシウムは多量に含まれるため、

■中毒による病気

これらも鳥に与えてはいけません。
【発生】サトイモ科植物は観葉植物として家庭内で最も一般的で、鳥が誤食して来院するケースは多くあります。
【発症】食べた直後に症状が起きます。
【症状】通常、吐出や口腔内の疼痛による開口、あくび、嚥下困難、食欲・元気の低下などが生じます。舌や口腔内の紅斑、潰瘍形成、唾液分泌過多なども見られます。
　炎症が喉頭、気道に波及した場合、呼吸困難を生じる恐れがあり、理論上は腎不全、心不全によって死亡する可能性がありますが、重篤になることは滅多になく、通常支持療法に反応し、数日内に回復します。
【診断】飼育者からの聞き取り聴取、および口腔内の観察により診断します。
【治療】口腔を洗い流します。炎症に対しては抗ヒスタミンかステロイドを使用します。食欲不振や脱水に対しては、強制給餌や補液などの支持療法を行います。
【予防】放鳥中は目を離さず、放鳥する部屋に観葉植物を置かないことです。

スパティフィルム　　ポトス／ディフェンバキア　　フィロデンドロン

3. マイコトキシン（カビ毒）

◆マイコトキシンは、穀物や食品上で増殖する様々な種類の真菌によって産生される化学代謝産物の総称です。鳥に害を及ぼす主なマイコトキシンとしては、アフラトキシンB1、オクラトキシンA、デオキシニバレノール（ボミトキシン）、トリコテシン（特にT2毒素）があげられます。

アフラトキシン

【原因】アフラトキシンは、Aspergillus属のいくつかの真菌とChaetomium属の真菌によって生成されるマイコトキシンです。アフラトキシンは十数種類存在し、B1、B2、G1、G2、M1、M2などが食品衛生上問題となりますが、なかでもB1の毒性が強いです。アフラトキシンB1は特に*Aspergillus flavus*が産する、急性あるいは慢性の肝毒素として知られ、自然界に存在する最強の発癌性物質としても知られます。DNAを直接障害する遺伝毒性発癌物質です。
　国内では食品中からは検出されてはならないと極めて厳しく規定されています。鳥は特に感受性が高く、1960年イギリスで10万羽ものシチメンチョウを死亡させた「ターキーX」の病原として知られています。
　アフラトキシンは、食品ではトウモロコシ、落花生、豆類、香辛料、木の実類（ピ

スタチオ、アーモンド、ブラジリアンナッツなど)から主に検出され、穀類からも検出されます。A. flavus(麹菌 A. oryzae の野性株)の中でも、アフラトキシンB1を産生する菌株は熱帯から亜熱帯に集中し、国内では沖縄が北限です。このため、国内で検出されるアフラトキシン含有食品はほぼ輸入品に限られ、国産食品からの検出は今のところありません。アフラトキシンは極めて熱に強く、いったん汚染されると除去が困難です。
【発生】飼い鳥における発生率は不明です。原因不明の急死や、肝疾患および肝癌の発症にアフラトキシンの暴露が関わっている可能性があります。
【発症】大量摂取で急性に発症し、微量長期摂取で肝癌の発生率を高めます。
【症状】肝不全、胃腸管出血、腎不全、免疫抑制などの症状が見られる可能性があります。
【診断】生体から得られる情報での診断は困難です。飼料のアフラトキシン濃度検査を行います。
【治療】特異的な解毒剤はなく、強肝剤を用います。
【予防】アフラトキシン濃度がチェックされているペレットを用いるのが最大の予防法です。鳥用として販売される種子類、穀類の多くは、アフラトキシンの検査が行われていない可能性があり、特に熱帯・亜熱帯産の飼料(特にナッツ類)は注意すべきです。

4. 有害な食品

◆鳥と楽しみを共有したいという心理から、様々な人用食品を鳥に与えがちです。しかし、このうちのいくつかは鳥が喜んで食べるにも関わらず、たった一回の給与で命に関わることがあります。

人用食品の多くは鳥での安全性が証明されていません。鳥に与えて良いことがわかっていない食品は与えるべきではありません。

1. チョコレート

【原因】チョコレートはすべての鳥に有害で、含有するテオブロミンとカフェインが循環器および中枢神経に障害をもたらします。
【発生】チョコレートは家庭内に一般的に存在し、鳥は甘いものを好むことから、しばしば遭遇する中毒症です。
【発症】循環障害および中枢神経障害は、摂取より数時間以内に発症します。
【症状】循環障害(不整脈、徐脈あるいは頻脈、高血圧、全身の鬱血など)、中枢神経症状(振戦、痙攣、興奮、開翼開口、呼吸促迫、昏睡など)、および死を引き起こします。胃腸障害から、嘔吐、下痢、胃出血による黒色便などが見られることもあります。
【診断】飼育者からの聞き取り聴取(稟告聴取(ちょうしゅ))により、診断します。
【治療】直後であれば活性炭の投与、そ嚢洗浄、胃洗浄が有効です。特異的な解毒剤はなく、対症療法、支持療法が基本となります。循環障害に対しては強心剤、中枢神経症状に対しては、鎮静・抗不安・抗けい

■中毒による病気

れん効果のある薬剤が用いられます。胃腸障害に対しては胃腸粘膜保護剤を用います。
【予防】 チョコレートを含有する食品・飲料品を与えないこと。食事中の放鳥はせず、食べこぼしに注意します。

2. 塩化ナトリウム(塩)

【原因】 通常、自由飲水下であれば、過剰症はまず発生しません(キジでは食餌量の7.5％まで発症しません)。しかし、発情期にCaを摂取しようと塩土を過食したり、高塩分の人用食品を与えられたり、誤食したりすることで発生します。
【症状】 塩化ナトリウムの過剰摂取は多飲多尿を招き、また脳浮腫と出血から中枢神経症状(抑うつ、興奮、振戦、後弓反張、運動失調、痙攣)、死亡を引き起こす可能性があります。
【診断】 飼育者からの聞き取り聴取、血液検査による高ナトリウム値で診断されます。
【治療】 適切な輸液剤による体液平衡の改善などを行います。
【予防】 塩土を常にケージの中に入れておかない(特に発情期)、塩分の濃い食品を与えないなど予防に努めます。

3. アルコール飲料

【原因】 急激な血中アルコール濃度の上昇により中枢神経の抑制が生じ、最終的には呼吸停止、心停止を起こして死に至ります。鳥がアルコールを自ら摂取することはほとんどありませんが、人が戯れに与えて中毒を起こすことがあります。
【症状】 中枢の抑制により、抑鬱、運動失調、昏睡、死亡が引き起こされます。
【診断】 飼育者からの聞き取り聴取。
【治療】 適切な輸液剤と看護、解毒強肝剤の使用で治療に当たります。
【予防】 アルコール飲料を与えないこと。

4. タンパク質の過剰症

【原因】 幼少期は成鳥の約2倍のタンパクが必要です。このため幼鳥用飼料は高タンパク質ですが、自立不全により幼鳥用飼料が長期に与えられた場合、タンパク過剰症が生じます。とくに水禽は鋭敏で、適切な時期に餌中タンパク量を減少させないと、「翼垂れ」を起こします。また、飼育者が果実食鳥や穀食鳥に卵などの高タンパク飼料を与えた結果、生じることも多くあります。
【症状】 タンパクの過剰では成長阻害、削痩、

塩土、ミネラルブロック

第5章

血中尿酸値の上昇が顕著で、高尿酸血症による多飲多尿が発生します。オカメインコの幼鳥では23％以上の高タンパク飼料で成長阻害、行動異常が起きます。高尿酸血症は腎不全をもたらす恐れがあり、肝臓では脂肪肉芽腫による肝障害が認められることもあります。

[診断] 与えている飼料の聴取、血液検査による高尿酸値で診断されます。

【治療】 正常な飼料への変更を行います。

【予防】 適切な飼料(成鳥は10％前後、幼鳥・繁殖鳥は20％前後のタンパク量)を与えます。

5. シードジャンキー

【原因】 ほとんどの飼い鳥の脂質要求量は10％未満ですが、脂質は嗜好性が高く、過食する傾向にあり、依存が形成されることもあります(シードジャンキー)。特に国内の飼鳥界では、ヒマワリ(約60％)、アサノミ(約30％)などの脂肪種子を与える文化が定着しているので脂質過剰症が多いです。

【発生】 特に、古くから飼育されているボウシインコは、ヒマワリのみ与えられていることが多いです。ラブバード、オカメインコ、マメルリハは専用の配合食に脂肪種子が混入していることが多く、脂質過剰となる傾向があります。

【症状】 脂肪肝、肥満、下痢、羽毛の汚れなどが顕著で、カルシウムの吸収不良なども生じます。また、飽和脂肪とコレステロール分が高い食餌によって、アテローム性動脈硬化が引き起こされます。

[診断] 与えている飼料の聴取、高脂食便の確認、血液検査による高脂血症の証明で診断されます。

【治療】 正常な飼料への変更を行います。高脂血症が存在する個体では抗高脂血症薬、肥満がある個体では食餌制限、脂肪肝がある個体では強肝剤などが使用されます。

【予防】 高脂食を与えないこと。

6. 水分過剰症(水中毒)

【原因と発生】 親鳥は幼鳥の発育段階に応じて挿し餌の水分量を徐々に減らしますが、人工飼育の際、水分過多のまま与え続け発症することがあります。「挿し餌中の幼鳥に起きる最も大きな問題は、水分の過剰」とする栄養学者もいます。また、成鳥でも一部の多飲症によって生じることがあります。

過剰な水分は、血液を希釈し、低ナトリウム血症、水中毒を起こします。

【症状】 オカメインコで、エサの催促の増加、そ嚢停滞と感染症、徐々に濃くなる糞便の色、衰弱、嗜眠、死亡が観察されています。深刻な電解質異常は、脳障害、消化器障害、腎不全などから、死をもたらします。

[診断] 育雛飼料の水分量の聴取や、そ嚢に溜まった水っぽいエサ、多尿などで疑われます。血液検査による電解質バランスの異常、PCVの低下で診断されます。

【治療】 通常、育雛飼料の水分量の適正化により改善しますが、重篤な場合は、電解質バランスを整えるための補液を行う必要があります。多飲症の個体では、慎重に飲水量を減量させます。

【予防】 人工育雛では、幼鳥が食べられる限界の硬さで与えることで防ぐことができます。

■中毒による病気

第5章

5. 空中の毒素

◆空を飛ぶため大量の酸素を必要とする鳥の呼吸器は、哺乳類の何倍も効率良くつくられています。それだけに毒物の吸入に対する感受性は著しく高くなっています。

　すべての強い匂いや煙は、鳥にとって有毒である可能性があります。

1. ポリテトラフルオロエチレン (PTFE) ガス

【原因】ポリテトラフルオロエチレン（PTFE）は、テフロン®など様々な焦げつき防止表面に使用されるフッ素化炭疽樹脂です。フライパンのみならず様々な調理器具、アイロン、ヒーター、パッキン、チューブ、シートなど様々な製品に使用されています。

　これらの表面がおよそ280°C以上（200度以上とも言われる）に加熱されるとPTFEは分解し、毒性ガスを排出し始めます。毒性ガスは肺組織の出血や水腫を起こし、呼吸不全や死を招きます。

【発生】海外では、PTFEガス中毒は、鳥の突然死の最も主要な原因であり、毎年数百羽死亡しているとする臨床家もいます。国内においてもしばしば発生が見られます。

【発症】吸入後、数分で発症し、多くの場合、数十分で死亡します。

【症状】強い光をまぶしく感じる羞明(しゅうめい)に始まり、開口呼吸、呼吸促迫、喘鳴、スターゲイジング、乾性の咳、ふらつき、虚脱などが見られ、突然死します。死の直前に喀血することもあります。

【診断】飼育者からの聞き取り、X線検査での肺全域の高陰影像。

【治療】重症例では、治療を待たずに死亡します。軽度例では酸素化、ステロイド療法に反応することがあります。

【予防】PTFEが使用されている器具が多く存在するキッチンでは、鳥を飼育しないことです。調理中は充分換気を行い、PTFEフライパンの空焼きや中火以上での使用は避けます。しかし、PTFEガスが生じた部屋と別の部屋で中毒が生じた例もあり、鳥を飼育する家庭では、PTFE含有製品を使用しないのが一番です。

PTFE中毒が疑われる重篤な呼吸困難

2. タバコ

【原因】タバコの煙には、ニコチン、タール、一酸化炭素などの有害物質が含まれます。受動喫煙は、タールによる呼吸器あるいは結膜、皮膚の刺激をもたらします。また、ニコチンの暴露（受動喫煙、経口摂取）は、アセチルコリン様作用を示し、神経障害、呼吸器障害、循環器障害、死をもたらします。

【症状】呼吸器の持続刺激により、咳、くしゃみ、副鼻腔炎症状、結膜炎症状を起こします。また、呼吸器粘膜の傷害による二次感染も一般的です。ニコチン中毒の症状とし

ては、興奮、嘔吐、下痢、発作（痙攣、てんかん）、急死などがあります。また、喫煙者の手に付着したニコチン残留物が皮膚に接触することで、皮膚炎が生じることもあります。毛引きや毛づくろいの過剰との関連も言われています。

【診断】飼育者からの聞き取り、および鳥の匂いによって診断されます。

【治療・予防】タバコの煙から遠ざけることが第一です。また、喫煙者は手をよく洗った上で鳥と接触するようにします。急性のアセチルコリン様作用に対しては、抗アセチルコリン薬が使用されます。

3. 次亜塩素酸ナトリウム

【原因】次亜塩素酸ナトリウムは、各種細菌からウイルスまで効果を示すことから、最も汎用される消毒剤です。低濃度での使用は安全性が高く、水道水では塩素が0.1mg/l以上含有されます。しかし、高濃度使用あるいは酸性物質との混合によって大量の塩素ガスが発生すると、重篤な障害を生じます。

塩素ガスは、付着した粘膜などで水分に溶け、塩酸と次亜塩素酸を生じて細胞を破壊します。人における塩素の許容濃度は0.5ppmですが、鳥はそれよりも低い可能性があります。また、塩素の比重は空気に比べ2.48と重いため、人に被害が見られていなくても、床に置かれた鳥に被害が生じる可能性があります。

【症状】高濃度の暴露により、数分で死亡します。極低濃度であれば、一過性のくしゃみ、咳などで収まりますが、呼吸音、呼吸困難による開口、呼吸促迫、スターゲイジングなど気管粘膜の傷害、あるいは肺水腫が見られるような状況では予後が悪くなります。皮膚に塩素が付着した場合、重篤な皮膚炎を生じます。

【診断】飼育者からの聞き取りにより診断されます。肺水腫ではX線検査で肺全域の高陰影像が確認できます。

【治療】酸素化、ステロイド療法、気管支拡張剤など。

【予防】塩素が発生した場合、換気はあまり効果的でなく、ほうきで掃きだすように玄関あるいはガラス戸から外に排出することが効果的です。最も有効な予防法は、塩素系消毒剤を使用しないことです。

4. アスファルト類

【原因】飼い鳥が呼吸器症状を呈して突然死した際、家の前で道路工事が行われていたと聴取されることがあります。道路工事などでアスファルト類が過熱されることで、硫化水素、一酸化炭素、様々な脂肪族炭化水素がフューム（ガス状の燃焼生成物が凝縮した固体粒子）として排泄されます。これを吸入することで中毒が生じます。

【症状】粘膜の直接刺激によるくしゃみ、咳、呼吸音、結膜炎症状、呼吸困難などの呼吸器症状および、硫化水素による呼吸停止が起きえます。

【診断】飼育者からの聞き取りにより診断されます。

【治療】酸素化、適切な輸液による電解質補整、低血圧に対する対処などを行います。

【予防】道路工事が行われる地域から、鳥を避難させます。

■中毒による病気

5. アンモニア

【原因】アンモニアはタンパク質の代謝産物（ゴミ）であり、猛毒であるため鳥は尿酸に変換・貯蔵し、排泄しています。排泄物がケージ内で体積し除去されなかった場合（育雛期に巣内の掃除をためらうなど）、シュードモナス属菌などによって尿酸は分解され、アンモニアが発生します。

　アンモニアは吸入され、粘膜を直接障害するとともに、血液中に吸収され、免疫を抑制します。これら作用により、鳥は呼吸器疾患にかかりやすくなります。鳥の血中アンモニアの毒性水準は>1mg/dlとされますが、それ以下でも感染症を起こしやすくすると言われています。

【症状】粘膜の直接刺激および二次感染による、くしゃみ、咳、呼吸音、結膜炎症状、呼吸困難などの呼吸器症状が現れます。
【診断】飼育者からの聞き取りにより診断。
【治療】酸素化、消炎、二次感染に対する抗生剤、抗真菌剤の投与など。
【予防】ケージ内のこまめな清掃と充分な換気。繁殖中であっても糞尿が蓄積したら清掃を行い、非繁殖期は巣を撤去しましょう。

食べかすと、排泄物の放置は細菌の繁殖とアンモニアの発生をもたらします

6. ビタミン過剰症

◆ビタミン過剰症として問題となるのは体内に蓄積される脂溶性ビタミンです。鳥は栄養失調を起こすことが多く、海外では鳥の栄養に対する認識が強いため、ビタミン過剰症がしばしば発生しています。一方、国内の飼育者の多くは自然志向であり、ビタミン過剰症は稀です。

1. ビタミンD_3過剰症

【原因】鳥類はビタミンD_2が利用できないので、VD_3をコレステロールから日光浴で生成させるか、VD_3をサプリメントとして与える必要があります。

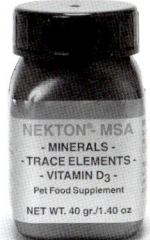

鳥専用のビタミン剤各種

通常、サプリメントの推奨量やペレットへの含有量は少量で、また、体内で生成されるビタミンD_3は必要以上に生成されないため、過剰症は発生しません。

過剰症はサプリメントの過剰投与など、外部より過剰なビタミンD_3を摂取したときに発生します。飼い鳥の維持期におけるビタミンD_3の推奨量は1000IU/kgとされ、中毒量はその4倍から10倍と考えられます。

ビタミンD_3の過剰は、カルシウム（Ca）の吸収および再吸収の増加から高Ca血症を引き起こし、その結果、体内でのCa沈着（石灰化）を引き起こします。

【発生】ビタミンD_3は欠乏しやすく必要性も高いビタミンですが、許容量が狭いことから過量投与になりがちです。特に、マコウやヨウムは感受性が高いと考えられています。

【症状】軟部組織の石灰化（特に腎臓）により、多尿、元気・食欲低下、下痢、跛行などの症状が見られます。高Ca血症から、心不全、痙攣、ショックを起こす可能性もあり、成長期では骨格の形成異常を引き起こします。

【診断】飼育者からの聞き取り、およびX線検査による腎臓の石灰化、血液検査による高Ca血症など。

【治療】ビタミンD_3およびCaの投与を中止します。適切な輸液により電解質バランスを補整します。利尿剤、ステロイドなどが使用されることもあります。

【予防】ビタミン剤を投与する際は適切な容量を用い、ペレットを使用している場合、ビタミン剤の追加投与は慎重に行います。必要量が増す繁殖期においても、ビタミンD_3の投与は推奨量以内とし、日光浴による生合成で補わせるよう努めましょう。

2. ビタミンA過剰症

【原因】ニワトリなどの研究では、必要量の10倍程度まで問題を起こさないと考えられており、実験的な毒性は100倍量の長期投与という報告があります。

このことから飼い鳥におけるビタミンAの中毒量は、必要量（5000IU/kg）の20倍から100倍程度と考えられます。また、急性毒性を生じさせるためには1000倍以上が必要と考えられています。

【発生】一般飼い鳥では稀です。猛禽類では、長期にわたってレバーを過量に与えることで生じることがあります。

【症状】食欲低下、体重減少、眼瞼の腫脹・痂皮形成、口および鼻孔の炎症、皮膚炎、骨強度の低下、肝障害、出血傾向など。

【診断】飼育者からの稟告聴取によります。

【治療】ビタミンAの投与を休止し、ビタミンA源としてβ-カロテンへ変更します。

【予防】ビタミン剤を投与する際、適切な容量を用いるようにしましょう。

シード

ペレット

第6章
消化器に関わる病気

◆嘴～食道の疾患
　嘴の異常
　　色の異常　158
　　形の異常　158
　口角・口腔・食道・そ嚢の異常
　　口角炎　159
　　口内炎　159
　　口腔内腫瘍　161
　　食道炎・そ嚢炎　162
　　そ嚢結石・異物　163
　　そ嚢停滞　164
　　そ嚢アトニー　164
　　後部食道閉塞　165

◆肝臓の疾患
　総論　180
　細菌性肝炎　182
　ウイルス性肝炎　183
　肝出血・血腫　183
　肝リピドーシス、脂肪肝、脂肪肝症候群　184
　アミロイドーシス　185
　循環障害　186
　肝毒素　186
　肝腫瘍　187
　肝性脳症　187
　Yellow Feather Syndrome (YFS) 羽毛の黄色化　188

◆膵臓の疾患
　膵炎、その他　189

◆胃の疾患
　胃炎　167
　消化性潰瘍　168
　腺胃拡張　169
　胃癌　170
　胃閉塞　171

◆腸の疾患
　腸炎　172
　腸閉塞（イレウス）　173
　腸結石　175

◆排泄腔の疾患
　排泄腔炎　176
　排泄腔脱　177
　メガクロアカ（巨大排泄腔）　178

◆嘴〜食道の疾患

1. 嘴の異常

1. 色の異常

①**青色化**：チアノーゼ（☞P136）や副鼻腔炎（ロックジョー：☞P202）による血行障害、打撲・感染などによる嘴内副鼻腔の内出血によって見られます。
②**不透明**：肝障害、栄養不良、PBFDなど、嘴のタンパク形成異常により生じます。
③**黒色斑点（血斑）**：血液凝固障害、あるいは嘴の軟化による血管の易損傷化により生じます。肝不全やビタミンK不足が疑われます。一過性の場合は打撲による内出血が疑われます。
④**黒色化**：ヨウムやバタンなど、粉綿羽の付着によって嘴が灰色化する種では、PBFDによる粉綿羽の消失によって黒光りします（☞P56）。

2. 形の異常

①**先天性奇形**：しばしば見られます。
②**過長（合成異常）**：肝不全・アミノ酸欠乏や、PBFD・疥癬などによる成長板細胞の異常により、嘴のタンパクの合成異常が生じ、上嘴が過伸張します。トリミングするとともに原因治療が必須です。
③**過長（咬合異常）**：顎関節障害（事故、ロックジョーなど）、成長板障害（副鼻腔炎、PBFD、疥癬、事故など）から咬合不全が起き、咬耗が正常に行われなくなることで過伸張します。副鼻腔炎は主に細菌が原因ですが、真菌（カンジダ、クリプトコッカス、アスペルギルスなど）によっても生じます。
④**過長（咬合不足）**：オウム類の嘴は、咬み合わせ、摩り合わせることで嘴を短くしています（咬耗）。硬いものを噛って短くしているというのは迷信です。猛禽類では咬合不足から過長が生じます。
⑤**軽石様の変化**：疥癬が原因（☞P109）。
⑥**脱落・折損**：事故（鳥同士の喧嘩）、中・大型鳥のPBFD（☞P56）などが原因です。上嘴の欠損は自力採食が可能ですが、下嘴の欠損では生涯にわたる強制給餌が必要となることが多いです。
⑦**短小化**：卵内あるいは巣内ヒナ期の栄養不良が原因です。通常、成熟とともに正常化します（☞P138）。

肝不全による嘴の過長と血斑

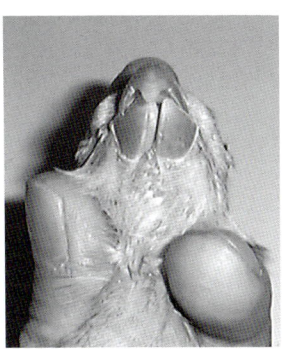

■消化器に関わる病気

第6章

先天性奇形と考えられる下嘴の縦割れ 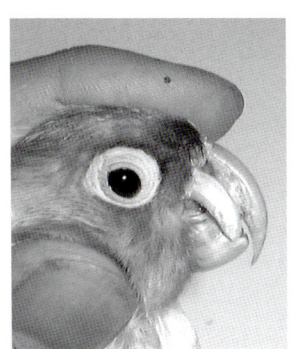　　副鼻腔炎による上嘴の変形 　　喧嘩による上嘴の脱落

2. 口角・口腔・食道・そ嚢(のう)の異常

1. 口角炎

　単独、あるいは口内炎とともに生じ、比較的よく目にする疾患です。原因の多くは、細菌性、真菌性（特にカンジダ）です。口角が汚れ、食欲を落とします。
　ごく稀に感染症に対する薬剤に反応せず、免疫抑制剤に反応する症例もあります。また、感電によって口角に熱傷(やけど)を負うこともあります。

2. 口内炎

【原因と発生】
感染性
①**細菌**：原発性に口内炎を起こすこともありますが、通常、何らかの口腔内粘膜バリアの障害（ビタミンAの欠乏など）が関わります。大腸菌やクレブシエラ、緑膿菌などグラム陰性菌が主で、ブドウ球菌などのグラム陽性菌も検出されます。抗酸菌によって肉芽が形成されることもあります。オカメインコでは、ヘリコバクター（☞P203）による咽頭炎・喉頭炎がしばしば見られます。
②**ウイルス性**：大型のオウム類に稀に見られるジフテリー型のポックスは、口腔内に乾酪性病変を形成します（☞P61）。ハトに感染するヘルペスウイルス（PHV-1）は、ほかの症状とともに口腔内にも潰瘍や偽膜性炎を起こします。ボタンのPBFDにおいても、嘴の異常とともに口内炎が認められることがあります。
③**真菌性**：最も頻繁に見られる口内炎の原因はカンジダです（☞P92）。感染した口腔粘膜は、白色のプラークに覆われます。カンジダは日和見菌であるため、低い免疫（幼鳥、ある種の薬剤、栄養失調、環境ストレッサー、PBFDなど）、糖度の高い飼料の多給、抗生物質の長期使用による菌交代症、ビタミンA欠乏などによって発症します。

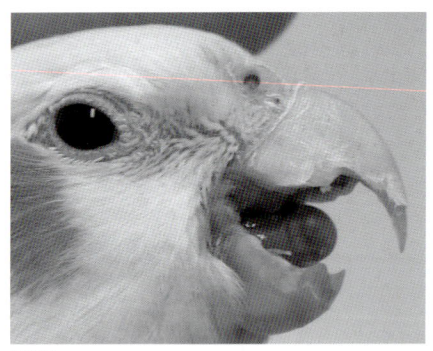

口角炎 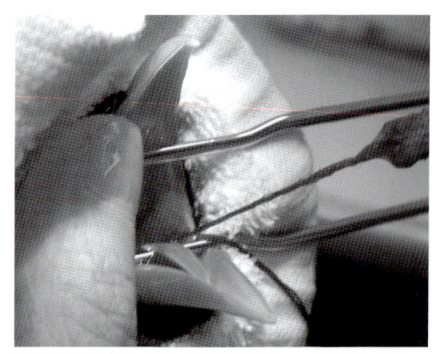　　　　　　　　　　　　　　　　　　紐が舌根部に絡まったキュウカンチョウ

④**寄生虫性**：カンジダ症についで飼い鳥で一般的な口内炎の原因となるのがトリコモナスです（☞P99）。トリコモナスは上部消化管に寄生し、主に口腔内、食道、そ嚢に見られます。ブンチョウやオカメインコのヒナでしばしば見られ、ハトや猛禽類でも見られます。寄生部位では粘膜の発赤・腫脹、分泌増多に始まり、白色のプラーク形成、アブセス形成へと進行します。線虫類では、Capillariaなども上部消化管に寄生する種が稀に口内炎を起こします。

非感染性

①**ビタミンAの欠乏**：口腔粘膜上皮の扁平化生を起こし、正常な機能が失われます。粘膜の防御が破綻することで感染を起こし、プラークや肉芽が形成されます。後鼻孔乳頭の消失により気づかれます（☞P133）。

②**外傷**：ブンチョウなどの小型鳥の挿し餌において、プラスチック製の注射型をした給餌器を用いることが多く、これを押し入れる際に口腔内を損傷することがあります。また、破損したオモチャや木片、ワイヤーによって口腔に穿通創（せんつうそう）が生じたり、喧嘩によって舌に傷を負うこともあります。

③**異物**：ひも状異物を誤嚥した際、舌にからまり舌の壊死（えし）が起きることがあります。

④**熱傷**：高すぎる温度の挿し餌によって、口内炎が生じることがあります。通電コードの切断による感電から舌や口腔内に熱傷を負ったり、ある種の化学薬品によっても化学熱傷が生じる可能性があります。

⑤**シュウ酸カルシウム**：針状となったシュウ酸カルシウム結晶によって口腔粘膜が物理的損傷を起こします。サトイモ科（ディフェンバキア、ポトスなど：☞P148）、タデ科（ルバーブ、イタドリ、スイバ）、アカザ科（ホウレン草）の一部には、シュウ酸が多く含まれます。また、若いパイナップルや煎茶にも含まれます。観葉植物の誤食には注意し、一般的に与えることのない野菜や野草を与えるのは控えるべきです。

【発生】口内炎は比較的よく発生する疾患で、免疫の低い幼鳥や、PBFDのような免疫低下性の疾患で多く発生します。上部気道疾患（副鼻腔炎、鼻炎）から、後鼻孔炎、咽頭炎へと波及することもあります。小型鳥では細菌性や寄生虫性、真菌性の口内炎が多く、大型鳥では、外傷性やウイルス性が比較的見られる傾向にあります。

【症状】口腔粘膜の発赤・腫脹、粘液の増多に始まり、潰瘍形成、プラーク形成へと進行します。場合によっては膿瘍（アブセス）形成や肉芽形成による膨隆が見られることもあります。

■消化器に関わる病気

第6章

　口内炎を生じた鳥は、口腔内の違和感から、しきりに口や舌を動かす様子や、頭を振る仕草、食べたいのに食べられない様子、食欲不振、吐出、嚥下困難、よだれ、口角の汚れなどの症状が見られることがあります。口臭によって気づかれることもあります。咽頭炎ではあくび様症状がよく見られます。

【診断】口腔内のプラークあるいは分泌物の直接塗抹鏡検、培養検査、PCR検査により病原体の種類が特定されます。腫瘍状の場合は、摘出後に病理組織学検査が行われることもあります。

【治療】原因治療が根本ですが、細菌とカンジダによる二次感染が高率に生じるため、抗生剤・抗真菌剤も必要です。また、ビタミンAの欠乏が根本の原因となっていることも多く、栄養改善も必要です（☞P133）。

　口内炎による疼痛から食欲を失っている場合は、口内炎が治癒するまで強制給餌を行います。内服以外に、口腔用のポビドンヨード塗布を合わせて実施することもあります。腫瘍が形成されている場合、外科的な切除が必要です。

【予防】口内炎は多くの場合、ビタミンA欠乏が基礎疾患となって生じるとされ、適切な栄養給与が予防となります。また、病原体の早期発見・早期治療や、危険なオモチャや木片、コード、観葉植物などを鳥の届く範囲から除くことも必要です。

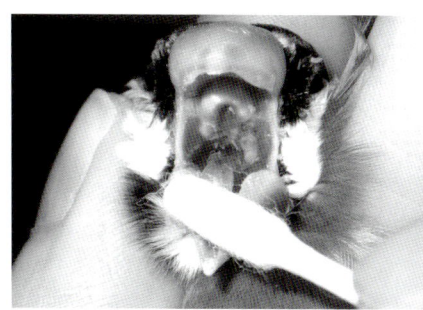

ブンチョウにしばしば見られる細菌性の口内炎。発赤・腫脹、潰瘍形成、プラーク形成が見られます

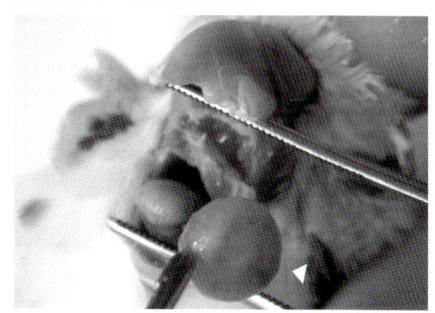

上口蓋より摘出されたアブセス

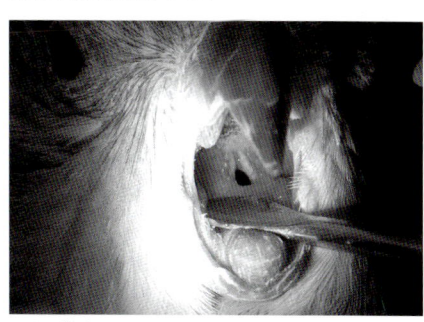

ヘリコバクターによる喉頭炎

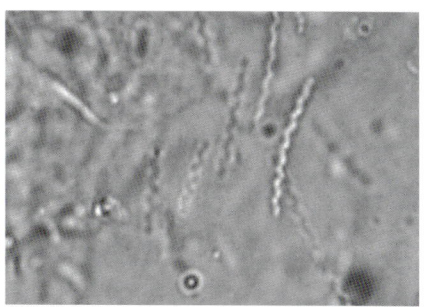

ヘリコバクター

3. 口腔内腫瘍

　口腔内にしばしば腫瘍が発生することがあります。扁平上皮癌、線維肉腫など悪性度の高い腫瘍が多いですが、良性の腫瘍など

も見られます。新世界オウム類では乳頭腫症がしばしば見られます。

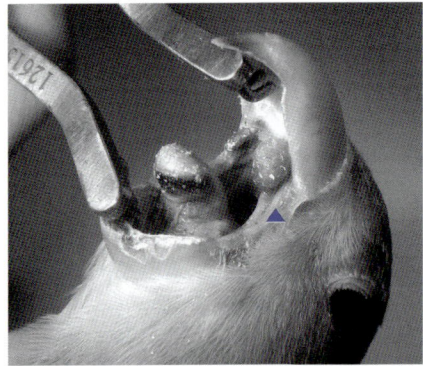

摘出後の病理検査で良性腫瘍であることがわかりました

4. 食道炎・そ囊炎

【原因】食道炎やそ囊炎は、口内炎と同様の原因で生じますが、その多くが口内炎に続発したものです。トリコモナス症はそ囊炎の原因として有名ですが、トリコモナスは寄生部位として口腔内や食道をより好む傾向にあります。

原発性の食道炎やそ囊炎の原因としては、熱傷とフィーディングチューブによる創傷が挙げられます。過度に温められた育雛餌や流動食はそ囊内に滞留し、熱傷をもたらします（電子レンジで温められた場合に多い）。フィーディングチューブは通常柔らかいものが使用されますが、それでも食道やそ囊が傷つく例は多いです。そ囊の裂傷あるいは破裂、それに伴う瘻孔（炎症などによって生じた管状の穴）は、激突や咬傷によっても生じます。

このほか、サルモネラ菌は一部のフィンチに壊死性のそ囊炎をもたらします。カンジダ症がそ囊に生じやすいのは、糖度の高い飼料（加熱炭水化物を含む）が挿し餌として与えられ、食滞が起きた場合、そ囊内に長時間滞留することで、エサ内で増殖したカンジダが感染するためと考えられます。特に、ビタミンA欠乏により重層扁平上皮化生を起こしたそ囊粘膜は、カンジダが感染しやすくなります。

【発生】挿し餌時期の幼鳥でしばしば発生しますが、成鳥ではほとんどありません。国内では従来、鳥の病気と言えば「そ囊炎」と言われてきましたが、近年では稀となりました。トリコモナス症の減少や、エサの改善によるビタミンA欠乏症・カンジダ症の減少などが主な理由ですが、医療技術や知識の向上によって、これまでそ囊炎と思われていた病気が、ほかの原因であることがわかってきたことが大きいと言えます。

【症状】食欲不振・廃絶、吐き気、吐出が見られることが多いです。鳥の吐出は一箇所に吐き出す傾向があります。

重度の食道炎・そ囊炎では、疼痛から首を伸ばした姿勢が見られます。頸部の無羽域からそ囊や食道にかけての発赤、腫脹、肥厚が観察できます。炎症が食道やそ囊の蠕動を障害すると、食滞が生じます。重度の食道炎や食道内アブセスによって、通過障害や気門の閉鎖による呼吸困難が生じることもあります。

熱傷や創傷が悪化すると、そ囊穿孔を起こすことがあり、エサや飲み水がそ囊から漏れ出し、羽毛を汚します。

【診断】そ囊検査での炎症細胞の検出は、化膿性鼻汁の流入を示していることが多く、そ囊炎の診断の助けとなりません。そ囊の発赤、腫脹、肥厚などの炎症の徴候を視診、あるいは触診で検知する必要があります。病原体の検出には、そ囊検査材料の直接鏡

■消化器に関わる病気

検や培養検査が有用です。
【治療】抗生剤や抗真菌剤など、原因となっている病原に対する治療を行うとともに、適切な飼料への変更、ビタミンの供給などを行います。巨大なアブセスは外科的に摘出する必要があります。そ嚢穿孔が生じている場合、壊死組織を充分切除した後、特殊な縫合法で閉鎖しないと、再発することが多いです。
【予防】従来、湿ったエサを与え続けるとそ嚢炎になると言われてきましたが、そ嚢はもともとエサを貯めて飲水と混ぜ合わせる場所であることから、これは迷信と言えます。そ嚢内での悪玉菌の増殖は、腐敗しやすいエサの滞留（食滞）、粘膜の防御機構の低下などが原因です。

そ嚢炎を防ぐ挿し餌のポイント

①加熱されたデンプンや糖類を多く含む飼料を避け、ビタミンAを適切に給与する。
②寒冷や環境変化など、食滞の原因となるストレスを減らす。
③エサをしっかり撹拌し、温度計を用いる。
④チューブフィーディングはなるべく避け、スプーンでの挿し餌を行う。

5. そ嚢結石・異物

【原因】そ嚢結石は、主に尿酸から構成され、何らかの異物（種の殻や他の結石）を核として、排泄物の摂食によって供給された尿酸が沈着し形成されると考えられます。また、繊維物（フリース、毛布、ぬいぐるみの中の綿、絨毯、服など）を長期摂食し、そ嚢内に蓄積し結石様となることもあります。
【発生】セキセイインコで多く見かけます。
【症状】吐き気や吐出、食欲不振が見られることもありますが、症状を呈さないことも多いです。繊維物による異物の場合、繊維についたエサが腐敗し、口臭や下痢、嘔吐などの消化器症状を現すこともあります。
【診断】そ嚢の触診、あるいはレントゲン検査で診断されます。健康診断時に偶然発見されることも多いです。
【治療】尿酸結石の場合、飲水のアルカリ化が結石を溶解する可能性がありますが、通常はそ嚢切開による外科的摘出が必要です。結石が小さい場合には、圧迫によって口腔内から排泄することも可能です。
【予防】尿酸結石の予防としては、糞きり網を使用するなど、排泄物の摂食を防ぎます。繊維物の誤食は、自由放鳥を止め、鳥の届く所に繊維物を置かないことで防ぐことが可能です。

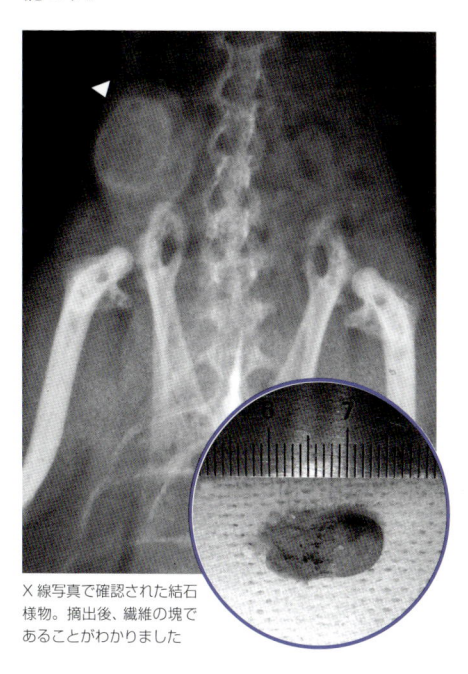

X線写真で確認された結石様物。摘出後、繊維の塊であることがわかりました

6. そ嚢停滞

【原因と発生】そ嚢停滞（あるいはうっ滞、食滞）は、そ嚢内にエサまたは飲水が異常に長時間滞留した状態を言います。そ嚢蠕動が機能的（神経的）に低下した場合と、そ嚢内のエサが機械的（物理的）に通過不全に陥った場合に分けられます。
①そ嚢蠕動の機能的低下：挿し餌期に発生することが多く、誤った水分量や温度、質のエサが与えられた場合や、そ嚢が空になる前にエサが追加された場合、あるいは不適切な環境温度や湿度、栄養不良、そのほかあらゆる消化器疾患が原因となります。

成鳥では、全身状態の低下（特に消化器の疾患）に付随して見られることが多く、場合によっては鉛中毒（☞P142）やPDD（☞P62）などの迷走神経障害によっても生じます。
②機械的なそ嚢停滞：後部食道閉塞や胃閉塞、結石を含む異物など、物理的な通過障害によって生じます。キジ類やガン・カモ類では、青草や発芽種子を大量に与えることで致死的なそ嚢停滞を起こします。
【症状】そ嚢はエサや水で満たされ、膨らみます。食欲がなくなり、吐出や嘔吐が見られることもあります。そ嚢の内容物は腐敗により酸臭を発するようになり（Sour Crop）、脱水が生じることも多くあります。

機能的低下の場合、全身状態の低下が関わることがほとんどであるため、通常、沈うつや膨羽なども合わせて見られます。機械的閉塞の場合、初期であれば元気や食欲を失いません。
【治療】機能的低下の場合、適切な看護（特に保温）を行い全身状態を整えるとともに、消化管蠕動促進薬の投与や、輸液を行います。滞留したエサ内での悪玉菌の繁殖を抑えるため、抗生剤や抗真菌剤も投与する必要があります。

そ嚢内の腐敗したエサは取り除き（吸引）、エサが固まっている場合は、温湯を飲ませてそ嚢を優しくマッサージします。機械的閉塞は、閉塞の原因の治療をまず行います。
【予防】挿し餌期のそ嚢停滞を防ぐためには、適切な飼料を適切に調合し、適時・適量与え、環境も適切に保つことが大切です。

決められた時間に決められた量を与えるのではなく、常にそ嚢を触り、体重、挿し餌量、通過時間などを計測し、鳥の体調に合った管理を行うことが大切です。

7. そ嚢アトニー

【原因】そ嚢蠕動に関わる神経の異常が原因と考えられますが、根本原因は不明です。
【発生】セキセイインコに多く発生します。
【症状】そ嚢が収縮しなくなり、貯留したエサや飲水の重みで次第に拡張して行きます。重度となると、そ嚢は胸部、場合によっては腹部まで広がります。

そ嚢内のエサや水は大量に貯留し始め、後部食道へと流れ込むため、飲水制限や食餌制限は危険です。症状が出ないことも多いですが、そ嚢内での悪玉菌が繁殖しやすく、また誤嚥も生じやすいため注意が必要です。
【治療】効果的な治療法は今のところありませんが、生活に支障がなければ特に治療の必要はありません。問題が生じるようであれば、そ嚢縮小術を行います。

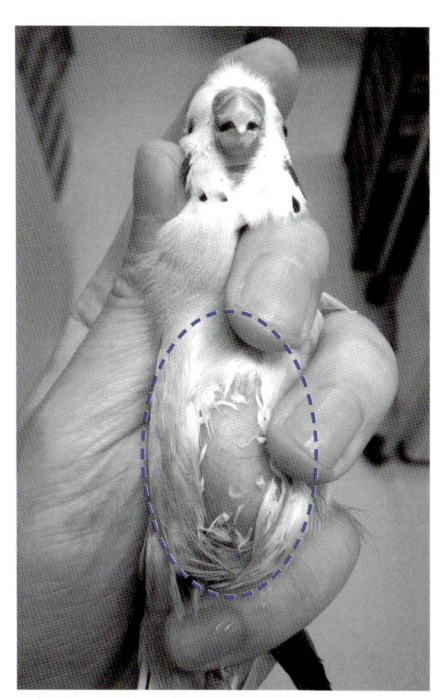

■消化器に関わる病気

そ嚢が著しく拡張し、腹部まで至っています

8. 後部食道閉塞

【原因】 鳥の食道は、口腔からそ嚢につながる前部食道とそ嚢、そして、そ嚢から胃につながる後部食道に分けられます。

　この後部食道は、胸郭入り口で非常に狭くなっており、閉塞を起こしやすくなっています。特に、肺と心臓にはさまれている部位では、肺炎が生じた際、炎症が波及して食道炎を起こしたり、肺の下部に炎症産物が堆積・肥厚して閉塞を起こします。ほかにも原発性の後部食道炎や異物などによっても閉塞が生じることがあります。

【発生】 肺炎性後部食道閉塞は、幼若なオカメインコで多く見られます。

【症状】 初期では元気・食欲はありますが、通過しないため、そ嚢内にエサと水が滞留します。しだいに脱水、飢餓が生じ、さらに食欲・飲水欲は増して、そ嚢はエサと水で充満します。エサは通過しないため、絶食便が排泄されます。肺炎性後部食道閉塞では、閉塞に先だって呼吸器症状が見られることが多くあります。

【診断】 特徴的な症状と、造影X線検査によるそ嚢の造影剤滞留により診断されます。

【治療】 肺炎性では肺炎に対する治療により通過が期待されますが、効果が見られないことがほとんどです。このような例では、そ嚢を切開し、胃チューブを設置する必要がありますが、予後不良であることが多いです。

【予防】 肺炎症状が見られたら早期に徹底した治療を行い、早期治療を目指します。

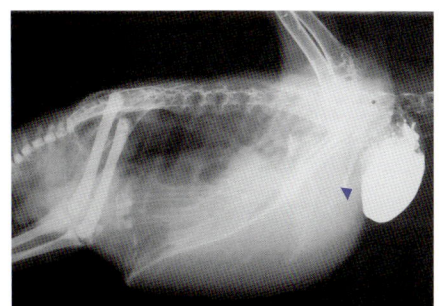

6時間たっても、そ嚢から造影剤が流れません

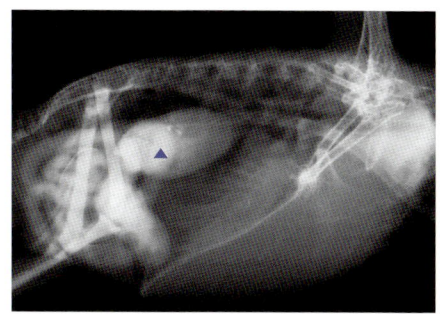

胃チューブを設置し、流動食とともに造影剤を流したところ

◆胃の疾患

胃の疾患としては、臨床的に、胃炎（感染性、非感染性）、消化潰瘍、胃拡張、胃癌、胃閉塞などが頻繁に見られます。病理組織学的には、高脂血症などが原因となって生じる動脈硬化や、腎不全から生じる石灰化なども頻繁に見られます。

鳥の胃の疾患は哺乳類に比較して、高頻度に発症します。

●飼い鳥の種別胃の疾患

	ボウシインコ	ミドリインコ	セキセイインコ	シロハラインコ	カナリア	オカメインコ	バタン	コニュア	フィンチ	ヒインコ	ラブバード	コンゴウインコ	パラキート	ヨウム	オオハナインコ	ルリハ
AGY（マクロラブダス）			89		26	29			26		21		17			23
動脈硬化症	3		1			1										
クリプトスポリジウム症						6			22		8					1
砂嚢内膜症（酵母）	1				2	4		2	34							
真菌性砂嚢炎（全層性）			1					1	2			4	1	1	2	
神経節炎（PDD）	4			1		15	72	60	4	2	1	174	6	115	19	
胃癌	6	8	31		6	11		3			7	8	7	5	2	
胃線虫									10	1	2	2				
胃炎（前胃/砂嚢）						2	2	3	2		2	6	1	1	2	1
管腔内出血	4		3	2		4	1	2				1	1		3	1
平滑筋炎（前胃/砂嚢）			1	1		3	4	4	2			6		3	3	
前胃石灰化	12	2	7		7	54	4	13	8	4	6	20	5	4	6	3
砂嚢石灰化						3		4				1				
神経周囲性神経節炎							4					4			1	
腹膜炎	23	1	5		4	19	14	8	8	5	4	30	8	18	13	3
前胃炎	2	4	24	3	16	3	13	3	7	2	5	10	6	6	6	1
砂嚢炎	7		8	3	6	19	14	12	11		2	12	9	9	8	5

Reavill D.R., Schmidt R.E. (2007) : Lesions of proventriculus / ventriculus of pet birds:1640 cases. Proceedings of the Association of Avian Veterinarians, Rhode Island. 89-93.　表より一部改変

■消化器に関わる病気

1.胃炎

【原因】　胃炎は感染性胃炎と非感染性胃炎に分けることができます。

①**感染性胃炎**：真菌（AGY、カンジダ）、寄生虫（クリプトスポリジウム、胃虫）、細菌などが原因となります。（☞第2章）

　通常、胃の管腔内は強酸性に保たれており、一般的な微生物は生息できません。AGYやクリプトスポリジウムなど、胃腔内に偏好して生息する微生物は、何らかの胃酸対策を講じて強酸性の環境に適応しています。胃に病変がある場合、その部位では細菌や真菌（カンジダ）の二次感染が生じやすくなります。

　細菌の原発性感染は、大量に細菌が摂取された場合や、何らかの原因によって胃酸分泌が低下した場合などが考えられます。胃に感染する細菌としては、大腸菌、クレブシエラ菌、サルモネラ菌、エンテロバクター菌など、腸内細菌科のグラム陰性菌が主体とされます。

②**非感染性胃炎**：重金属中毒（鉛、銅、亜鉛）、シュウ酸カルシウムを含む中毒性植物、ある種の抗生剤や非ステロイド性抗炎症薬（NSAIDs）などの刺激性の薬剤、鋭利な異物など、毒物や刺激物の摂食によって胃炎が生じることがあります。（☞第5章）

　胃癌や消化性潰瘍に胃炎が続発したり、腹腔内の炎症（卵黄性腹膜炎など）や気嚢の炎症（アスペルギルス性気嚢炎など）が胃の外側から波及することもあります。

　急性ストレス性胃炎も少なくなく、特に卵塞や外傷、熱傷、手術などの後に、重度のメレナ（血液が便として排出される黒色便）を起こします。また、原因の特定できない慢性胃炎も多いです。

【発生】　鳥の種類によって、主な感染性胃炎の原因は異なります。

セキセイインコ：AGYが著しく多いです。
ラブバード：幼少期でカンジダ。
高齢のコザクラインコ：クリプトスポリジウム。
幼少期のオカメインコ：AGYとカンジダ。
幼少期のブンチョウ：カンジダのほか、トリコモナス、稀に胃虫。

　細菌性胃炎は主にほかの胃障害に付随して生じます。

　異物性の胃炎は、オウム目での発生が多くなっています。これはオウム目が鋭く丈夫で力強い嘴と顎を持ち、異物を簡単にかじり取り、好奇心も旺盛なためと考えられます。

　また、セキセイインコはとりわけ胃炎が生じやすく、何らかの種特異的な要因を持っているものと考えられます。胃炎は換羽や環境変化など、ストレス時に発生しやすい傾向があります。

【進行】　胃炎は胃潰瘍へと進行し、胃出血や胃穿孔をもたらします。重度の胃出血は貧血や出血性ショックを起こし、急死することもままあります。胃潰瘍から胃穿孔が生じた場合、腹腔内へ胃液やエサが流出して腹膜炎や気嚢炎、敗血症を起こし、多くの場合、死に至ります。慢性胃炎では胃の拡張や萎縮、肥厚などの形態変化を起こします。

【症状】　軽度の胃炎では、症状が見られないことが多く、進行すると食欲不振、膨羽、沈うつ、吐き気などの一般症状が現れるようになります。

　重度となると食欲廃絶、嘔吐、脱水、嗜眠、削痩などとともに、胃潰瘍症状や胃拡張症状など（☞P168・169）も見られるようにな

第6章

嘔吐。ケース壁に吐物が飛び散っています

粒便と黒色便

ります。重度の胃炎から胃閉塞（☞P171）を起こすこともあります。砂嚢が障害されると、便に粒が混ざる粒便が見られることもあります。

胃炎症状は間歇的（かんけつてき）に見られることが多く、保温などの看護によりいったん調子を戻したかに見えて、再発することが多く、来院が遅れることも多いです。

【治療】原因の特定と治療とともに、胃酸を中和する制酸薬や胃の粘膜のダメージを抑制する胃粘膜保護薬を投与します。

胃潰瘍が疑われる例では、H2ブロッカーやプロトンポンプ阻害薬などの胃酸分泌を止める薬を使用します。脱水や嘔吐がある個体では輸液や抗嘔吐薬を投与し、食欲がない個体では強制給餌を行います。

粒便が存在する場合、粒餌は停止し、流動食やペレット、あるいは燕麦（えんばく）のように粉に

して食べられるエサを与えるようにします。胃が悪い場合、食欲の回復はほかの疾患に比べて遅れます。

【予防】AGYは未発症の段階で駆除します。ストレス性胃炎を防ぐためには、ストレッサーは避けるべきです。換羽時など、どうしてもストレスがかかる時期は、保温に努め、安静にするなどの配慮が必要です。しかし、普段からの過保護はストレス耐性を低めるため、平常時には適度なストレスを加えるべきです。

2. 消化性潰瘍（かいよう）

【原因】胃では胃酸とペプシンによる強力なタンパクの消化が行われていますが、タンパクでできている胃自体は消化されません。これは、胃粘膜にバリアを形成して、胃酸やペプシンにさらされないように胃を守るいくつかの防御機構が存在するためです。この防御機構の破綻によって自己消化が起こり、胃潰瘍（あるいは十二指腸潰瘍）が生じます。

①**胃炎**：重度の胃炎では粘膜が損傷し、自己消化による胃潰瘍が生じます。

②**プロスタグランジン（PG）合成阻害**：胃粘膜防御機構はPGによって維持されており、PGが減少すると自己消化が生じます。*

③**ストレス**：ストレス性潰瘍が起きるメカニズムは人でもよくわかっていません。慢性的なストレス反応では、内因性ステロイドの増加に伴うPGの減少が、急性のストレス反応では交感神経の興奮による血流減少などが関与すると考えられています。

④**腫瘍**（☞P170）：腫瘍細胞は正常な胃粘膜防御機構を持っていないことから、自己

■消化器に関わる病気

3. 腺胃拡張

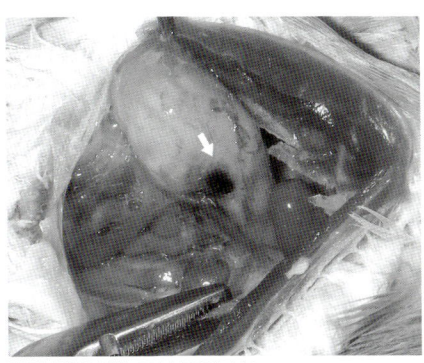

砂嚢と前胃の中間にできた胃穿孔（⇧）

【原因】腺胃拡張は、腺胃（前胃）が拡張した状態を指し示す用語です。これまで腺胃拡張症（Proventricular Dilatation Disease：PDD）と言われてきた疾患は、胃を支配する迷走神経へのウイルス感染（おそらくボルナウイルス）によって起きる疾患です（☞P62）。このほかにもAGYやカンジダなどの真菌症や、抗酸菌症、鉛中毒、胃癌、胃閉塞など、様々な疾患によって腺胃拡張は生じる可能性があります。また、幼鳥の腺胃拡張は正常です。

【発生】種によって発生する原因の傾向が異なり、コンゴウインコ、バタン、コニュア、ヨウムなどで腺胃拡張が認められた場合、PDDをまず疑う必要がありますが、セキセイインコで腺胃拡張が認められた場合は、AGYや胃癌、慢性胃炎などを疑います。

【症状】慢性の病態では、症状が見られないこともしばしばありますが、胃の機能が極端に低下し、タンパクの消化が損なわれた結果、食べても食べても胸筋がやせていってしまう消耗性疾患となります。

急性例では、食滞、嘔吐、食欲不振、絶食便などの一般症状が見られます。原因にもよりますが、砂嚢も併せて拡張することが多く、粒便が認められることもあります。

【診断】X線検査による腺胃拡張像により診断されます。重金属中毒では、この時点で金属片の存在が明らかとなります。腺胃拡張が単純X線検査でわかりにくい場合には、造影検査を行うことがあります。PDDでは造影剤が後部食道に残りやすい傾向があります。

消化が起きやすくなります。

【症状】胃炎と同様の症状が起きますが、特徴的なのは胃潰瘍から生じる胃出血に関連した症状です。胃潰瘍部より出血した赤血球は、胃酸とペプシンの作用により消化され、赤色のヘモグロビンが黒色の塩酸ヘマチンへと変化します。このため胃出血の際の便は黒色になり、メレナあるいはタール便と呼ばれます。この胃出血により、貧血や出血性ショックによる突然死を起こすことも多くあります。

【治療】胃炎の治療と同様ですが、自己消化を抑えるH2ブロッカーやプロトンポンプ阻害薬、および胃出血に対する止血剤の投与が治療の中心となります。重度の出血に対しては輸血が必要となります。ストレス性が強く疑われた場合は、向精神薬が使用されることもあります。

【予防】PG合成阻害剤の使用時や、重度のストレスが加わる可能性がある際には、上記の胃酸分泌抑制剤を予防的に投与すると良いです。

＊非ステロイド性抗炎症薬（Non-Steroidal Anti-Inflammatory Drugs：NSAIDs）やステロイド系抗炎症剤（副腎皮質ステロイド剤）は、PGの合成阻害によって、消炎・鎮痛作用を有しており、避けられない副作用として消化性潰瘍があります。近年、胃潰瘍を起こしにくいNSAIDs（COX 2選択的阻害剤）が各種動物で開発されています。

また、検便による真菌（AGYやカンジダ）の検査、PCRによる抗酸菌やボルナウイルスの検査などが行われることもあります。

【治療】　原因治療とともに、上部消化管の運動を活発化させる賦活薬（ふかつやく）が使用されます。胃炎や胃潰瘍が存在しない場合には、消化を促進する健胃薬や消化剤が使用され、神経炎が原因の場合はNSAIDsが使用されます。胃炎や胃潰瘍が存在する場合には、これらを悪化させるため、使用できません。

食餌は、物理的消化・化学的消化が少なくて済むものを与えます。PDD用の処方食としてペレットや流動食があり、これはPDD以外の腺胃拡張疾患にも効果的です（動物病院でのみ入手可能）。

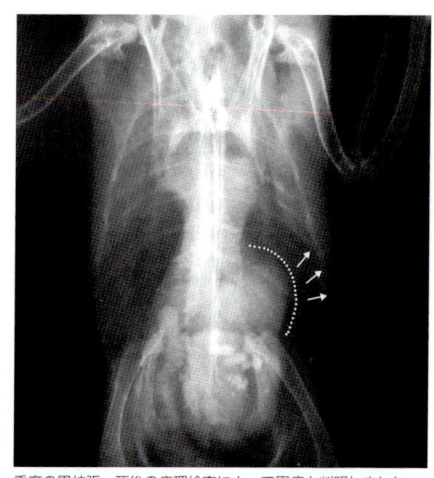

重度の胃拡張。死後の病理検査によって胃癌と判明しました

4. 胃癌（いがん）

【原因・発生】
胃癌は、オウム類にしばしば発生しますが、なかでもセキセイインコとミドリインコに著しく多く発生します。フィンチ類などその他の鳥類で見かけることは稀です。

AGY症の治療が可能な国内では、胃障害で死亡するセキセイインコのうち、胃癌が最大の原因です。この原因として、遺伝的要因や、特にセキセイインコに多いAGY症や発情過剰症など、様々な要因がリスクファクターとして考えられていますが、詳しいことはわかっていません。

【進行】　胃癌の進行は様々です。胃癌で死亡した鳥が、最初に示した症状から死亡までの日数を数えると、最短で数日、最長で1年以上要します。1年以上の経過の個体は、当初は胃癌ではなかったのかもしれませんが、症状の発現から比較的長く持ちこたえる個体が多いように感じます。

【症状】　胃炎症状、消化性潰瘍症状、胃拡張症状を起こし、特に嘔吐と胃出血による黒色便が強く見られます。

長期間推移例では、症状の軽快と悪化を繰り返しながら徐々に削痩して行きます。死亡の原因は、主に急性胃出血によるショックですが、重度貧血による虚血性脳障害や、低栄養からの餓死、脱水からの腎不全、稀に転移臓器の障害なども挙げられます。

胃閉塞によって、そ嚢内に大量に貯留した粘液物質を誤嚥して死亡することもあります。

【診断】　慢性重度の胃出血、胃拡張は、胃癌を疑わせますが、慢性の胃障害は胃癌とほぼ同様の症状となるため、生前の診断は困難です。胃生検による確定診断は危険性が高く行われていません。

【治療】　セキセイインコの胃癌における外科的治療や抗癌治療はまだ確立されていません。胃炎や消化性潰瘍、胃拡張の治療を行い、延命に努めることになります。

ただし、経過が長いことや、胃癌ではな

■消化器に関わる病気

く治癒可能な慢性胃炎であることもしばしばあることから、胃癌様症状が認められても、治療を決して諦めないことが重要です。
【予防】AGYの早期治療や発情抑制、ストレッサーの軽減などが胃癌の予防に効果があるかも知れません。人での知見から、塩分過剰を防ぎ、新鮮な野菜や果物を多給することは、予防的かもしれません。また、人の胃癌のリスクファクターとして知られる唐辛子も、好発種では摂食を避けたほうが良いかもしれません。

5. 胃閉塞

【原因】最も一般的な原因は、グリット（消化用に摂食・貯留する砂）を大量に食べ過ぎて砂嚢に充満してしまうグリットインパクション（GI）です。これは塩土を大量に摂食して生じると考えられます。ボレー粉を急激に過食して生じることもあります。また、異物の誤食、腫瘍、胃炎による癒着、肥厚、狭窄などでも胃の閉塞は生じます。
　チューブで挿し餌をしている場合、チューブが脱落、あるいは切断されて飲み込まれることがあります（チューブ誤嚥）。
【発生】GIは小型オウム類でしばしば発生します。異物の誤食は家禽類や猛禽類で頻繁に見られます。
【症状】突然の嘔吐と食欲廃絶、それに伴う絶食便、膨羽、傾眠などが見られます。通過不全による脱水症状から多量に飲水したり、粘液の過剰分泌によりそ嚢内に大量に液体が貯留することもあります。誤嚥が生じやすく、誤嚥性肺炎が起きることもあります。

【診断】鉱物の閉塞では単純X線検査により診断が可能です。それ以外では造影X線検査が必要となることが多いです。
【治療】GIでは粒餌を停止し、流動食を与えます。自力採食できる場合は、ペレットや燕麦（えんばく）を使用します。腸管を通過しそうな細粒の場合は潤滑剤を使用し、下部消化管への排泄を促します。あるいは、体力を維持しながら、自然にグリットが磨耗されるのを待ちます。ボレー粉の場合は1日もあれば自然溶解します。通過や磨耗・溶解が期待できない異物の場合は、胃切開による外科的な摘出が必要となります。チューブは内視鏡でつり出すことができることもあります。
【予防】塩土を与えるときは砕いて少量のみ与え、放鳥中は異物を誤食しないようによく観察します。チューブでの挿し餌はなるべく行わないことです。

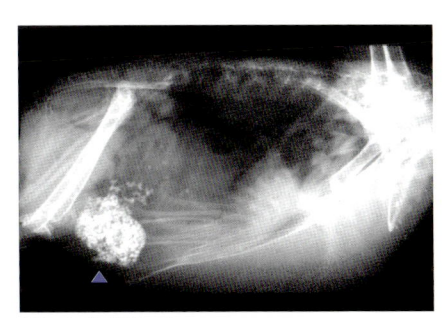

グリットインパクション

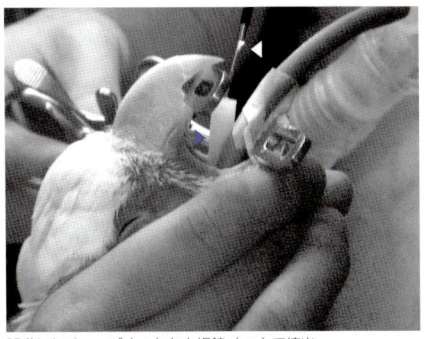

誤嚥したチューブ（▲）を内視鏡（△）で摘出

◆腸の疾患

1. 腸炎

【原因】腸には外界から様々なものが流入してきます。これら異物や病原体による侵襲あるいは刺激によって、生体防御反応としての炎症が生じます。

感染性
①**ウイルス**：飼い鳥に感染する代表的なウイルスの中で、腸炎が特徴的なものはありません。しかし、腸に感染することもあり、また、免疫低下から二次感染による腸炎を生じることもあります。
②**細菌**：腸炎の最大の原因は細菌感染です。腸内細菌科細菌（大腸菌やサルモネラ菌など）や、カンピロバクターなどのグラム陰性菌のほとんどが腸炎の原因となります。
　グラム陽性菌では、芽胞菌(ウェルシュ菌やセレウス菌など)やブドウ球菌による腸炎がしばしば見られます。また、抗酸菌症では難治性の慢性腸炎が特徴的です。
③**クラミジア、マイコプラズマ**：クラミジアは腸にも感染し、しばしば下痢を伴います。マイコプラズマでは稀です。
④**真菌**：主に菌糸型のカンジダが原因となって腸炎が生じます。
⑤**寄生虫**：回虫、コクシジウム、ジアルジア感染では腸炎による下痢がしばしば見られます。ヘキサミタやコクロソーマ感染でも非常に稀ですが、腸炎が起きることがあります。

非感染性
　主に何らかの毒物や刺激物（急激な食餌の変更や刺激性の食餌、ある種の抗生剤、

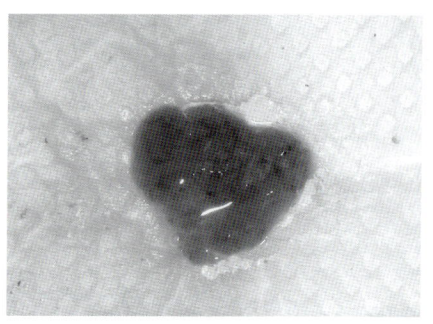

下痢（上）、盲腸下痢（下）

カビ毒、化学薬品、重金属、食餌に対するアレルギー？、腸内異物など）の摂取によって生じます。消化不良によって腸内に流入した未消化物が腸炎を起こすこともあります。食べすぎによる下痢は、エサをいったん貯留するそ嚢が存在するため、生じにくいです。
　また、卵黄性腹膜炎やアスペルギルス性気嚢炎など、体腔内のほかの炎症が腸へ波及することもあります。

【症状】下痢が最も一般的な症状ですが、セキセイインコ、ラブバード、オカメインコなどの砂漠種の成鳥では非常に稀です。下痢はそもそも体から異物を大量の液体で排除するのが主な役割ですが、これら砂漠種ではかえって命取りとなってしまうため、生じ

■消化器に関わる病気

にくいようにできているのではないかと筆者は推察しています。そのためか、水分が豊富に与えられる幼少期や熱帯雨林に生息する種では、下痢は比較的目にします。水様性の下痢から軟便、粘液や異臭、血液を伴うこともしばしばあります。

なお、絶食時に見られる液状の濃緑色便（☞P30）は下痢ではなく、絶食にも関わらず分泌された胆汁であって、腸炎に起因するものではありません。

下痢以外の症状：食欲不振や膨羽、嘔吐、腹痛から腹部や地面を蹴るしぐさなどが見られることもあります。

盲腸が発達する種（フクロウ類、ガン・カモ類、キジ類など）では、盲腸炎によって異臭のある下痢状の盲腸便が頻繁に排泄されることがあります。

【診断】 腸炎を証明するためには、腸の病理検査が必要となりますが、症状や検便の所見によって暫定的に診断することが可能です。

【治療】 原因に対する治療が主ですが、下痢が強い場合には脱水症状を起こしやすいことから、輸液や止瀉薬が使用されます。

また、原因が細菌性でなかったとしても、腸内の細菌バランスの不均衡が起きやすい状態となっているため、生菌製剤や抗生剤、抗真菌剤などが使用されることもあります。消化不良が原因のときは消化剤が使用されます。哺乳類では下痢のときは絶食が有効ですが、鳥は絶食に耐えられないこともあるので、消化しやすく、腸への刺激性の少ない処方食や流動食を与えます。

【予防】 腸内の悪玉菌の増加を抑えるため、生菌製剤が常用されることがありますが、腸内に定着せずに通過してしまう菌がほとんどと考えられ、効果はさほど高くないと考えられています。炭が常用されることもあります

が、これはほかの栄養素も吸着排泄してしまう可能性があり、お勧めできません。

最大の予防は、栄養と環境を正常に保つことと考えられます。

2. 腸閉塞（イレウス）

【原因】 腸閉塞はイレウスとも言い、腸の動きが機能的に止まってしまった機能性（神経性）イレウスと、機械的に閉塞してしまった機械性（物理的）イレウスに分かれます。

機能性イレウス

腸に麻痺（麻痺性イレウス）や痙攣（痙攣性イレウス）が起き、生じます。鉛中毒では腸を支配する神経に障害が起きるため、痙攣性イレウスがよく起きます。幼少期には、環境温度の低下によって腸の蠕動低下が起きることが知られています。

このほか各種中毒や、腹膜炎、開腹手術、腸炎、電解質異常、PDDなどの際に機能性イレウスがしばしば見られます。

機械性イレウス

腸管の閉塞はありますが血行障害を伴わない単純性イレウスと、血行障害を伴う複雑性（絞扼性）イレウスに分かれます。

①単純性イレウス：閉塞性イレウスと、癒着性イレウスに分かれます。閉塞性イレウスの原因は、腸管腔内と腸管腔外に分かれます。

閉塞性イレウス：腸管腔内の閉塞は、大量の寄生虫（回虫や盲腸虫など）、グリットの腸内への流出、誤食された異物（紙や布、綿、フリースなど）、腸結石（後述）、大量の不消化食物などの異物、腸腫瘍や腸炎による肉芽（抗酸菌、大腸菌など）や狭窄、癒着によって生じます。

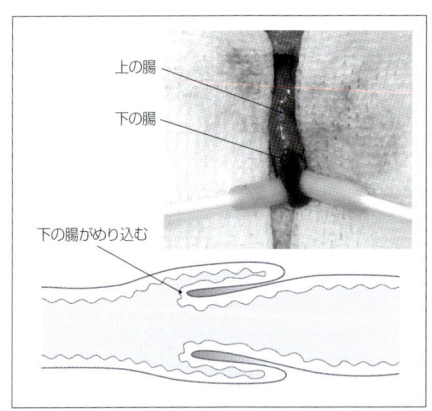

性、癌性など）による腸の癒着からイレウスが生じます。

②**複雑性(絞扼性)イレウス**：複雑性イレウスの原因で最もよく見られるのは、嵌頓ヘルニア（☞P114）です。腹部ヘルニアのヘルニア輪が縮み、腸が締め付けられてしまいます。ほかにも腸重積や腸捻転も稀に見られます。腹膜炎の炎症産物が索状物(紐状物)となって腸に絡まり、絞扼が起きることもあります。

【病態と症状】　イレウスが生じると、腸内容物やガスが流れず、腸管内に滞留します。多くの場合、排便は停止し、排便しても少量であったり、粘液性の下痢状であったり、血液を含みます。哺乳類と異なり、鳥は絶食時も胆汁が排泄されるため、便が出ていない時点でイレウスの疑いが持たれます。また、そ嚢にエサや水が滞留したままとなっていることもあります。

　腸管は、滞留した腸内容物やガスによって膨らみます。腸内圧が上昇すると腸管壁の血管は圧迫されて血行障害を起こし、腸管は浮腫を起こします。こうなると、水分やガスの吸収は無理なので、悪循環に陥っていきます。

　腸は内容物を流そうと無理に蠕動しますが流れないため、大変な痛みが生じます。疼痛性ショックから膨羽・嗜眠が生じます。腹蹴り行動が見られることもあります。嘔吐が見られることも多く、水分を損失します。水分を吸収してくれる下部消化管まで液体は流入しないため脱水が起き、重大な電解質異常や循環障害が生じます。

　さらに、滞留した腸内容物では腸内細菌が異常増殖して毒素を産生し、エンドトキシンショックを起こしたり、細菌が血行性に全身へと流入し細菌性ショックが起きたりします。

腸重積の整復手術写真と模式図(断面)：上の腸へ下の腸がめり込みます。血管も巻き込むので下の腸は血行不良を起こします

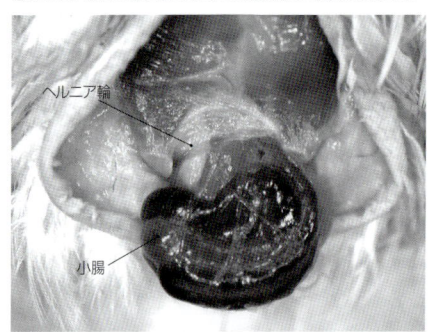

嵌頓ヘルニアにより壊死した小腸

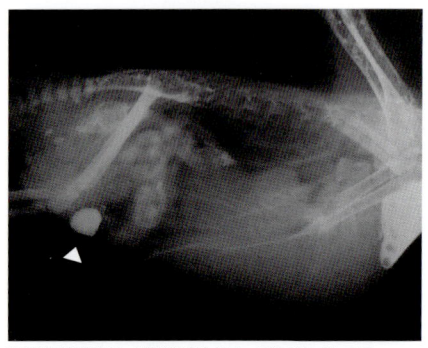

逆行性異所性卵材（卵管結石）によって生じたイレウス

　腸管腔外からの圧迫による閉塞は、異所性卵材や卵塞、腫瘍（主に精巣腫瘍、卵巣腫瘍、卵管腫瘍）などによって生じます。

癒着性イレウス：各種腹膜炎(卵材性や感染

■消化器に関わる病気

このようにイレウスは様々な問題を起こし、急激に状態を悪化させます。小型鳥で閉塞が生じた場合、一日ともたないことが多いです。特に、複雑性イレウスの場合、これに腸の壊死が加わりますので、さらに状態の悪化は急です。

【診断】特徴的な症状と、単純X線検査、造影X線検査によって診断されますが、やや熟練を要します。

【治療】①**複雑性イレウス**：一刻も早く開腹して絞扼を解除しなければなりません。腸が壊死していた場合は、壊死した腸を切り取り、正常な腸同士を接合する手術が必要となります。小型鳥でも実施されますが、難易度は高いです。また、手術がうまく行って原因が解除されても、いったん重度のショックを起こした鳥は回復できないこともあります。
②**閉塞性イレウス**：腸管内の閉塞物は、X線検査で流れる可能性がありそうだと判断された場合、潤滑剤や腸蠕動亢進薬によって便への排泄が試みられます。ただし、完全に閉塞している場合、腸蠕動亢進薬は禁忌となります。排泄が困難そうな場合は、開腹後、腸切開によって閉塞物の摘出が行われます。

腸管外の圧迫物が原因の場合、その圧迫物を小さくする方法が手術以外にあればそれを試みますが（卵巣嚢胞の場合の穿刺術など）、多くの場合、手術が必要となります。
③**癒着性イレウス**：通常、手術による癒着の剥離が必要です。
④**機能性イレウス**：原因治療とともに腸蠕動亢進薬が使用されます。

【予防】異物の誤食によるイレウスは予防が可能です。自由放鳥を停止し、鳥が異物を摂食するのを未然に防ぎましょう。特に食餌制限中や発情中は、誤食を起こしやすい傾向にあります。

3.腸結石

【原因】腸管内に突然、結石ができてイレウスが起きることがあります。数例の結石成分を分析したところ、リン酸カルシウム（Ca）であることがわかりました。これはボレー粉と同じ成分で、胃で酸化され溶解したボレー粉が腸内でアルカリ化され、再固形化したのではないかと推測しています。

通常、固形化することなく吸収されるはずのリン酸Caが、なぜ結石化してしまうのかはよくわかっていません。何らかの異物が核になっていることが予測され、また、リン酸Caが沈着する前に通過してしまっては結石が作られませんから、異物の腸内への流入と、腸の蠕動停止が結石形成に関わっていると考えられます。

【発生】当院ではここ数年で2例（オカメインコ、セキセイインコ）経験しています。やや稀ですが、鳥種に関わらずしばしば発生しているものと考えられます。

【症状】イレウスの症状が出ますが、完全閉塞となっていない場合には数日前から食欲不振、絶食便などの症状が出ます。閉塞が生じると、その部分に留まった結石はさらに大きくなっていくと想像されます。結果、完全閉塞を起こし、急速な状態の悪化が生じます。

【診断】排便の量の減少や停止とともに食滞など、イレウスが疑われた場合は、X線検査を実施します。Caが主成分の結石であれば容易に診断できます。腸内で閉塞が起きているかどうかを確かめるためには、造影検査が必要です。イレウスによって腸穿孔が生じる恐れがありますので、腹腔内に漏れて

も危険の少ない造影剤が使用されます。
【治療】内科治療は急激な変化が起きてからでは効果がありません。外科的な腸切開による摘出が必要となります。
【予防】現在のところ、成因に不明な部分が多く、予防法は確立されていません。

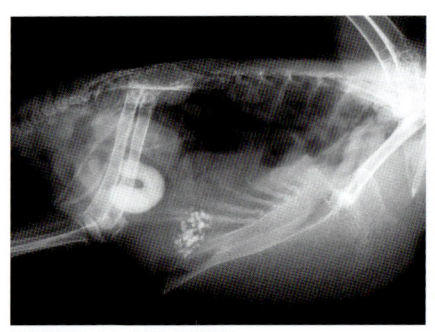

摘出された結石▶

腸閉塞を起こした症例のX線写真

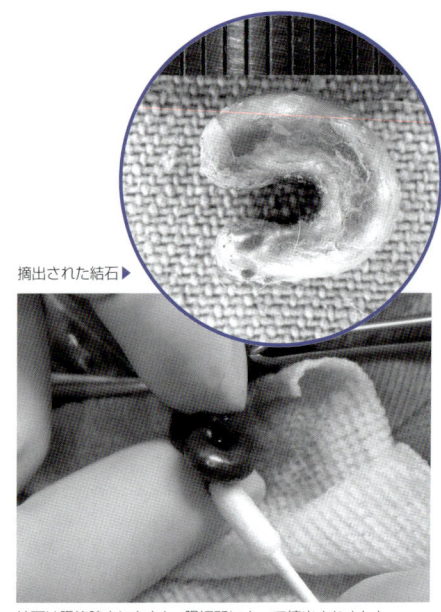

結石は腸管腔内に存在し、腸切開によって摘出されました

◆排泄腔の疾患

1. 排泄腔炎

【原因】排泄腔は、総排泄腔、クロアカとも呼ばれます。鳥では大腸に便が滞留する時間は短く、排泄腔に長く貯留されるので、排泄腔は細菌性の炎症が比較的起きやすい部位です。特に、発情やメガクロアカ(☞P178)によって便の排泄腔内での滞留時間が延長すると、悪玉菌が増殖して排泄腔炎が起きやすくなります。

また、排泄腔脱や卵塞後など、排泄腔が物理的に損傷を受けることで炎症を起こすこともあります。

このほか、尿石や糞石による損傷や、ウイルス性の乳頭腫症(☞P60)による炎症を起こすこともあります。

【症状】軽い炎症の場合、症状は見られません。重度となると、排泄腔の疼痛から、排泄時にシブリが見られたり、血液の付着した便が見られたりすることがあります。細菌性の場合、異臭を伴うことが多いです。排泄腔脱が起きることもあります。

【診断】腹部を圧迫して排泄腔を反転させて見ることができれば、診断は容易です。それができない場合は、内視鏡での観察が必要となります。通常、症状から診断し試験的治療が行われます。

【治療】感染性であったとしてもなかったとしても、抗生剤および抗真菌剤が使用されます。これは場所柄、炎症部位に便が付着して、二次感染が生じてしまうからです。

■消化器に関わる病気

第6章

2. 排泄腔脱

【原因と発生】最も一般的なのは、繁殖関連疾患に伴う排泄腔脱です（☞P120）。卵塞時や産卵後に多く発生し、卵管脱や卵管炎、卵管腫瘍に続発することもあります。

繁殖関連性以外では、排泄腔炎や排泄腔腫瘍、乳頭腫症などによって生じることがあります。また、バタンでは毛引きや自咬と同じように、問題行動（発情性あるいは特発性）として生じることがあります。ブンチョウでは原因不明に排泄腔脱がしばしば起き、これは予後があまり良くありません。

【症状】反転した赤い排泄腔が、排泄口孔から突出します。粘膜は浮腫を起こして膨大し、排泄口による絞扼が生じます。その結果、血行不良が生じ、さらに浮腫を起こす悪循環となります。また、自咬することも多く、出血が見られます。

自咬や絞扼によって排泄腔が損傷あるいは壊死すると、予後は悪いです。尿管排泄腔口の閉塞が生じ、腎不全を起こすこともあります。

バタンの問題行動による排泄腔脱

白色オウム（バタン）は、自己刺激遊び（☞P227）の一環として、排泄腔脱を起こすことがあります。

左写真は、完全に反転した排泄腔です。

右写真は、肛門道を狭くする整形手術を行っているところです。この手術により症状は改善しました。写真は左側が終わったところで、この後右側も同様に行います。

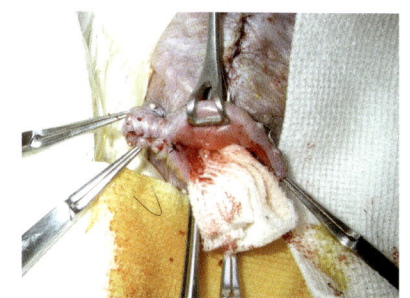

あります。排泄腔脱を起こした鳥は、通常、痛みからショック状態となり、膨羽・傾眠し、食欲も減退します。排便が阻害され、便が糞道内で停滞し、腸毒素症が生じることもあります。

【診断】 特徴的な外見から容易に診断がつくはずですが、見慣れていないとわからないこともあるようです。特に、卵管脱との鑑別は治療法や予後が異なることもありますので見極めが必要です。

【治療】 悪循環を避けるために、排泄腔を腹腔内に押し戻す必要があります。戻してもイキミが生じ、再脱出する場合には、排泄口孔に排泄物が排泄できる隙間を残して縫合します。感染や腫れを抑えるための抗生剤や消炎剤の外用や内服が必要です。

卵管の問題で排泄腔脱が生じる場合は、大もとの問題である卵管を摘出しない限り、イキミが治まらないこともあります。

バタンの問題行動による排泄腔脱では、問題行動を改善させるための向精神薬や認知行動療法が効果的な場合があります。クロアカ固定術や、肛門道の整形手術を行うと、イキミが生じなくなることがわかっています。

発情性巨大便

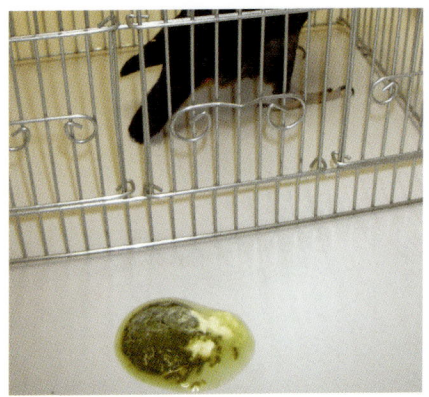

来院時のキャリーでは排便をがまんしていることが多く、診察台に上がった途端に排便することが多いです。緊張から水分が多くなります（びっくり便）

3. メガクロアカ（巨大排泄腔）

【原因】 排泄腔の拡大は以下の原因で起こります。

生理的メガクロアカ
①**発情性**：営巣中（発情期）のメスは排便回数を減少させるため、便を排泄腔に貯留するため、排泄腔の拡大が起きます。
②**綺麗好き**：ケージの中で排便を嫌がる個体は（巣だと思っている）、排便回数が極端に少なく、排泄腔の拡大が起きます。

病的メガクロアカ
①**閉塞性**：自咬による鎖肛や、下痢便の付着による排泄口孔の栓塞、排泄腔内の異物（糞石、尿酸結石、壊死性卵、腫瘍、乳頭腫など）による閉塞などによって起きます。
②**絞扼性**：ヘルニア嚢内に排泄腔が落ち込み、便が滞留し、重みを増して排泄腔の拡大が生じます。
③**麻痺性**：中枢性（脊椎損傷や脳障害など）あるいは末梢性（術後など）に排泄腔を支配する神経に障害が生じ、排泄腔の拡大が起きることがあります。

■消化器に関わる病気

【症状】便および尿酸が排泄腔内に大量に貯留し、排泄腔（クロアカ）は拡大します。排便・排尿は排泄腔が満積し押し出されるように出る、あるいは隙間を縫って排泄されますが、完全に閉塞すると出なくなってしまいます。

物理的な閉塞の場合、排便時にイキム様子が見られますが、神経的な閉塞の場合はイキムことはありません。

排泄物は一気に排泄されると非常に巨大です。貯留中に、細菌（特に嫌気性菌）が増加しやすいので、異臭を放つことがほとんどです。クロアカ炎から血便が生じることもあります。貯留時間が長いと、腸毒血症や敗血症でショックを起こし死亡することもあります。

【診断】排泄物が大量に貯留していることで診断されます。排泄口から造影剤を流入しX線検査を行うと、拡大した排泄腔が明瞭になります。

【治療】腸毒血症や排泄腔炎を防ぐため、貯留した便は少なくとも1日に1回、排泄が推奨されます。また、抗生剤や抗真菌剤などが排泄腔内での細菌や真菌の増殖予防に使用されます。

全量が自然に排泄されない場合は、圧迫による排泄が必要です。自然排泄されている場合も、古い便が拡大した排泄腔内に貯留して問題を起こすことがあるため、注意が必要です。

糞石や尿石の場合、排泄腔の中で破砕して小さくしてから摘出します。破砕できない場合には、開腹手術による排泄腔切開術を行うことになります。

脊椎損傷など解除できない原因の場合、一生圧迫排泄を続ける必要があります。ヘルニアなど原因が解除できるものでは、手術を行って根本解決をした方が、リスクが低くなります。

【予防】排泄腔の拡大は便の貯留によって悪化して行きますから、早期に原因を解除すること（ヘルニア手術など）がまず大切です。原因が解除できない場合には、排泄腔の拡大がひどくなる前に、便の排泄をしてあげましょう。

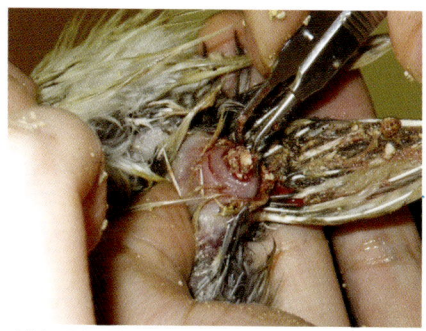

メガクロアカの原因：塞栓した糞石・尿石の摘出

メガクロアカの原因：自咬による鎖肛

ヘルニアによるメガクロアカ。圧迫排便の様子

◆肝臓の疾患

総論

【原因と進行】 非感染性の原因としては、血腫、肝リピドーシス（脂肪肝）、鉄貯蔵病（☞P146）、アミロイドーシス、循環障害、肝毒素、肝腫瘍、痛風（☞P196）などがあげられます。感染性の原因としては、細菌（グラム陰性菌、グラム陽性菌、抗酸菌、クラミジア）、ウイルス、寄生虫、真菌などがあげられます。実際の飼い鳥の肝疾患では、急性は感染性が多く、慢性は脂肪肝や原因不明の慢性活動性肝炎と診断されることが多いです。

【発生】 肝疾患は他の疾患に比較してかなり多く見られます。

【進行】 種々の病原により肝臓が損傷すると炎症が生じ、「肝炎」と呼ばれる状態となります。肝組織の再生力は非常に強いですが、慢性的な障害が進んで肝細胞が死滅・減少するとともに線維組織に置換されると、肝臓が硬く変化した状態「肝硬変」となります。肝硬変のように肝機能が著しく低下し様々な症状が生じた状態を「肝不全」と言います。また、慢性の肝炎は肝癌へと移行する可能性があります。肝臓は様々な機能をもつため、その機能が障害されることで（肝不全）、特徴的な症状が見られます。

【診断】 特徴的な症状に加え、X線検査による肝臓の肥大徴候（ウエスト消失、腺胃・

● 肝不全に関連する症状と、推察されるその機序

尿酸変色(黄〜緑色化)	肝性あるいは肝後性のビリベルジン排泄障害によります（☞P30写真参照）。
羽毛の着色	オカメインコの黄色化はビリベルジン系色素の沈着による。セキセイインコの頭部黒色化やコザクラインコの赤色化は機序不明。
羽毛の脱色	緑色のセキセイの黄色化、青色のセキセイの白色化、緑色のボウシインコの黒色化は、肝不全による羽毛の物理的構造の形成不全が原因と言われます。
嘴・爪の過長・軟化	肝不全によるタンパク合成不良が原因と考えられています（セキセイインコ、オカメインコ、ラブバードなど）。
腹部膨大と腹水	肝肥大と、低アルブミン血症あるいは門脈圧の亢進による腹水貯留によって腹部が膨大します（腹壁の薄いヒナやフィンチでは、肥大した肝臓や腹水が腹壁を透化して観察できます）。これらに呼吸スペースが圧迫され、呼吸困難が生じることもあります。
出血傾向	肝機能低下による血液凝固因子の形成不全によると考えられます。
中枢神経症状	主に、高アンモニア血症(肝性脳症：☞P187-188)によります。
一般症状	多飲多尿、膨羽、食欲不振、嘔吐、吐き気、沈うつ、体重減少、下痢などが見られることも多いです。

■消化器に関わる病気　第6章

砂嚢の変位)、血液検査による肝酵素値の上昇などが肝疾患を示唆します。しかし、重度の肝疾患があってもこれら検査で異常が認められないこともあります。確定診断には肝臓の生検と組織診断が必要です。

【治療】原因が明らかな場合、これを取り除くとともに、対症療法と支持療法が重要です。しかし、肝疾患は原因が明らかでなくても、適切な対症療法によって治癒されることも多いため、検査の負担を考慮して「原因探し」は省かれることが多いです。

肝疾患と診断された場合、原因が何であれ強肝剤の投与が行われます。また、適切な栄養への変更(特にビタミンやアミノ酸)も推奨されます。肝疾患の鳥用のペレットへ切り替えができればより早い回復が期待できます。管理と安静がより重要です。

また、肝臓の回復を促すためには、肝臓への充分な血液供給が必要なため、狭い看護室での安静が重要です。特に飛翔は、全力疾走の約10倍の運動量が必要と言われ、放鳥は厳しく制限すべきです。食欲を失っている鳥や脱水が見られる鳥では、強制給餌や輸液をすぐに開始しないと、高アンモニア血症を起こし、急死することがあります。

【予防】肝疾患を予防するためには、感染症や肥満、誤食を予防し、適切な栄養管理と充分に運動ができる環境を提供することが大事です。

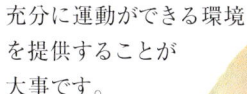

赤色化したコザクラインコ

頭部羽毛が黒色化したセキセイインコ

嘴の過長と血斑

黄色化(脱色)したセキセイインコ

爪の血斑

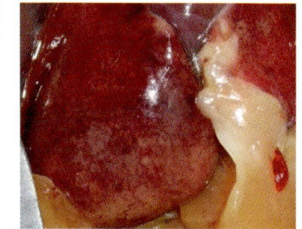

これら症状の原因となる慢性活動性肝炎

●感染性疾患

1. 細菌性肝炎

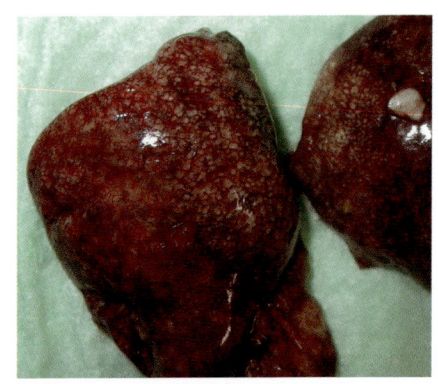

抗酸菌による小さく白い病巣が肝臓に散在しています

【原因】各細菌の詳細については、感染症について述べた第2章を参照してください。

①**グラム陽性菌**：ブドウ球菌、連鎖球菌が、最も一般的で、主に皮膚感染あるいは気嚢感染によって血行性に肝臓へと感染します。特にフィンチで一般的です。クロストリジウムは、腸管に生息し肝臓へ上行します。

②**グラム陰性菌**：オウム目鳥類における全身感染症の最も一般的な細菌群です。腸内細菌科（大腸菌、サルモネラなど）や緑膿菌の仲間がよく報告されます。腸感染から全身感染へ広がる際に肝臓に感染するか、胆管から上行して感染します。パスツレラ菌は敗血症を起こし、敗血症時の最も一般的な標的臓器である肝臓に感染します。

③**抗酸菌**：哺乳類と異なり、鳥類では腸感染からの肝臓感染が一般的です。慢性の経過を示す感染性の肝炎では、常に疑う必要があります。

④**クラミジア**：クラミジアは主に吸入感染し、肺感染から血行性に肝臓感染を起こすとされ、飼い鳥における感染性肝炎の最も一般的な原因となっています。急性の肝炎があった場合、必ずクラミジアを考慮する必要があり、慢性の肝炎でも過去のクラミジア感染を考慮しなければなりません。

⑤**真菌**：しばしば見かけるのは肺・気嚢アスペルギルス症から、直接接触する肝臓に感染が広がった症例です。免疫不全の鳥では播種性カンジダ症に続発して、肝カンジダ症が発生することがあります。

⑥**寄生虫**：様々な血液原虫が報告されていますが、実際に見る機会はほとんどありません。トリコモナスは、口腔・食道内の寄生虫ですが、ヒナ鳥では全身に感染が広がることもあり、肝臓は標的臓器として一般的です。腸クリプトスポリジウムの上行感染もあり得ます。

【発生】幼少期や、PBFDによる免疫低下期など、免疫が低い時期に全身性感染や敗血症から生じることが多いです。

【症状】各疾患のページを参照。（☞第2章）

【診断】肝疾患徴候に追加して、X線検査で肝臓の肥大が確認され、血液検査で白血球の著しい増加や、肝酵素値（特にAST）の上昇が見られた場合、細菌性の肝炎がまず疑われます。

確定診断は、肝臓の組織検査によって行われます。細菌の種類を特定するためには、肝臓組織の培養検査およびPCR検査が必要となります。肝臓へ感染が重度に生じている場合、便や血液から病原体が検出されることもあります。

【治療】分離された菌に効果が高く、肝臓への薬剤の分布が良好な抗生剤を使います。肝臓への負担の強い抗生剤は、特別な場合を除いて推奨されません。

病原の特定が困難な場合は、クラミジア、抗酸菌、多くの細菌に効果が得られる広域

■消化器に関わる病気

●感染性疾患
2. ウイルス性肝炎

【原因】各ウイルスの詳細については、第2章「感染による病気」を参照してください。
①**パチェコ氏病**：急激な肝炎あるいは肝壊死を起こし、通常、症状がほとんど認められないうちに死亡しますが、一部の個体では肝疾患徴候が見られることもあります。
②**BFD**：肝炎・肝壊死から死の直前に肝疾患徴候が見られることもあります。肝障害はセキセイインコやコニュア、コンゴウ、オオハナインコ、フィンチなどでしばしば見られますが、ボウシインコやバタン、ヨウムでは見られないことが多いです。
③**その他**：稀にアデノウイルス、パラミクソウイルス、サーコウイルス、レオウイルスなどによる肝炎が見られることもあります。
【発生】ウイルスの偏好性により発生種に偏りが見られます。ウイルス性肝炎は主に免疫の低い幼鳥で問題となります。また、群れで飼育されている場合に、流行を見ることがあります。
【症状】各疾患の頁を参照。
【診断】X線検査での肝臓の肥大は一般的な所見ですが、甚急性のパチェコ氏病など肝臓が肥大するまもなく、死亡することもあります。血液検査では肝酵素値の著しい増加が認められることもありますが、肝酵素値も上昇に数日かかるため、その前に死亡することがあります。

　確定診断は、肝臓の組織検査あるいはPCR検査によって行われます。便やスワブのPCR検査は、その部位に排泄が行われていないと検出できません。ウイルス血症を起こしている場合は、血液のPCR検査で検出することができます。
【治療】急性の肝炎は治療が間に合わないことが多いです。一部、抗ウイルス薬が有効な場合もあり、対症療法と支持療法で、いかにその時間を稼ぐかが重要となります。
【予防】肝炎を発症する前にウイルスを検出し対処し、検査を受けていない鳥との接触を避けるようにしましょう。

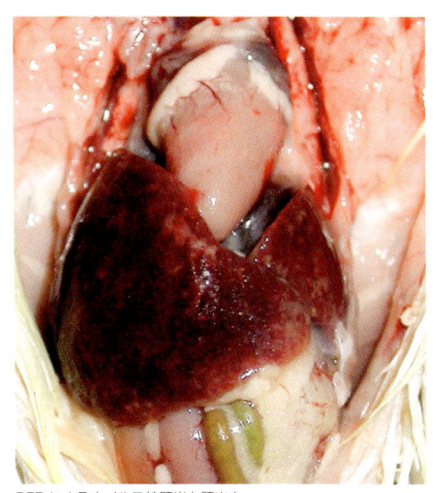

BFDによるウイルス性肝炎と肝出血

●非感染性疾患●感染性疾患
3. 肝出血・血腫

【原因】肝臓の損傷によって出血し、血腫となります。通常、物への激突や踏まれたりはさまったりなどの事故による肝臓の物理的な損傷によって生じます。

幼少期は肝臓を物理的な障害から守る竜骨が小さく、腹部打撲によって簡単に肝損傷が生じます。また、脂肪肝の肝臓は非常にもろく、肝破裂が生じやすくなっています（脂肪肝出血症候群）。

急性の肝炎（特にBFDなどの感染症）が肝出血を起こすこともあります。肝不全が生じている場合、血液凝固障害から出血は止まりづらいです。

【症状】一般に、急激な出血によりショック状態を起こすか、突然死します。出血に伴い、貧血や、出血した血液の溶血・吸収による尿酸の著しい緑色化（場合によっては赤色化）が認められます。腹部に肝臓が目視できる種類では、黒色の血腫が肝臓領域に認められます。

【診断】上記症状をもとに推測されます。X線検査による肝腫大、エコー検査による血腫像、血液検査による再生性貧血像は診断の助けとなります。

【治療】止血剤を投与し、貧血が著しい場合には輸血をします。

●非感染性疾患

4. 肝リピドーシス、脂肪肝、脂肪肝症候群

【原因】肝細胞における中性脂肪の蓄積が、放出や分解を上回ることで生じます。通常、過剰な食餌性脂質の摂取や、制限された運動環境における過食、あるいは脂肪組織からの急激な動因によって生じます。

脂肪組織からの急激な動因は、飢餓によるエネルギー不足から肝臓での脂質分解（糖新生）の必要性が生じた場合や、産卵直前の卵黄前駆物質の生成の必要性が生じた場合などが主です。

また、偏ったアミノ酸バランスの食餌（ビオチンやコリン、メチオニンの欠乏など）によって、中性脂肪を運ぶアポタンパク質の合成不良や、肝機能低下や中毒性肝障害によっても、中性脂肪の放出不足から脂肪肝が生じます。

【発生】脂肪肝はすべての飼い鳥に発生します。肥満の鳥、不適切な飼料が与えられている鳥、新生仔で頻繁に見られます。大型鳥ではボウシインコ、コンゴウインコ、モモイロインコ、バタンに多く、小型鳥ではセキセイインコ、オカメインコに多く見られます。糖尿病が肝リピドーシスの素因となる可能性もあります。

【症状】急性と慢性に分かれます。

①慢性の肝リピドーシス：慢性的な脂肪肝によって肝機能が障害された鳥は、活動量と食欲の低下が認められます。嘴の過長や羽質の変化（こすれによる黒色化、着色による黄色化、赤色化、黒色化）、出血斑などの肝疾患徴候が見られることも多いです。

また、肝肥大と脂肪の蓄積による気嚢スペース圧迫のため呼吸困難を生じることもあります。

②急性の肝リピドーシス：何らかの食欲不振を生じる小さなきっかけに始まり（多くは換羽、寒冷、環境の変化、産卵など）、食欲

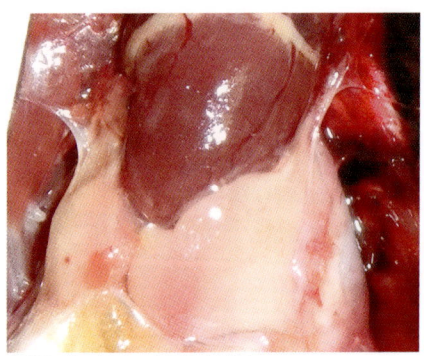

脂肪肝で真っ白になった肝臓（白肝）

■消化器に関わる病気

不振による脂肪動因によって脂肪肝が悪化し、肝機能が障害されることでさらに食欲不振が増強されるという悪循環を生じます。

急激に状態は悪化し、高アンモニア血症から突然死するか、膨羽、沈うつ、黄色尿酸、嘔吐、食欲不振などを呈します。飼い鳥が食欲を失った後、突然死する原因の多くはこれです。

【診断】X線検査では肝肥大が認められます。血液検査では高脂血症のみが認められ、肝機能検査の数値に異常が認められないこともあるため、注意が必要です。

【治療】慢性的な脂肪肝の個体では、良質なエサへの変更と、強肝剤や高アンモニア血症の予防薬を用いた上での食餌制限をゆるやかに行います。

急性の肝リピドーシスが生じた場合には、悪循環を断つため、強制給餌が必要となります。電解質異常を生じていることも多いため、補正のための輸液を行い、強肝剤、高アンモニア血症治療薬などを投与します。

【予防】良質な飼料を与え、体重管理を行い、肥満があるようであれば食餌制限を適切に行います。肥満がある個体では、ストレスがきっかけとなり急変するため、環境を整える必要があります。換羽時にはサプリメントを添加すると良いでしょう。

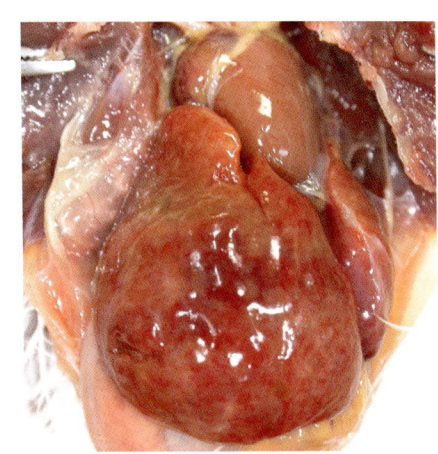

アミロイドーシスにより腫大した肝臓

●非感染性疾患

5. アミロイドーシス

【原因】アミロイドーシスは、アミロイドと呼ばれる異常タンパクが臓器に沈着して障害を起こす疾患の総称です。

肝臓に沈着し肝機能を障害する場合を肝臓アミロイド症（アミロイド肝）と言います。

原因は多くの場合不明ですが、飼い鳥の場合、慢性感染症（趾瘤症、抗酸菌症、アスペルギルス症など）や肝組織の損傷に伴う長期にわたる炎症（抗原刺激）の結果として生じる続発性アミロイドーシスが主です。

【発生】主にガンカモ類やカモメの仲間、ペンギンなどの海鳥で発生しますが、稀に飼い鳥でも発生します。

【症状】アミロイドの沈着により肝機能が障害され、種々の肝不全徴候が見られることがありますが、死後の病理検査ではじめて発覚することもあります。重度の肝障害では腹水の貯留が認められます。アミロイド肝は非常にもろく、肝出血を起こしやすくなります。

【診断】肝肥大はX線検査、肝機能の低下は血液検査によって検出することが可能です。アミロイドーシスの診断には、肝臓の組織検査が必要です。

【治療】アミロイドーシスの治療自体はわかっておらず、強肝剤の投与など対症療法が中心となります。また、進行を抑えるためには慢性炎症の原因となっている疾患の診断と治療が必要です。

【予防】基礎疾患の早期発見と治療。

●非感染性疾患

6. 循環障害

【原因】肝門脈圧の亢進によって、肝臓のうっ血が生じ、肝機能が障害されます。進行すると肝線維症、肝硬変へと進行します。門脈圧の亢進は、多くの場合、右心不全（房室性弁閉鎖不全など）が原因となります。

【発生】肝肥大と肝機能低下による徴候が認められます。右心不全から運動不耐性、頸静脈の怒脹（どちょう）、門脈圧の亢進から腹水が見られる可能性があります。腹水は肝不全による低タンパク血症からも生じます。

【治療】強肝剤を使用するとともに、原因が心不全の場合はその治療も行います。

●非感染性疾患

7. 肝毒素

【原因】胃腸管から吸収された物質のほとんどは、門脈を通じて直接肝臓に流入します。このため、肝臓は中毒性物質による障害が最も生じやすい部位です。

肝毒性をもつ物質は、以下があげられます。
・ある種の医薬品（ハロタン、メトキシフルレンなど肝臓で代謝される薬品の多く）
・化学薬品（ヒ素、リン、四塩化炭素など）
・植物（セイヨウアブラナ、セネシオ・ジャコベア、トウゴマ、ドクニンジン、オレアンダー、カタバミ属、Grantia属、タヌキマメ属、Daubentoniaのシード・綿実など）
・サプリメント（VD_3）
・重金属（鉛、銅、鉄など）
・微生物（細菌や真菌、ラン藻など）が産生した物質のうち、特に肝毒性をもつ物質として有名なものは、*Aspergillus flavus*、*A. parasiticus*、*Penicillium puberulum* などの真菌が産生したアフラトキシンです（☞P149）。

【発生】どの程度発生しているかは不明ですが、多くの原因不明の肝障害（慢性活動性肝炎など）に関わっていると思われます。

【症状】急性、あるいは慢性の肝疾患徴候が生じると考えられます。

【診断】重金属以外は、生体から中毒物摂取の証拠を明らかにすることは困難で、飼育者から何を食べたか聴取するほかありません。食品中のアフラトキシン濃度を測定する検査キットがあります。

【治療】適切な看護、支持を行うとともに、対症療法（解毒強肝剤など）が行われます。摂取直後、そ嚢内に停滞している状態であれば、そ嚢洗浄が効果的です。胃洗浄は麻酔下で行う必要があり、リスクが高くなります。吸収される前であれば、活性炭が効果的な場合もあります。

【予防】鳥が触れる場所（ケージ内、放鳥する部屋内）に、鳥にとって毒性が不明なものを置かないことです。食餌に関しては、アフラトキシン濃度がチェックされているペレットを用い、熱帯・亜熱帯産の飼料（特にナッツ類）は避けるようにしましょう。

ナッツ類は肝毒素であるアフラトキシンがしばしば検出されます

●非感染性疾患
8.肝腫瘍

【原因】肝臓に最初に発生した原発性、あるいは転移性、多中心性に分かれます。

原発性の腫瘍としては、肝癌、肝細胞癌、胆管細胞癌、胆管癌、脂肪腫、線維腫、線維肉腫、血管腫、血管肉腫など様々です。

転移性腫瘍としては、白血病やリンパ肉腫、横紋筋肉腫、腎癌、膵癌などがあげられます。

多くの場合、腫瘍が発生した原因は不明ですが、胆管癌と排泄腔乳頭腫症の間には関係があることが示唆されています。また、ヘモクロマトーシスやアフラトキシン中毒も肝癌の発生に関わっているとされます。

【発生】飼い鳥の肝組織検査の報告では、肝疾患の5%程と報告されています。

【症状】通常、何らかの肝疾患徴候を生じますが、死亡までまったく症状を示さないこともあります。

【診断】血液検査で肝機能の低下が示されることもありますが、末期まで数値に異常が出ないこともあります。X線検査で肝臓の肥大や変形（場合によっては萎縮）が見られることがあります。肝腫瘍の証明は、開腹あるいは内視鏡下での肝臓の生検および組織検査が必要です。

【治療】鳥における肝腫瘍の治療は確立されておらず、現在のところ支持療法、対症療法が治療の中心となります。

【予防】肝腫瘍の予防は困難ですが、一部の肝腫瘍については、その発生と関わる病原（PsHV、アフラトキシン、過剰な鉄など）を避けることが予防につながる可能性があります。

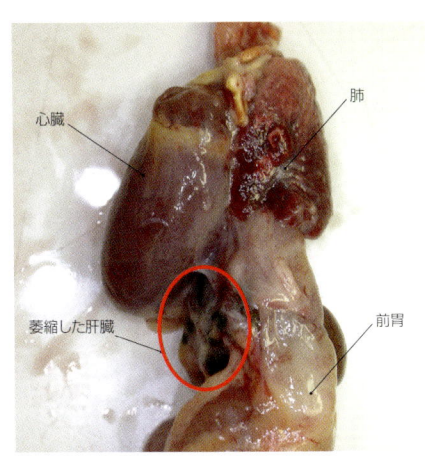

肝細胞癌により萎縮した肝臓

●肝疾患によって生じる病気
9.肝性脳症

【原因】肝障害に伴い、肝臓の解毒機能の低下が生じ、タンパク質の代謝産物であるアンモニアなどの毒素が分解されず、これらが脳障害を引き起こします。肝硬変や劇症肝炎、肝リピドーシスなど重度の肝障害で生じます。

【発生】肝障害や肥満を持つ個体では、常に肝性脳症が生じる可能性を考慮しなければなりません。肝性脳症による突然死は、飼い鳥の突然死の原因のかなり上位に入ると考えられます。

【症状】軽度であれば、一見正常に見えるか、傾眠、食欲不振、膨羽など一般的な症状にとどまります。進行すると、嘔吐、多飲多尿、嗜眠、食欲廃絶、精神障害などが現れ、重度になると運動失調、麻痺、昏睡、痙攣を起こして死亡します。ただし、重度の高アンモニア血症が存在する個体でも、一見正常に見えることもあり、注意が必要です。

【診断】血中アンモニア濃度の測定。ただし、ほかの毒素によっても肝性脳症は生じるため、必ずしも血中アンモニア濃度が上昇するわけではありません。また、高アンモニア血症を持つ個体は、保定により痙攣を起こすことがあるため注意が必要です。

【治療】高アンモニア血症の場合、高アンモニア血症用剤を使用します。また、アンモニアの原材料であるタンパク質の量を制限し、質の良いものを与えます（肝疾患用ペレットなど）。輸液、強制給餌も重要です。

痙攣を起こしている個体では、抗痙攣剤を使用し、いったん沈静（眠らせる）する必要があります。沈静した状態でなければ、すべての処置や検査は痙攣を悪化させる可能性があります。

【予防】肝障害を持つ個体では、高アンモニア血症用剤を常用すると良いです。一部の高アンモニア血症用剤は単なる糖であるため、副作用の心配はほとんどありません（哺乳類では下痢が起きますが、鳥類では起きません）。また、肝疾患用ペレットへの変更も予防となります。

● 肝疾患によって生じる病気

10. Yellow Feather Syndrome（YFS）羽毛の黄色化

【原因と発生】Yellow Feather Syndrome（YFS）は、オカメインコ、特にルチノー種に多発します。羽毛の黄色化の原因は、おそらく胆汁色素の沈着によって生じると考えられます。鳥の主な胆汁色素は緑色のビリベルジンであり、黄色のビリルビンへ還元するビリベルジンリダクターゼを持ちません。

しかし、肝不全により慢性的な胆汁排泄障害が生じると、体内に蓄積したビリベルジンは非特異的還元酵素の働きによって徐々に還元され、生成された黄色のビリルビンが羽毛形成の際にリン脂質に沈着し、羽毛の黄色化が生じると説明されます（ビリベルジンは水溶性のため、皮膚や羽毛には沈着しません）。

肝不全が改善しても、次の換羽を待たな

肝性脳症で昏睡したYFSのオカメインコ

オカメインコに多いYFS

● 遺伝、生活習慣など複数の要因の可能性

品種に偏りが見られることから、多発する原因としては、遺伝的な要因が推測されます。

生活習慣病が顕在化する10歳頃に起こることが多く、特にヒマワリなど脂肪種子を与えられている個体に多く発生することから、脂肪肝も関与していると考えられます。

また、甲状腺機能低下症の症状を伴うことが多く、甲状腺の機能低下による高脂血症が関与している可能性もあります。さらにオカメインコには、オウム病やアフラトキシン中毒、卵黄性腹膜炎からの肝炎なども多いことから、これらが関与している可能性も考えられます。

■消化器に関わる病気

治癒中のオカメインコ。新しい羽は白色化し、黄色羽はまばらとなっています

ければ黄色羽毛は減少しませんが、治療の開始により、未換羽の状態でも黄色がやや薄くなることがあります。このことは、羽毛をコーティングする粉綿羽や尾腺の油にもビリルビンが沈着して黄色化を促進していたためと考えられます。

【症状】 全身の正羽が黄色化しますが、特に雨覆、背部の羽毛の変色が目立ちます。肝不全が改善されると、換羽後、黄色羽毛はまばらとなります。ただし、パール因子を持つ個体はもともと黄色羽毛が存在するため、鑑別に注意が必要です。通常、YFSは濃い汚れた黄色で、見分けがつきます。

また、ほかの慢性肝疾患徴候（嘴・爪過長、血斑など）や、甲状腺機能低下症、糖尿病、高脂血症に伴う症状が併せて見られることも多くあります。

【診断】 血液検査では、肝損傷を示すASTや肝機能を示す総胆汁酸の値が正常のこともあります。これは検査をした時点での評価であり、慢性的な病態を評価したものではありません。一方、高脂血症はコンスタントに検出されることが多いです。肝臓の状態を正確に把握するためには、肝生検が必要です。

治療は特徴的な症状から充分行うことができます。また、検査負担によって高アンモニア血症から痙攣を起こすことがあるため、検査が省略されることも多いです。

【治療】 ほとんどの例が強肝剤の使用と食餌の改善により治癒します。しかし、治療期間は数ヶ月から数年かかることもあり、根気を要します。強肝剤の使用を停止すると再発することもあります。

【予防】 ヒマワリなど高脂食を制限し、適切な食餌を給与します。また、肥満がある個体では食餌制限を実施します。

◆膵臓（すいぞう）の疾患

膵炎、その他

【原因】感染性：PMV（☞P65）はキキョウインコ属や一部のフィンチに膵炎を起こします。ほかにも全身感染の一部として、ウイルス（ヘルペス、BFD、アデノ、ポックスなど）、細菌（特にグラム陰性菌）、クラミジアなどが膵臓に感染を起こします。また、膵臓は十二指腸に囲まれているので、十二指腸炎から膵炎が続発する可能性があります。

非感染性：腹膜炎（卵黄性など）に続発して炎症が生じることがよくあります。肥満や高脂食、肝リピドーシス、高脂血症、動脈硬化に関連して、急性膵炎や膵壊死が突然生じることもあります。

また、何らかの原因による膵管の閉鎖は、膵臓内での膵液の活性化による自己消化を招きます。落下による打撲や外傷、ヘルニアによる絞扼などの物理的な障害も起こり得ます。

　中毒としては、有機リン中毒や亜鉛中毒が膵臓をターゲットとするとされています。人ではアルコールが膵炎の最大の原因であることから、鳥にアルコールを与えた場合も膵炎が生じる可能性があります。長期のカロリー不足は膵臓を萎縮させてしまいます。膵腫瘍もしばしば見られます。

【症状】急性症状：膵臓は強力な消化酵素である膵液を分泌している臓器です。膵臓が破壊されると、膵液が漏れだし、膵臓を自己消化するとともに、腹腔内を消化します。血行性に全身にも酵素はめぐり、全身の炎症から多臓器不全を起こします。急性膵炎を起こした鳥は、ショック状態となり、膨羽、嗜眠、食欲廃絶します。嘔吐が起きることもあります。

慢性症状：膵臓は消化酵素である膵液の外分泌と、糖代謝を行うインシュリン・グルカゴンの内分泌を行う臓器です。膵疾患により、外分泌あるいは内分泌に障害が起きます。

　膵外分泌不全（EPI）では膵液の分泌不全による脂肪、デンプン、タンパクの消化不良が生じます。便は未消化脂肪、デンプンを多量に含むため白色化します。損失分を補おうと、過食し、便は増量します。糞食も頻繁に見られます。過食で未消化分を補うことができれば体重は減少しませんが、補えないとやせ衰えます。脂質の吸収不良から脂溶性ビタミンの吸収不良が生じ、長期ではビタミンD欠乏による骨格の異常が認められるかもしれません。膵内分泌不全では糖尿病が生じます（☞P217）。

白色便を糞食しようとしているEPIのオカメインコ

【診断】急性膵炎の診断は比較的難しく、血液検査によるアミラーゼやリパーゼの上昇は診断の助けになりますが、必ずしも見られるわけではありません。EPIの診断は特徴的な症状と、検便による便中の大量のデンプンや脂肪が証明になります。タンパク質の消化検査が行われることもあります。

【治療】軽度の急性膵炎では、絶食と輸液、鎮痛剤が効果的です。重度の急性膵炎は予後不良なことが多いです。タンパク分解酵素阻害薬や抗生剤が使用されます。また、強力な鎮痛剤を用い、充分な量の輸液を行います。

　鳥では、急性膵炎時の外科的な膵切除はあまり行われていません。EPIに対しては、足りない膵酵素を補うため、経口的に膵酵素を常時使用する必要があります。EPIが改善しない場合は、一生投与する必要があります。また、EPIは挿し餌期のオカメで頻繁に見られますが、適切な対処をしつつ成鳥になるのを待つと、自然に回復することが多いです。

【予防】食餌性の膵疾患を防ぐため、高脂・高炭水化物食は控えるようにしましょう。

第7章
泌尿器・呼吸器・循環器・内分泌器の病気

◆泌尿器の病気
腎疾患 192
腎不全 193
尿管結石 195
痛風・高尿酸血症 196

◆呼吸器の病気
上部気道疾患（URTD） 198
鼻（道）炎 200
副鼻腔炎 202
咽頭炎・喉頭炎 203
結膜炎 203
Lovebird Eye Disease（LED）・ボタンインコ類の鼻眼結膜炎 204
オカメインコの開口不全症候群（ロックジョー、CLJS） 205
下部気道疾患（LRTD） 206
気管炎・鳴管炎 208
肺炎 210
気嚢炎 212
皮下気腫 212

◆循環器の病気
心疾患 214
アテローム性動脈硬化症 216

◆内分泌の病気
甲状腺機能低下症 217
糖尿病 217

▶▶▶ 泌尿器の病気

1. 腎疾患

【原因】
感染性
①**ウイルス感染**：アデノウイルスやポリオーマウイルス、稀にヘルペスウイルスが腎臓に感染し、他のウイルスによる間質性腎炎も報告されています。
②**細菌性**：感染性腎疾患の主な原因です。排泄腔から上行あるいは敗血症に二次的に感染します。グラム陽性、陰性を問わず様々な細菌の感染が報告されています。抗酸菌による肉芽が形成されることもあります。
③**クラミジア**：オウム病による全身感染から二次的に腎病変が起こることがあります。
④**真菌性**：気嚢アスペルギルス症が直接腎臓に浸潤することがあります。
⑤**寄生虫性**：寄生虫性の腎疾患は稀ですが、コクシジウムやクリプトスポリジウム、エンセファリトゾーンなど原虫類が主です。
⑥**その他**：直接的な感染ではありませんが、病原体と抗体による免疫複合体性の糸球体腎炎も存在するのではないかと言われています。

非感染性
①**食餌性**：ビタミンA（VA）欠乏が鳥に腎障害を招くと古くから言われてきました。VA欠乏は腎尿細管の扁平上皮化生や過角化から尿酸の排泄障害をもたらします。また、カルシウム（Ca）過剰による腎臓の異所性石灰化がよく知られています。セキセイインコでは、0.7％以上のCaを含有する飼料が給与された場合に生じるとされます。VD_3過剰症による腎の石灰沈着症がよく知られています（☞第5章）。

また、腎不全の結果として、高Ca高リン血症から腎の石灰化が生じることもあります。塩分摂取の過剰による腎障害も有名ですが、実際に飼い鳥で診断されることは稀です。肥満や絶食と関連して生じる肝リピドーシス（☞P184）に伴って、腎リピドーシスが発生することもあります。
②**中毒性**：一部の薬剤は腎臓を障害する恐

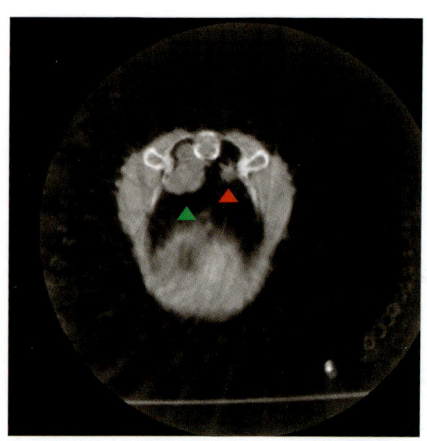

CT検査で明らかとなったオカメインコの左腎臓の萎縮（▲）と、右腎臓（▲）の代償性肥大

■泌尿器・呼吸器・循環器・内分泌器の病気

れがあります。飼い鳥によく使用される薬では、アミノグリコシド系の抗生剤やNSAIDsが有名です。これらは腎機能が低下しているときに使用すると、腎障害を起こすことがあるので注意が必要です。

鉛や亜鉛による腎障害も一般的です。これら重金属中毒の治療薬であるキレート剤は、腎障害をもたらすことが知られているので、腎臓を守るほかの治療をあわせて行うことが大切です。

このほか、カビ毒も腎障害をもたらす可能性があります。

③**腎痛風性**：高尿酸血症が悪化すると、腎実質に痛風（☞P196）が形成されます。痛風はさらに腎実質を障害し、さらなる高尿酸血症を招いて、痛風を悪化させる悪循環を招きます。

④**腫瘍性**：セキセイインコで一般的です。腎（腺）癌と腎芽腫が多く、腺腫、嚢胞腺腫、線維肉腫、リンパ肉腫なども報告されます。

⑤**術後腎不全**：麻酔や出血による血圧の低下や酸素の供給不足によって腎虚血が生じ、腎不全に陥ると考えられます。

⑥**その他**：腎臓の外傷、虚血や低酸素によっても腎障害が生じることもあります。腎アミロイドーシスは、ガンカモ類とフィンチ類でしばしば発生します。また、腎臓の一部に欠損が見られるなど先天的な腎疾患もあります。

【症状】腎機能が低下した場合、腎不全症状が見られます（後述）。

また、急性腎炎や腎腫瘍による腎臓の腫大によって、腎臓の中を通り脚へ分布する神経が圧迫され、脚麻痺が生じることがあります。さらに腎腫瘍では、巨大化によって消化管の圧迫によるイレウスや、呼吸器の圧迫による呼吸困難、腹水貯留、腹部膨大なども見られることもあります。

【診断】腎機能の低下が認められた場合、腎疾患を疑う必要があります。しかし、腎不全の証明は必ずしも腎疾患を表しているわけではありません。腎不全は腎前性あるいは腎後性の原因でも生じるためです。腎疾患の確定診断とその原因の究明には腎生検が必要となります。

【治療】腎不全が見られる場合、その治療とあわせ、疑われる原因に対する治療も行われます。腎腫瘍が疑われた場合、その治療法は確立されていませんが、インターフェロン療法などが試されることがあります。

【予防】食餌性の腎疾患を防ぐため、適切な栄養給与を心がけます。特にカルシウム、ビタミンD、ナトリウム、タンパク質の過剰摂取、ビタミンAの欠乏を避けましょう。感染性の腎疾患にしても、適切な栄養が発症の予防となります。また生活環境を整え、中毒物を避けることも重要です。

2. 腎不全

【原因】腎不全は、その原因によって腎前性、腎性、腎後性に分けることができます。また、進行によって急性と慢性に分けられます。

①**腎前性**：脱水や循環不良等によって腎血流量あるいは血圧が減少し、腎機能が低下することで生じます。本来腎実質に障害が認められないものを言うのですが、継続すると腎損傷が生じ腎性腎不全へと移行します。

②**腎性**：腎実質の障害、すなわち腎疾患（上記参照）によって腎機能が障害されたものを言います。

③**腎後性**：腎臓の後ろ側の要因で腎不全が生じたものを言います。鳥では膀胱や尿道

がないので、尿管の閉塞と排泄腔の閉塞が尿路閉塞の主な原因です。

尿管閉塞は、ビタミンA欠乏による尿管の過角化や、尿管結石（後述）、排泄腔脱や排泄腔炎に伴う尿管出口の閉鎖、卵管摘出時の左尿管の傷害や結紮（けっさつ）（外科的に結ぶこと）などによって生じます。

排泄腔閉塞は、鎖肛や排泄腔内の糞石、尿石、腫瘍、ヘルニアなどが原因です。

【症状】腎不全症状は、腎臓の7割以上の障害ではじめて生じるとされます。

①急性腎不全：急激に腎機能が障害され発症します。嗜眠、食欲不振などの一般症状に加え、多尿、あるいは尿量が著しく減る乏尿（ぼうにょう）が見られることがあります。脱水症状も一般的です。

痛風は内臓痛風が一般的で、外側に症状が見られることはまずありません。急性腎不全で関節痛風は稀ですが、急速な結節形成が見られることもあります。哺乳類で見られる嘔吐などの尿毒症の症状は、尿酸の毒性が低いため、ほとんど見られません。

②慢性腎不全：慢性的に腎臓が障害されて発症します。セキセイインコなどでは脚の挙上、跛行など、関節痛風の症状に気づいて来院します。関節痛風が出にくい鳥種では、慢性的な活動低下や体重減少、削痩、脱水に気づいて来院します。多尿も一般的で、末期には乏尿が見られることもあります。

③腎腫瘍：腎機能が低下するのは末期なので、それまで無症状に経過することが多いです。

【診断】血液検査による尿酸値の著しい上昇や慢性的な増加で診断します。尿検査は鳥では糞便が混ざるため、あまり当てになりません。糖尿は腎不全によっても生じるため、尿糖の検査を行うことがあります。

【治療】腎不全治療の予後は、急性か慢性かによって異なる傾向があります。急性の場合、多くは可逆性で、原因が解除できれば回復します。慢性の場合、多くは不可逆性で、原因を解除しても失った機能は戻ってきません。このため、急性では原因治療が中心となり、慢性では対症治療が中心となります。

腎不全の治療は、原因治療、食餌療法、痛風治療、輸液療法の4つが重要です。

①原因治療：腎前性では適切な輸液が原因治療となります。腎後性では尿路閉塞の解

■泌尿器・呼吸器・循環器・内分泌器の病気

除が重要です。腎性の場合、その治療には腎生検などによる原因の特定が必要なのですが、これは侵襲が大きすぎるため実施されることは稀です。通常は試験的な治療が試みられます。抗生剤を試用する場合は、腎臓に負担の少ないものが選択されます。

②**食餌療法**：腎不全の治療で最も効果が大きいのは、食餌療法です。腎臓に負担が少なく、腎不全によって体にたまって悪さをする物質も少なく設計された療法食が販売されています。このペレットが利用できるようになって、多くの腎不全の鳥が長生きできるようになりました。ペレットへの切り替えが鍵を握りますが、味も良いらしく、切り替えは比較的スムーズです。

③**痛風治療**：関節痛風は疼痛によって鳥を弱らせます。内臓痛風では各臓器への障害が生じます。そして、腎臓痛風は、腎不全自体を急激に悪化させる悪循環を起こします。これらの治療あるいは予防のため、痛風の原因である高尿酸血症の治療を行います。尿酸合成を抑え、違う形に分散して尿中に排泄する薬が使用されます。

④**輸液療法**：腎不全によって必要な水分が体に保てなくなると脱水症状が生じます。脱水はそれ自体が腎前性腎不全を起こし、さらに腎性腎不全を招きますので、脱水を補正しなければなりません。経口飲水ではあまり効果がないので、皮下輸液あるいは血管内輸液が行われます。また、輸液には腎臓内に溜まった尿酸を洗い流す効果もあります。

【予防】腎前性腎不全の予防としては、脱水症状を見逃さず早急に輸液を行うことです。腎後性の腎不全の予防は、早期に尿路閉塞を発見し改善することです。

　腎性腎不全の予防は、「腎疾患」の予防に準じます。

3. 尿管結石

【原因】尿管結石は、長期の脱水による尿管内での尿酸の固形化や、何らかの原因による尿管閉鎖（尿管紮、ビタミンA欠乏、尿管口閉鎖など）によって生じます。

【症状】閉塞によって腎不全症状が見られます。ただし、片側のみの閉塞ではもう片方の腎臓がしばらくすると代償するので、腎不全症状は一過性かもしれません。尿管結石の大きさが増してくると、腹部膨大や圧迫による症状が見られることもあります。

【診断】尿酸値の上昇が見られることが多いですが、必ず発症するわけではありません。X線検査では後腹膜に腫瘤が観察されますが、卵管結石との区別は難しいです。結石が巨大化すると腹部に触知されることがあります。

【治療】通常、外科的な摘出術が必要となります。

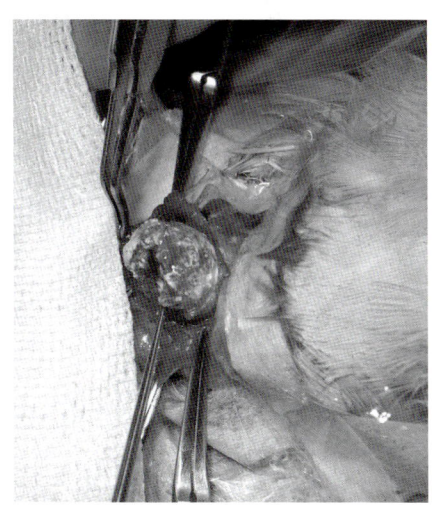

手術による尿管結石の摘出

4. 痛風・高尿酸血症

【原因】痛風は、尿酸が体液中で飽和し、鋭い針状の結晶（尿酸-ナトリウム結晶）となり、その物理的な刺激によって起きる疾患です。この刺激は非常に強い痛みを伴い、「風が吹いても痛い」と言うところから、痛風と呼ばれています。結晶ができる場所によって内臓痛風と関節痛風に分かれます。尿酸結晶ができる原因は尿酸の飽和、すなわち「高尿酸血症」が主な原因です。

人では核酸やATPなどプリン環を持つプリン体の最終代謝産物が尿酸です。このため人の高尿酸血症はプリン体の代謝異常によって起こります。

鳥では、プリン体だけでなく、タンパク質の最終代謝産物も尿酸なので、タンパク質摂取過剰による尿酸合成の増加や、腎不全による尿酸排泄阻害も高尿酸血症の原因となります。ただし、タンパク質の摂取過剰は痛風の発生率や悪化を促進しますが、単独で痛風を起こす証拠は得られていません。

また、プリン体の代謝異常も飼い鳥では報告されていません。このため、飼い鳥に痛風が見られた場合、その原因のほとんどは腎不全によるものです。

【発生】関節痛風は、セキセイインコで頻繁にみられ、オカメインコやラブバードでも少数見られます。ほかの鳥では稀で、内臓痛風が主です。

セキセイインコでは10歳以上の高齢鳥で関節痛風が多く、これは慢性腎不全や腎腫瘍に伴います。特に冬場の発生率が高いのは、尿酸が低温によって析出しやすい性質を持っていることと関連します。幼若齢の痛風は、中毒や感染による急性腎不全が主な原因です。

【症状】
①関節痛風：尿酸が特に脚の関節や軟骨、腱、靭帯などの組織に沈着します。初期の段階では、あまり症状が明らかではなく、脚の挙上や跛行、趾の屈曲不全、握力低下、運動量および活力の減退、止まり木から落ちる様子、止まり木をつかみたがらないなどの症状が見られるかもしれません。趾関節の裏側に、発赤や皮下の白色結節がわずかに見られることもありますが、見逃しがちです。

進行すると、白からクリーム色をした尿酸の固まり（痛風結節）が明らかになります。疼痛も強く、脚の挙上や跛行が強く見られます。関節の可動域は減少し、脱水も加わ

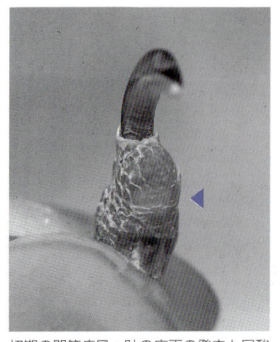

初期の関節痛風：趾の底面の発赤と尿酸塩のわずかな沈着

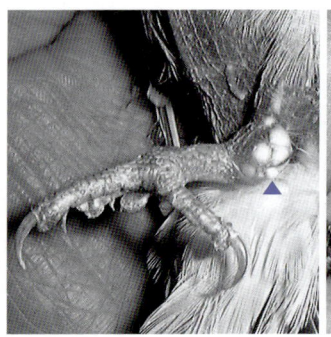

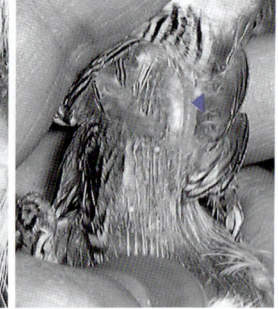

重度の関節痛風：踵（かかと）の真珠状の白色結節と頸骨の関節痛風

■泌尿器・呼吸器・循環器・内分泌器の病気

ることから、趾は枯れ枝様になります。

さらに重度になると痛風結節は数を増し、大きくなり、真珠様の結節となります。結節をおおう皮膚は薄く引き延ばされ、破裂して尿酸が漏れ出すこともあります。

痛風結節の発生部位は、典型的な例では脚の中足指節関節や趾骨間関節ですが、次第にかかとまで広がり、末期になると、膝や肘、翼端部関節、頸部をはじめとする脊柱関節にも尿酸塩の沈着物が見られることがあります。

②**内臓痛風**：主に肝臓漿膜や心膜、心外膜で見られますが、体腔内のいかなる漿膜面にもみられます。腎臓内に見られた場合、これを「腎臓痛風」と分けて呼ぶことがあります。

内臓痛風の最も一般的な症状は突然死です。ほかの腎不全徴候（脱水、多尿、暗色、枯れ枝様の脚、つま先立ち、坐骨神経圧迫による脚挙上など）が死の直前に現れるかもしれません。

【診断】関節痛風を証明するためには、白色結節を針生検し、顕微鏡で特徴的な尿酸結晶を確認するか、ムレキシド反応と呼ばれる試験をする必要がありますが、重度の関節痛風では特徴的な外観から診断が可能です。内臓痛風の診断は死後に行われることがほとんどです。生前に唯一証明する方法は内視鏡による腹腔内観察です。

高尿酸血症は血液検査によって調べることができます。ただ、慢性腎不全では尿酸値が常に高いわけでなく、尿酸値が低くても痛風を否定することはできません。逆に尿酸値が高くても、必ず痛風が生じるわけでもありません。

【治療と予防】痛風の治療と予防は、「腎不全」の治療（前述）に準じます。看護としては、尿酸が低温によって析出しやすい性質を持っ

ているため、保温に努めます。脱水症状は腎不全を悪化させますので、保温し過ぎや低湿、飲水不足に注意します。

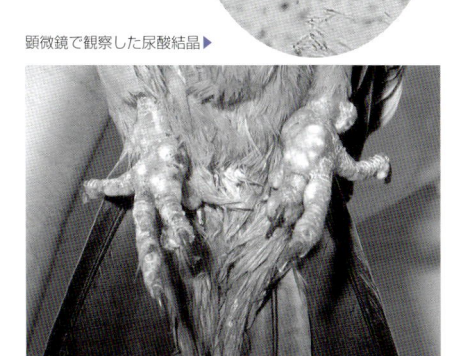

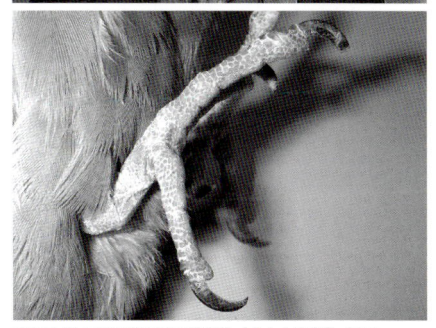

顕微鏡で観察した尿酸結晶▶

オカメインコの関節痛風：治療前（上）と治療後（下）

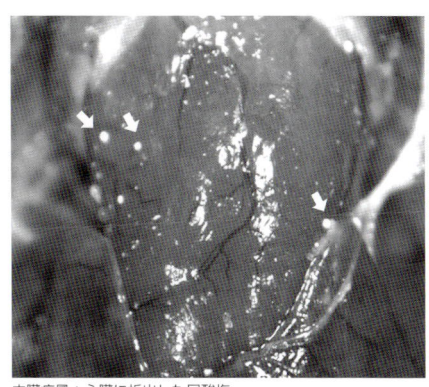

内臓痛風：心臓に析出した尿酸塩

▶▶▶ 呼吸器の病気

1. 上部気道疾患（URTD）

【原因】 鳥の上部気道（Upper Respiratory Tract：URT）は、鼻孔に始まり、鼻腔、副鼻腔、後鼻孔、咽頭、喉頭と続きます。上部気道疾患（URTD）はこれらのどこか、またはいくつかに疾患が起きたものです。

感染性
①ウイルス：人では風邪症候群やインフルエンザなどURTDの最大の原因はウイルスですが、飼い鳥では稀です。アデノやパラミクソ、ヘルペス、インフルエンザ、ポックスなどがURTDを起こすウイルスとして報告されています。

②細菌：飼い鳥のURTDの最大の原因です。URTには多くの細菌が生息しますが、グラム陰性菌は通常悪玉菌です。また、免疫低下や疾病時には日和見菌も問題を起こします。URTDを起こす主な一般細菌としては、大腸菌、シュードモナス、クレブシエラ、サルモネラ、プロテウス、ヘモフィルス、エロモナス、ボルデテラ、パスツレラ、ヘリコバクター、ブドウ球菌、連鎖球菌、腸球菌、バチルスなどがあげられます。

③クラミジア・マイコプラズマ・抗酸菌：クラミジア・マイコプラズマ・抗酸菌なども飼

検査と診断

【感染性疾患の場合】
● ウイルスによるURTD
　アデノ、ヘルペス、ポックスについてはPCR検査が可能です。インフルエンザは迅速診断キットが存在します。

● 細菌によるURTD
　病原細菌の種類を確定するためには、鼻汁や鼻洗浄液、咽頭ぬぐい液などの培養検査が必要です。ただし、一般細菌しか培養できず、実際に悪さをしている細菌が検出されないことがあります。また、培養には時間や費用もかかるので、軽症例や初期例では抗生剤による試験的治療が一般的です。

　重症の場合や、何種類かの抗生剤が無効であった場合には、培養検査と薬剤感受性試験が推奨されます。抗生剤が無効である場合、非細菌性の疾患も疑わなければなりません。

● クラミジア・マイコプラズマ・抗酸菌によるURTD
　これらの病原体はPCRによる検査が可能です。オウム病は人獣共通感染症でもあるため、特に検査が推奨されます。

　マイコプラズマはURTDの重要な病原体ですが、多くの個体が持っていることから、URTDが見られたら、検査を省略してマイコプラズマにも効果の高い抗生剤が選択されることもあります。

■泌尿器・呼吸器・循環器・内分泌器の病気

い鳥のURTDの原因として重要です。マイコプラズマは著しく保有率が高く、多くのURTDの素因となっています。

④ **真菌**：URTには通常、真菌は生息しないので、真菌が多量に存在した場合にはURTDの原因として疑われます。URTDを起こす真菌としては、アスペルギルス、ムコール、カンジダ、クリプトコッカス、マラセチア様真菌などがあげられます。

⑤ **寄生虫**：一般飼い鳥のURTDの原因としては稀です。ブンチョウではトリコモナスによる鼻炎・副鼻腔炎が一般的です。いくつかの種では、結膜クリプトスポリジウム症が報告されています。

非感染性

ビタミンA欠乏による角化亢進、有毒あるいは刺激性ガス（テフロン、ホルムアルデヒド、アンモニア、一酸化炭素、タバコ、ナフタリン、殺虫剤、接着剤、アスファルト、塗料など）の吸入、異物（種や粉状のエサ、ほこりなど）の吸入、薬剤の流入、腫瘍などがあげられます。哺乳類よりもはるかに少ないですが、アレルギー性のURTDも報告されています。

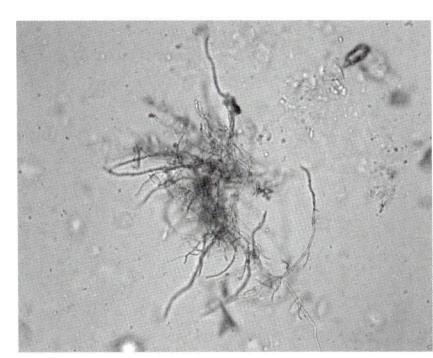

鼻洗浄液中に見られた菌糸様構造物

感染性疾患の検査でなんら病原体が見つからず、抗生剤や抗真菌剤の治療にも反応しない場合には、非感染性のURTDが疑われます。

【症状】くしゃみ、鼻汁などの鼻炎症状、首振り、顔の腫れなどの副鼻腔炎症状、あくびなどの咽頭炎症状が見られた場合には、URTDが疑われます。URTDの症状が見られなくても、URTDの続発性疾患が見られた場合には、URTDが潜んでいる可能性があります。

抗酸菌症は肉芽を形成することが多くあるので、これを生検し、病理組織検査（特殊染色が必要）することで証明されることもあります。

●真菌によるURTD

鼻汁や鼻垢、鼻洗浄液を鏡検すると真菌が観察できることがあります。真菌培養によって真菌の種類が特定できますが、一部真菌（ムコール菌など）は鏡検で観察できても培養されないことが多いので、鏡検のみで暫定診断がなされます。

アスペルギルスはPCR検査も可能ですが、家庭の空気中によくいる真菌のため、たまたま吸い込んだアスペルギルス胞子を検出してしまうことがあります。このため、PCR検査で陽性であってもアスペルギルスが悪さをしているとは言い切れません。鏡検によって鼻汁や鼻垢中に多量にアスペルギルス菌糸が検出され、明らかに悪さをしてそうであればアスペルギルス症と言えます。真菌症の確定診断は、病理検査による明らかな病変を形成する真菌の証明が必要です。

●寄生虫によるURTD

URT分泌物の直接鏡検で明らかになります。

【非感染性疾患の場合】

炎症部位の生検と病理検査が必要です。しかし、URTの生検は侵襲性が高いため、実施されることは稀です。通常は投薬の反応を見たり、飼育環境の聴取によって暫定的な診断が行われます。腫瘍が見られる場合には、生検による病理診断が実施されます。

【治療】検査によって検出された病原に対して効果の高い薬剤を使用するとともに、二次感染を抑える抗生剤を使用します。病原体が特定できない場合は、試験的治療が行われます。

①**試験的治療**：URTDの病原体として可能性の高い、細菌・マイコプラズマ・オウム病に効果が高く、免疫低下作用の少ない抗生剤を使用します。1～2週で改善があまり見られない場合は抗生剤の種類を変更して様子を見ます。治療が効果を上げない場合、漢方や抗ヒスタミン剤などによる治療が試みられることもあります。

②**看護**：栄養や環境の改善や、保温などの看護も重要です。保温のみによってURTD症状が改善することも多いのですが、症状がわかりづらい副鼻腔炎に進行していることもあるので注意が必要です。

③**投与方法**：軽度では自由飲水投与による内用が主体です。中・重度の個体では、迅速な効果を期待するため、注射による投与が行われます。直接的な経口投与は、URTDの個体では口呼吸となっていることが多く、誤嚥が生じやすいのであまりお勧めできません。鼻へ逆流して、鼻炎を悪化させることもあります。また、薬液による点鼻や鼻洗浄、ネブライザーなどの外用投与が行われることもあります。

【予防】マイコプラズマやクラミジアなどは発症する前に検査で摘発すると良いでしょう。ヘリコバクターは日和見菌ですが、予防的に駆除が行われる場合があります。

　栄養や環境を整えることも重要です。URTDの素因として、ビタミンAの欠乏がまずあげられます。また、換気不足や糞尿に汚染されたケージは環境アンモニア濃度を上昇させ、鼻粘膜のバリアを弱くします。

　わら巣やわら性のおもちゃ、床材としての牧草、汚染された巣箱や止まり木、木製のおもちゃなどは、URTD起因菌の温床となることがあります。

　寒冷によるストレスは発症のきっかけとなることが多いのですが、常に暖房していると寒冷に弱くなり、逆にURTDが起きやすくなります。健常なときは、なるべく寒冷に慣れるよう環境温度を下げましょう。

1. 鼻(道)炎

【原因】①**感染性**：鳥の鼻炎は主に感染によって生じ、そのほとんどが、グラム陰性菌を

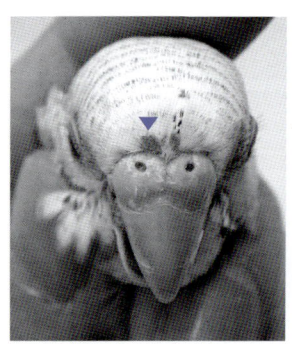

| 鼻汁による汚れ |  鼻孔の閉鎖 |  鼻垢（鼻糞） |

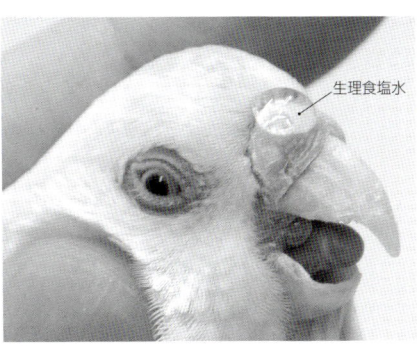

■泌尿器・呼吸器・循環器・内分泌器の病気

通鼻テスト（生理食塩水）

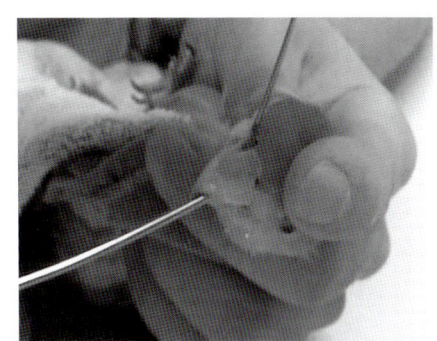

鼻洗浄：鼻孔から生理食塩水をフラッシュし、後鼻孔から液体を吸引しています

主体とした細菌あるいはマイコプラズマ、クラミジアの感染によります。抗生剤の反応しない慢性の鼻炎では真菌性のことがあり、アスペルギルスやムコールの仲間が検出されます。

オカメインコの鼻孔炎ではマラセチアが検出されることもあります。ウイルスや寄生虫による鼻炎は稀です（トリコモナス、LEDを除く）。

②非感染性：稀に、エサの吸入やビタミンA欠乏による角化亢進、腫瘍などが見られます。

人で非常に多く見られるアレルギー性鼻炎は稀ですが、まったく見られないわけではありません。多くはほかの鳥の脂粉に対するアレルギー反応です。また、鼻粘膜が過敏な個体では、寒冷や興奮、運動などの体温の変動に伴い、鼻粘膜が刺激されて鼻炎様の症状が見られることもあります。

【症状】軽度では乾性のくしゃみや、鼻孔やロウ膜の発赤が認められます。進行し、中度となると、湿性あるいは鼻汁を伴うくしゃみ、鼻漏、それに伴う鼻孔周囲のロウ膜や羽毛の汚れが認められます。

重篤化あるいは慢性化すると、膿性鼻汁、鼻孔の縮小・閉鎖、鼻垢（鼻糞）や鼻石による鼻塞、鼻音（プッ、プス、プスー）、また、完全閉塞による頬部や頸部の気嚢の呼吸時拡張（エアトラップ）、あるいは開口呼吸などの症状が見られます。

オウム類では左右の鼻道がつながっているため、両側に症状が見られることが多いのですが、フィンチ類では独立しているので片側のみに症状が見られることが多いです。

【診断】①鼻炎様症状との鑑別：軽度症状の場合、刺激性の鼻炎様症状と見分けが必要です。鼻掃除（爪を鼻孔に入れる）後、あるいは飲水後に見られるくしゃみと鼻汁は、鼻道の掃除のための生理的なものです。

くしゃみの頻度が一日に10回を超える場合や、中・重度の症状を伴うようであれば、病的なものを疑わなければなりません。

②鼻炎の診断：鼻炎かどうかは、鼻汁や鼻洗浄液を顕微鏡で観察することで証明できます。炎症細胞（白血球）が多数含まれていたら、鼻炎あるいは副鼻腔炎があると診断されます。そ嚢液内にも鼻汁が溜まることが多く、そ嚢検査での白血球の検出も鼻炎を疑う所見です。

③鼻塞の診断：片側の鼻孔に生理食塩水を垂らし、もう片側の鼻孔をふさいでも、水滴が吸い込まれなければ、鼻塞と考えられます。

④鼻炎の病原体の診断：URTDの診断参照。

【治療】一般治療はURTDの治療に準じます。鼻塞が生じている場合や膿が貯留している場合には、鼻洗浄による病原体や膿などを物理的に洗い流す治療が必要となることがあります。鼻垢・鼻石が存在する場合、これらの中には薬剤が浸透しないため、出血のリスクを伴いますが、外科的な摘出が必要です。

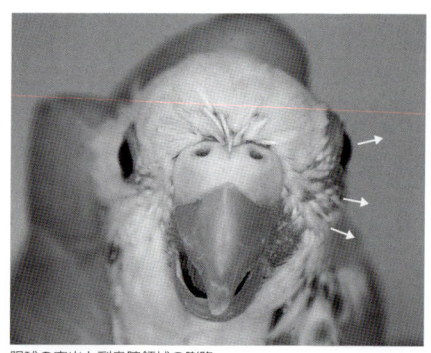

眼球の突出と副鼻腔領域の膨隆

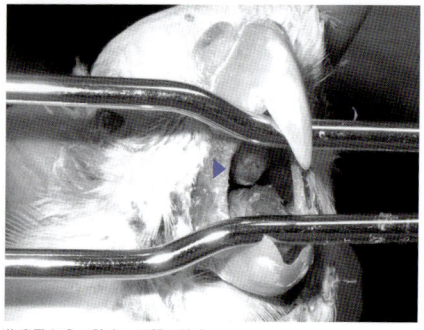

2. 副鼻腔炎

【原因】副鼻腔炎が単独で発生することもありますが、通常は鼻炎に続発します。副鼻腔炎の原因は鼻炎と同様ですが、二次感染による化膿が病気の主体となることがほとんどです。鼻塞が生じると、空気の入らない環境となるので、嫌気性菌（酸素がなくても増殖できる菌）が増えることもあります。

副鼻腔は嘴から顔中に複雑な洞窟のように広がっているので、ここに病原体がいったん入り炎症を起こすと、病原体や膿はなかなか排泄されず、慢性化膿性副鼻腔炎となることが多いです（いわゆる蓄膿症）。

【症状】鼻炎を併発していないものでは、くしゃみが見られることは少なく、鼻汁も後鼻孔から口腔内に流れることが多いので、気づきにくいです。副鼻腔内の違和感から、首を振る様子や、顔をケージや止まり木にこすりつける動作、副鼻腔領域の体表面（顔面）の発赤が見られることがあります。

また、化膿による口臭に気づくこともあります。膿性の鼻汁が見られる場合、多くは鼻炎を伴った化膿性副鼻腔炎です。さらに進行し、膿の貯留や肉芽の膨隆が重度となると、顔の副鼻腔領域が膨隆します。目の

後鼻孔から口腔内への膿の流出

裏側に膿が溜まると眼球の突出が生じ、嘴の成長板が障害されると、嘴の形成不全から不正咬合が生じることもあります。

【診断】副鼻腔の穿刺吸引による炎症産物の確認が副鼻腔炎の確定診断となりますが、侵襲性が高いため、通常、膿性鼻汁が見られた段階で、化膿性副鼻腔炎と暫定診断されます。そ嚢内の膿性鼻汁の貯留は、そ嚢検査によって明らかになります（病原体の特定：☞P198）。

【治療】一般治療はURTDの治療に準じます。ただし、副鼻腔炎は慢性化しやすく、治癒しづらい傾向にあるので、薬剤感受性試験や鼻腔洗浄など、より積極的な検査や治療が必要となります。

重度の場合には、化膿部の切開・洗浄が必要となることもあります。

3. 咽頭炎・喉頭炎

【原因】咽頭炎や喉頭炎は通常、鼻炎・副鼻腔炎、あるいは口内炎の続発症として生じます。原発性の咽頭炎・喉頭炎としては、オカメインコの螺旋菌症(らせんきん)が有名です。

【症状】咽頭炎では、首振り動作やあくび様の症状が特徴的です。吐出が見られることもあります。喉頭炎では、これらに加えて、むせるような連続性の乾性咳が見られることもあります。口腔内の違和感から食欲不振が生じることもあります。

【診断】口腔内を観察すると、咽頭・喉頭の発赤・腫脹や潰瘍、プラーク形成が確認できます。後鼻孔乳頭の消失が見られることもあります。口腔内拭い液の鏡検では、炎症細胞が観察されます。

螺旋菌 (*Helicobacter sp.*) は、そ嚢吸引液や口腔内拭い液の鏡検で螺旋状の運動性細菌として観察されます。この菌は日和見菌のため、健康な個体では問題を起こしません。多量に観察され、咽頭炎症状も見られた場合は、螺旋菌症として治療が行われます。

■泌尿器・呼吸器・循環器・内分泌器の病気

【治療】一般治療はURTDの治療に準じます。潰瘍やプラークが生じている場合は、口内炎の治療と同様に、口腔内の消毒やプラークの外科的な切除(デブリードマン)が行われます。螺旋菌の駆除には駆除効果の高い抗生剤が使用されます。

●URTDの続発症

4. 結膜炎

【原因】鳥類における結膜炎は、そのほとんどが鼻炎-副鼻腔炎に続発あるいは併発したものです。これは、結膜が副鼻腔と近接しているためです。続発性、原発性の如何に関わらず、結膜炎の病原は鼻炎・副鼻腔炎とほぼ同様です。

【症状】眼瞼結膜の発赤から始まります。初期は外側からはわかりづらく、眼瞼をめくらないと発赤しているかどうかわかりません。この時点で結膜の違和感から目をしばたかせたり、閉眼する様子が見られることもあります。進行すると、眼瞼も発赤・腫脹するので容易に気づくことができます。

さらに悪化すると第三眼瞼が腫脹するこ

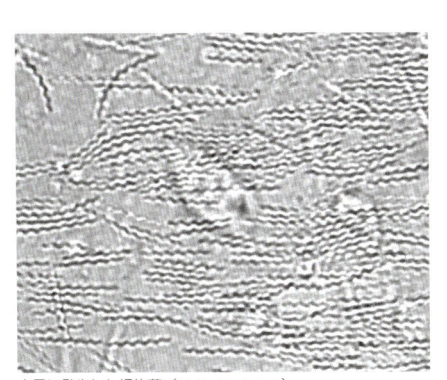

大量に発生した螺旋菌 (*Helicobacter sp.*)

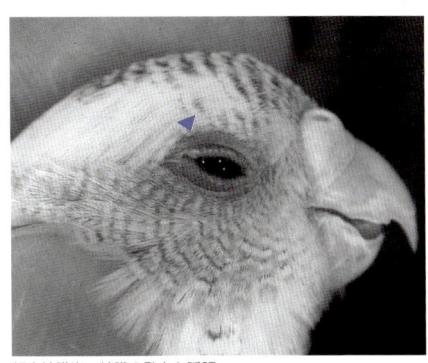

軽度結膜炎：結膜の発赤と腫脹

ともあります。涙液の分泌過多から目が潤み、涙液の排泄が間に合わないと目の周りが涙で濡れたようになります。涙小管あるいは鼻涙管に炎症が波及し、鼻涙管閉塞が起きても同様に流涙します。

化膿性結膜炎になると、粘稠性の高い黄から白色の膿が見られるようになります。この膿性眼脂によって上下の眼瞼が癒着したままになると、角膜炎や鼻涙管炎へと進行しやすくなります。

【診断】特徴的な症状から診断されます。涙液や眼脂、眼球のスタンプによる眼性分泌物の鏡検で、白血球が多数検出されれば確定的です。病原体を特定するには眼性分泌物の培養やPCR検査が行われます。

【治療】哺乳類では点眼が単独で使用されますが、鳥の結膜炎は、ほとんどが上部気道疾患（URTD）の続発症であるため、URTDの治療同様、内服薬が主体となります。

重篤な場合（特に閉眼してしまう場合）、抗生剤や抗炎症剤を含有した点眼薬が併用されることがあります。ただし、神経質な鳥や保定に不慣れな飼育者の場合は、一日に数回の保定と点眼は、かえって全身状態を悪化させてしまうことがあるので注意が必要です。アブセスが形成されている場合は、膿を外科的に排除する必要があります。

●URTDの続発症

5. Lovebird Eye Disease (LED) ボタンインコ類の鼻眼結膜炎

【原因】原因は不明です。伝染力が強いことから、おそらくウイルスが原因と考えられていますが、今のところ特定されていません。LEDのラブバードからは、一般的なURTDを起こす病原体も確認されますが、これらは二次的なものと考えられます。アデノウイルスや、クリプトスポリジウム、エンセファリトゾーンなど、特殊な病原体の報告もされています。通常、細菌が二次感染を起こして病態を悪化させます。素因としては、栄養欠乏や環境の変化あるいは悪化です。

【発生】幼少期のラブバードに非常に高率に見られますが、ほかの種類にはうつらないようです。成鳥での発生は稀です。

【症状】結膜炎に気づくことが多いのですが、鼻炎や副鼻腔炎など上部気道すべてが冒されます。二次感染を起こすと化膿性結膜炎や化膿性副鼻腔炎へと進行します。

多くは適切な治療と看護によって成鳥になるまでに回復しますが、なかには下部気道疾患や腎不全を起こして急死することもあります。

また、重度の例では、眼球の化膿・壊死

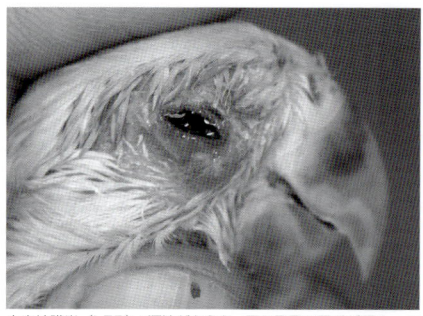

中度結膜炎（LED）：涙液があふれ、目の周囲の羽毛が固まっています

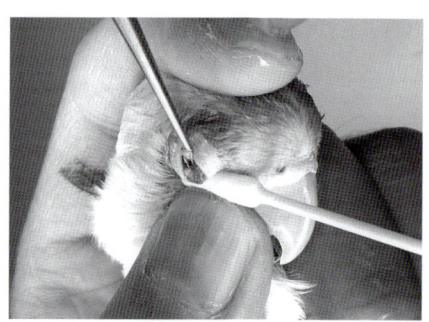

重度結膜炎（LED）：膿の摘出

■泌尿器・呼吸器・循環器・内分泌器の病気

による失明や、嘴成長板の障害による嘴の変形など、後遺症が残ることもあります。
【治療】原因が不明のため、特異的な治療法は存在しませんが、二次感染を抑え、対症療法、支持療法を行いながら免疫が上がるのを待てば、通常回復していきます。
【予防】お迎え直後の環境変化で発症することが多いので、お迎え後は環境変化を少なくし、保温と安静、適切な栄養給与（特にビタミンA）に努めましょう。

育雛ケースからケージへの移動後に発症することも多いです。ケージへの移動は、免疫がしっかり上がった時期（挿し餌終了後）が原則です。環境変化、換羽、疾病などのストレスがあるときは避けましょう。

また、同居鳥への感染を防ぐため、新規にラブバードを購入した場合は、少なくとも2週間は完全隔離することが推奨されます。

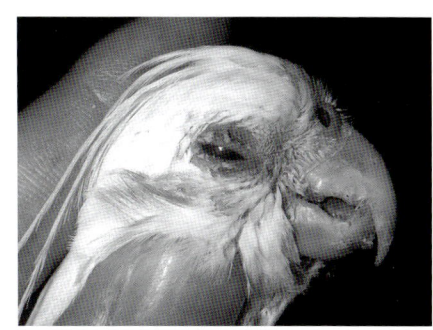

顎が動かなくなったオカメインコ。嘴の過長も始まっています。半開きの目、濁った眼球、青い嘴と顔などの症状も認められます

● URTDの続発症
6. オカメインコの開口不全症候群（ロックジョー、CLJS）

【原因】オカメインコの開口不全症候群（Cockatiel Lock Jaw Syndrome：CLJS）は、上部気道疾患（URTD）、特に化膿性副鼻腔炎に続いて発症します。このため、URTDを起こす病原体がCLJSの主要な病原体と考えられます。これら病原体による炎症が顎や頬部の組織に波及し、顎の不動化（Lock Jaw）が生じるとされます。

現在、ボルデテラ（*Bordetella avium*）がCLJSの最も重要な原因菌と考えられており、飼育オカメインコの80％が感染しているだろうと記載している文献もあります。ほかにも多種の細菌やマイコプラズマ、真菌がCLJSの個体から検出され、これらがCLJSを起こしている可能性もあります。

病態は細菌による二次感染によって悪化します。二次感染の成立には、ボルデテラやマイコプラズマの産生毒素による粘膜防御機構の破壊や、チューブ・フィーディング時の外傷、栄養失調や劣悪な飼育環境、疾病などのストレスによる免疫低下が関わります。
【発生】オカメインコのヒナに発生します。一般的な病原体が原因と考えられているにも関わらず、オカメインコのヒナにのみ開口不全が発生する理由は不明です。他種に比較して、URT粘膜の免疫が特殊であること、特異的なURT構造により顎部へ炎症が波及しやすいことなどが理由としてあげられています。
【症状】CLJSはその発症に先んじて、URTDが見られることがあります。CLJSの最初の徴候としては、無表情、どんよりと濁った目、半開きの目などが見られます。嘴の血行不良から、嘴や顔の青色化が見られることもあります。このころから、顎の可動性が徐々に悪くなっていきます。

数日で顎はまったく動かなくなり、口は閉じたままとなります。食餌ができないのでやせ衰えます。全身状態の良好な個体では、過剰な食欲が見られることもあります。強制給餌によって食餌量が維持できた個体で

は、咬耗不全から嘴の過長が見られます。

　CLJSの重篤例や末期では、嚥下困難による誤嚥や、下部呼吸器への病原体の波及による肺炎、敗血症による心内膜炎などを起こして突然死することがあります。また、消耗が激しく、強制給餌が追いつかず衰弱死することもあります。

【診断】特徴的な症状から診断されます。ボルデテラやマイコプラズマ、クラミジアはPCR検査が可能です。悪さをしている細菌は培養検査によって調べることができます。

【治療】抗生剤による治療が中心となります。開口不全は過度の炎症によって生じるので消炎剤も使用されます。これらは、内服はもちろんのこと、病気の中心部である副鼻腔へ浸透しやすいように、ネブライザーでも投与されます。

　また、自力採食ができないので、強制給餌による適切な栄養管理が実施されます。かつては、CLJSの予後は著しく悪かったのですが、早期の適切な治療により、近年は助かる例が増えてきています。

【予防】CLJSは免疫低下によって発症・進行するので、適切な栄養や環境管理により免疫低下を防ぎます。また、発症前にボルデテラやマイコプラズマ、クラミジアのPCR検査を行い、摘発・治療を行うのもひとつの方法です。

2. 下部気道疾患（LRTD）

【原因】鳥の下部気道（Lower Respiratory Tract：LRT）は、気管に始まり、鳴管、気管支、肺、気嚢、含気骨と続きます。下部気道疾患（LRTD）はこれらのどこか、あるいはいくつかに疾患が生じたものを言います。ただし、LRTの障害は、LRTD以外のほかの疾患によっても生じます（後述）。

①感染性：URTDとほぼ同様で、細菌、マイコプラズマ、クラミジアが主な原因ですが、LRTDではこれらに加えてアスペルギルス症も一般的です。発生頻度はそれほどではありませんが、キノウダニや気管開嘴虫など、LRTDに特異的な寄生虫も見られます。

②非感染性：刺激性あるいは毒性ガスの吸入や、食餌や吐物、薬剤の誤嚥による障害が重要です。また、横隔膜の存在しない鳥類では、腹腔内の疾患がLRTDに影響を及ぼすことも特徴としてあげられます。

【症状】咳、声の変化、呼吸音、発声呼吸、呼吸困難、運動不耐性などが見られた場合にはLRTDが疑われます。

【診断】LRTDでは、X線検査が有用であることが多いです。場合によっては硬性内視鏡を用いた、気管内検査や気嚢内検査が行われます。原因物質の特定のための検査材料は、大型鳥では気管あるいは気嚢から直接採取され、鏡検や培養検査、PCR検査などが行われます。小型鳥や呼吸困難が激しい個体では、X線検査やLRTからの材料採取はリスクが高いため、症状からの暫定診断が行われることが多いです。

【治療】URTD同様、検査によって検出された病原に対して効果の高い薬剤を使用し、病原体が特定できない場合は、試験的治療が行われますが、LRTDの試験的治療では特に抗アスペルギルス薬が重要です。

　投薬方法としては、内服や注射と併用して、ネブライザーや気管内投与、気嚢内投

■泌尿器・呼吸器・循環器・内分泌器の病気

与などがほとんどの例で行われます。LRT は内用薬の分布が乏しく、患部に直接薬剤が浸透するような治療法でないとなかなか効果が認められないからです。また、内用では副作用が強すぎて使えない薬剤も使用できるメリットもあります。

LRTDは元気に見えるにも関わらず、病状が急速に悪化、あるいは突然死することの多い疾患群です。LRTD症状が見られたら、初期であっても様子見をせず、最大限の治療を行う必要があります。

【予防】①感染性のLRTDの予防：呼吸器の免疫を維持することが重要です。栄養ストレス（特にビタミンA欠乏）や環境ストレス（低換気、不適切な温度と湿度など）の軽減に努めます。

LRTDの重要な病原体であるマイコプラズマやクラミジアなどは、健康診断で発症前にPCR検査による摘発と治療を行うのが良い方法です。

アスペルギルスは、どこにでもいるカビですが、有機物質、特に、牧草やわら、木材、オガクズ、コーンの軸、種子の殻、コルクなどの植物性物質によく繁殖するので、これらを鳥の生活環境に置かないようにするか、こまめに消毒・乾燥するようにします。

鳥を飼育する室内および床は脂粉が堆積しやすく、ダニが繁殖します。脂粉やダニの死骸はカビの温床となるので、室内の掃除と換気をまめに行うようにしてください。換気が悪く、多湿で暖かい環境もカビの増殖を助長します。カビに対して効果の高い空気清浄機の設置もお勧めです。絨毯や畳に比べると、フローリングの方が適していると言えます。観葉植物もカビの温床となるので、鳥がいる部屋には置かないようにしましょう。

②吸入毒性によるLRTDの予防：鳥専用の部屋を設けることです。特にPTFE調理器具（テフロン®加工のフライパンなど：☞P153）や塩素系消毒剤などの使用頻度が高く、様々な煙が生じるキッチンでの飼育は禁忌です。また、整髪剤や殺虫剤、防虫剤、消毒剤、漂白剤、塗料など、揮発性物質やスプレーの類は鳥のいる空間での使用を避け、使用時は換気を充分に行うようにしましょう。マンション外装工事や道路工事などは事前に情報を入手し、その間だけ他所に預けるなどの対策をとります。

③誤嚥性肺炎の予防：無理やり挿し餌をしないこと、チューブ・フィーディングは極力避け、やるならば慎重に行うこと（嫌がる個体では誤嚥が生じやすい）、経口投薬もなるべく避け、飲水投薬とすること、強制給餌は熟練者が行うことです（強制給餌中に吐出しそうになったら、素早く鳥を離して自分で吐き出させ、口腔内に溜まった吐物は吸い出します）。

また、LRTDはURTDに続発することが多いので、URTDのうちにしっかりと治してしまうことが重要です。

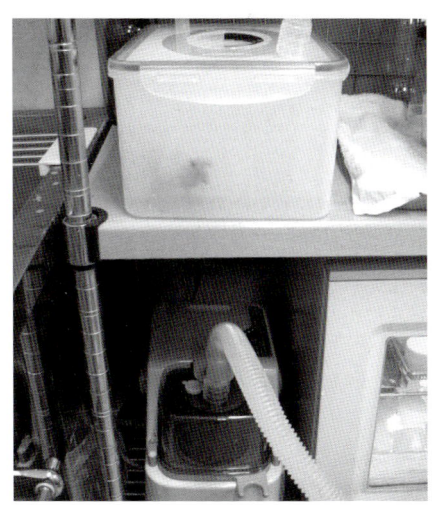

ネブライザー

第7章

1. 気管炎・鳴管炎

【原因】気管炎の主な原因は、URTDと同様ですが、アスペルギルス症がより一般です。多くの場合、URTDに続発、あるいはLRTDの一部として気管炎は見られます。

気管炎が存在する場合、通常肺炎も存在しますが、鳴管アスペルギルス症のように気管にのみ発生する疾患もあります。

気管炎を主体とする病原体としては、ボウシインコ気管炎ウイルス症、パラキートヘルペスウイルス、フィンチのサイトメガロウイルスなどのウイルス性疾患や、キノウダニ、気管開嘴虫などの寄生虫性疾患があげられます。非感染性の疾患では、シードの誤嚥(特にオカメインコ)や塩素ガスの吸入などが一般的です。経口投与時の薬剤誤嚥による気管炎も一般的です。

【発生】アスペルギルス症は大型オウム(特にアスペルギルス感受性種)に比較的よく見られます。細菌やクラミジア、マイコプラズマ、アスペルギルスによる気管炎は、オカメインコの幼鳥に頻繁です。成鳥では比較的稀ですが、オカメインコやラブバードではときどき見られます。ブンチョウでは細菌性あるいは原因不明の病原による気管炎、コキンチョウやカナリアではキノウダニによる気管炎がしばしば見られます。

【症状】気管あるいは鳴管の障害は症状が特徴的です。気管炎の症状は人の風邪によく似ているため、軽視されがちですが、鳥の気管炎はすぐに肺炎や気管閉塞へと移行し、突然死をもたらすので、注意が必要です。

①気管症状:気管の軽度の炎症では、単発(キャン)あるいは、連発(ケッケッケ)の乾性咳が見られます。分泌物が出始めると、湿性咳(ゲチャッゲチャッ)が見られるようになります。咳とともに粘稠性の高い痰を排泄することもあります。また、気管内の粘稠物質により湿性ラ音(プチプチ)が聞こえることもよくあります(特にブンチョウ)。

分泌物や痰などの塞栓物あるいは気管粘膜の腫れにより気管内腔が狭くなると、乾性ラ音(ヒューヒュー、スースー)が聞こえることもあります。

②鳴管症状:鳥の発声器官は、喉頭でなく、気管のいちばん奥にある鳴管です。このため、哺乳類では声に関する症状はURT症状ですが、鳥ではLRT症状となります。

鳴管炎が生じると、声枯れ、高い声がかすれて出ない、声の質が変わるなどの症状が

咳:口を開け、頭を縦に振りながら、舌を突き出すようにします。

呼吸困難:開口、スターゲイジング、チアノーゼ、受け口

■泌尿器・呼吸器・循環器・内分泌器の病気

起きます（**変声**）。重度となると、声を出そうとしても出なくなります（**無声**）。また、鳴管内の分泌物や異物などにふさがれ、呼吸と同時に勝手に発声（キューキュー、ギューギュー）してしまう症状もしばしば見られます（**発声呼吸**）。

③**呼吸困難症状**：閉塞が重度となると、開口呼吸、スターゲイジング（星見様姿勢）、受け口、頻呼吸、チアノーゼなどの呼吸困難症状が見られます。痰や閉塞物が気管内を完全閉塞、あるいは肺に落ちて気管支内を閉塞すると、突然死します。

④**一般症状**：初期の気管炎では、多くの場合、全身状態が悪化せず、食欲不振、元気消失、膨羽などの一般症状は見られません。

【診断】特徴的な症状により診断されます。

【治療】気管炎・鳴管炎の治療は、LRTDの治療に準じます。気管は特に、ネブライザーや気管内投薬の有効性が高い部位です。気管炎は軽度の症状であっても突然死することの多い疾患なので、効果の高い治療を急いで実施しなければなりません。また、軽快中であっても、気管内プラークの脱落が突然の気管閉塞をもたらすことがあり、油断はできません。

気管閉塞による著しい呼吸困難が生じた場合には、腹部の気嚢に穴を開け、気嚢チューブを設置します。気嚢チューブを麻酔器につないで吸入麻酔を行い、気管内視鏡下あるいは気管切開による閉塞物の除去が行われます。ただし、肺炎など肺機能が低下している個体では、気嚢チューブの設置はできません。

検査と診断

小型鳥では治療的診断が行われることが多いのですが、重度の場合や、慢性化した場合、検査の負担が少ない大型鳥などでは検査が行われることもあります。

●**X線検査**

気管の異常が確認できることがあります。ただし、呼吸困難を起こしている個体のX線検査はリスクを伴います。

●**培養検査、PCR検査**

細菌や真菌については培養検査が行われます。一部のウイルス（ヘルペス、ポックス）やクラミジア、マイコプラズマ、抗酸菌に関してはPCR検査が可能です。寄生虫は、検査材料を鏡検して直接虫体や虫卵を見つける必要があります。

気管内からの材料採取：小型鳥では気管が細すぎて直接採取できないため、喉頭拭い液を使用します（喉頭拭い液には口腔内の微生物も混ざってしまう欠点があります）。中・大型鳥であれば、ほかの部位に接触しないように気管内に挿入したスワブによる気管内拭い液や、同様にチューブを挿入し、少量の液体を流入・吸引して採取した気管洗浄液を用います。

●**直接観察**

麻酔を使用すれば、気管内視鏡によって直接気管内を観察しながら、検査材料を採取することもできます。直接観察は、鳴管アスペルギルスや異物による閉塞の診断に特に有用です。

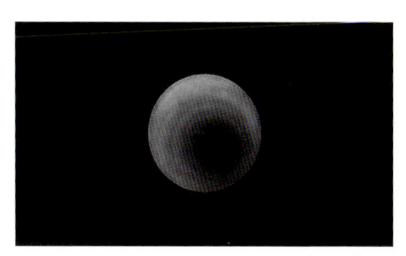

気管内視鏡検査

2. 肺炎

【原因】
感染性
　細菌性肺炎の原因は、グラム陰性菌が中心ですが、一部のグラム陽性菌や、抗酸菌など特殊な細菌によっても生じます。マイコプラズマやクラミジアによる肺炎もよく見られます。真菌性肺炎も一般的ですが、そのほとんどがアスペルギルスによるものです。カンジダや、ムコール、クリプトコッカスなどの真菌による肺炎も稀に見られます。寄生虫性肺炎は稀ですが、住肉胞子虫やキノウダニ、トリコモナスなどによって起きることがあります。ウイルス性肺炎は稀ですが、ポリオーマ、ヘルペス、インフルエンザ、ポックスなどがあげられます。

非感染性
①**中毒性**：PTFEによる重度の肺炎がしばしば見られます（☞P153）。ほかにも様々な刺激性、中毒性の気体の吸入によって肺炎が生じます。

②**アレルギー**：鳥類ではアレルギー疾患は珍しいのですが、同居鳥（特に白色系バタン）の脂粉などに対してアレルギー反応を起こし、過敏性肺炎が生じることがしばしばあります。特にルリコンゴウインコは起こしやすいと言われています。

③**誤嚥性**：チューブ・フィーディングの際、誤って流動食を気管内に注入し、誤嚥性肺炎を招くことがよくあります。また、麻酔中および嚥下の弱った個体での激しい嘔吐や、保定により呼吸が荒くなった鳥に対する薬剤の経口投与は、誤嚥性肺炎を招くことの多い状況です。

④**その他**：卵巣や卵管から腹腔内に落ちた卵材が気嚢を経て肺に流入し、誤嚥性肺炎によく似た肺炎を起こすこともあります。

　原因は不明ですが、肺にタンパクや脂質が溜まり、炎症を起こす類脂質肺炎も稀に遭遇します。

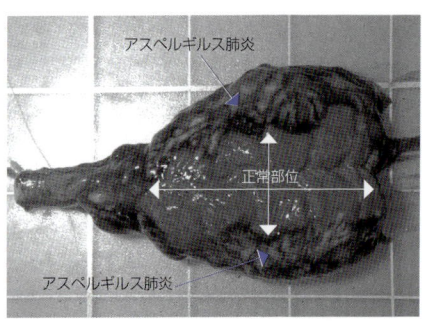

アスペルギルス肺炎（▲）。正常部位（△）も充血

肺炎以外の肺の障害

●空気中の有毒物質
　フッ素加工樹脂の吸入中毒では、肺に炎症を起こすまもなく、肺水腫や肺出血によって死亡するかもしれません。また、煤塵（ばいじん）やその他の煙を日常的に吸い込んでいる鳥では、死後の病理解剖で塵肺症と診断されることが多いです。

●心臓病との関連
　慢性の心不全によっても肺に障害が生じ、左心不全では肺水腫が生じます。鳥の肺腫瘍は比較的稀ですが、肺線維肉腫や肺癌などの原発性の腫瘍や、転移性の腫瘍が報告されています。

●栄養の過不足による肺の病気
　ビタミンAの欠乏は、扁平上皮化生や過角化を招き、肺を直接障害するとともに、病原体の侵入を容易にします。カルシウム・ビタミンD_3の過剰摂取や腎不全では、肺の鉱質化が生じます。

■泌尿器・呼吸器・循環器・内分泌器の病気

【症状】軽度の場合、運動や保定後の開口呼吸や呼吸促迫などの呼吸困難症状が現れます。この時点では通常、元気や食欲などには変化が見られないことが多いです。

進行すると、スターゲイジング、チアノーゼ、起立困難、意識低下などの重度の呼吸困難症状とともに、呼吸音や咳、痰の排泄などが見られることがあります。重度となると安静時にもこれら症状が現れ、肺出血から喀血することもあります。

【診断】診断はX線検査によって行われます。肺の一部あるいは全域の不透過が亢進します。肺炎の炎症産物は肺の下縁に溜まるので、肺の下縁にラインとして見られる傾向があります。呼吸困難が激しく、X線検査のリスクの高い個体では、症状から暫定診断がなされます。

原因物質の特定は、肺から直接、材料を採取するのが難しいため、気管や気嚢から材料を採取することになります。

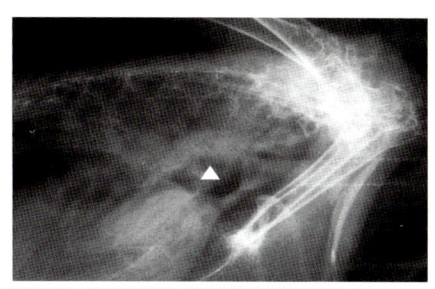

X線写真 典型的な肺炎。肺の下縁が白濁しています

肺炎の治療

肺炎の治療はLRTDの治療に準じますが、特に予後が悪いので、早期の発見と徹底した治療が望まれます。

● 酸素吸入

呼吸困難が生じている鳥では酸素吸入が必須です。肺炎が落ち着き、呼吸困難症状が見られなくなってきたら、酸素流量を徐々に減らしていきます。

肺が半分以上破壊されている場合、肺は再生する臓器ではないので、生涯にわたる酸素吸入が必要となります。

● 抗生剤・抗真菌剤

細菌や真菌が原因でない場合でも、二次感染が病態を悪化させるため、抗生剤、抗真菌剤の内服とネブライザーが必要です。

● 消炎剤

強力な消炎剤であるステロイドは副作用が強いのですが、肺の激烈な炎症による呼吸困難を抑えるため、一時的な内用や副作用が出にくいネブライザーで使用されることがあります。

● 誤嚥性肺炎

誤嚥物質が異物として強い炎症を起こすとともに、細菌や真菌の繁殖を促します。これら病害をコントロールしながら、異物が除去あるいは無害化されるのを待ちます。

誤嚥性肺炎では嫌気性菌が繁殖しやすいため、これに効果の高い抗生剤が選択されます。

● 肺水腫や呼吸困難

フッ素加工樹脂の吸入中毒や心不全など、肺水腫を起こす疾患では、肺に貯留した液体を除去するための利尿剤が使用されます。

呼吸困難や心不全を予防・改善するために、気管支拡張薬や強心剤が使用されることもあります。

● 肺に結節がある場合

内服やネブライザーは、結節内に薬剤が浸透しません。内科治療は、周辺組織への浸潤を抑える、あるいは敗血症を抑えることが主な目的となります。完治のためには外科的な結節の摘出が必要となりますが、非常に高いリスクを伴います。腫瘍も同様です。

3. 気囊炎

【原因】病原はそのほかのLRTDとほぼ同様ですが、クラミジアやアスペルギルスの比率が高まります。

特にアスペルギルス症は腹部気囊群に好発します。病原物質は気管・肺をいったん素通りして後部気囊群に落ち、繁殖します。また、体腔への犬猫の爪や歯による創傷も感染性気囊炎を招きます。

誤嚥した物質も肺を通過して気囊に溜まり炎症を起こすとともに、細菌や真菌の培地となって感染性気囊炎を招きます。卵材性腹膜炎を起こした場合、通常、腹膜に接触する気囊にも炎症が生じます。

また、気囊は骨(含気骨)につながっているので、骨折や関節炎などの骨病変から気囊へ、病原体が移行することもあり得ます。

【症状】気囊炎が単独で発生した場合、初期症状は非常にわかりにくいです。何も症状を示さないか、元気や食欲がやや衰える程度のことが多いです。

呼吸器症状は、気囊の伸展が妨げられるほど気囊壁が肥厚した段階ではじめて呼吸困難が見られます。気囊炎による呼吸困難は特に運動後に見られ、呼吸数の増加や、ボビング、肩呼吸など、気囊の拡張不全による症状が中心です。前部気囊の一部に閉塞が生じた場合には、呼気とともにほかの前部気囊が拡張する「エアトラップ」が見られることもあります。

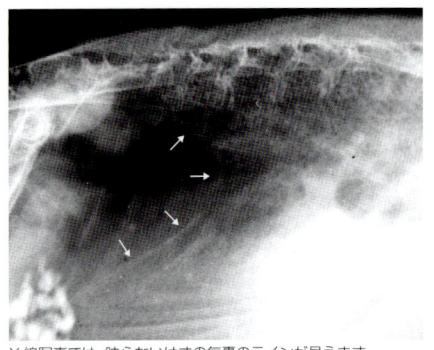

炎症を起こした気囊に接触する臓器症状(胃腸炎や肝炎、腎炎など)で、はじめて病状に気づかれることも少なくありません。

【診断】正常な気囊はX線検査では観察できませんが、気囊炎によって気囊壁が肥厚すると、明瞭に映ります。また、気囊の不透過亢進によって、ほかの臓器が見えづらくなることもあります。

気囊炎の確定診断は、硬性内視鏡による

皮下気腫で膨らんだモモイロインコ(肥満ではありません)

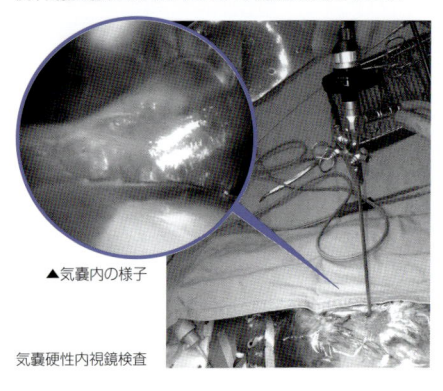

▲気囊内の様子

気囊硬性内視鏡検査

X線写真では、映らないはずの気囊のラインが見えます

■泌尿器・呼吸器・循環器・内分泌器の病気

気嚢内の観察です。気嚢炎の病原の特定も、内視鏡下での気嚢拭い液の直接観察あるいは培養検査、PCR検査により行います。

【治療】気嚢は血管がほとんど分布しないため、血行性(内服、注射)の抗生剤や抗真菌剤が効きづらく、膿瘍や真菌球に対してはさらに効果が落ちます。このため、気嚢炎ではネブライザーによる治療が重要となります。肺を通過して気嚢へ充分到達させるため、かなり細かく粒子化できるネブライザーが必要です。限局する膿瘍や真菌球は外科的に摘出が必要となるかもしれません。

4. 皮下気腫

【原因】皮下気腫は、皮膚と筋層の間に空気が入り込んで膨らむ疾患です。主に気嚢に穴が開いて、呼吸気が皮下に流入することで生じます。特に頸気嚢など、体表に分布する気嚢の破裂や穿孔は、皮下気腫をもたらしやすいと考えられます。

原因としては、咬傷、爪傷、激突などの外傷や、感染性気嚢炎などがあげられます。栄養失調の個体で生じやすいとも言われます。骨折により、含気骨から皮下に空気がもれることもありそうです。

【症状】最初は一部の皮膚に膨らみが見られる程度ですが、あっという間に全身の皮下に空気が溜まり、体全体が丸く膨らみます。やや元気の低下する個体が多いですが、通常、ほかの症状は稀です。

【診断】特徴的な症状から診断されます。針を刺して空気を吸引できれば、皮下気腫の可能性が高いです。ヘルニアによって気嚢が皮下に飛び出すこともありますが、これは皮下気腫ではありません。

X線検査では穿孔を起こしている気嚢の部位や骨折も明らかになるかもしれません。

【治療】針で空気を抜くことで改善できますが、原因が解除されなければ、再び空気が溜まります。外傷性のものでは短期間で孔はふさがりますが、気嚢炎が原因の場合は、気嚢炎の治療が必要です。また、気嚢が大きく破裂してしまうと、傷が治りきらず、皮下気腫が長期化することもあります。

LRTD以外の原因によるLRT障害

● **甲状腺腫**
甲状腺が腫れることによる気管および鳴管の外部からの圧迫、甲状腺機能低下症による気管粘液の分泌過剰によって、気管障害症状が生じます。

● **腹腔内腫瘤**
腹腔内腫瘍、嚢胞、卵材、肝肥大などが気嚢域を圧迫し、呼吸困難の症状を呈します。

● **肥満**
肥満は、気嚢と、気管・鳴管の圧迫による症状を起こします。

● **腹水**
腹水は、気嚢を圧迫して呼吸困難の症状を招きます。さらに、気嚢内へと浸潤し、肺へ流入し誤嚥性肺障害を起こします。また、湿性咳や、喀水あるいは鼻汁のように鼻孔から腹水を排出することがあります。

● **胸部骨格の変形**
成長期に脚の障害によって胸部を床についたままだと、胸腔の成長阻害により呼吸運動が障害されます。

▶▶▶ 循環器の病気

1. 心疾患

【原因】①心嚢の疾患：心囊膜炎は細菌（抗酸菌を含む）、クラミジア、真菌、ウイルス（BFDなど）の全身感染症に伴って生じることがあります。また、心囊膜は内臓痛風がおきやすい部位でもあります。心囊に過剰に液体が貯留して心臓の拍動を阻害した場合、心タンポナーデと呼ばれます。

②感染性心疾患：主な原因は細菌（抗酸菌を含む）ですが、ウイルス（BFD、PDDなど）や真菌（アスペルギルスやカンジダなど）もしばしば報告されます。文献的には、寄生虫（住肉胞子虫、フィラリアなど）による心疾患も報告されています。これらは、敗血症を起こし、病原体が血行性に心臓に運ばれて心内膜炎や心筋炎を起こすか、気嚢炎から、接触する心臓に病原体が浸潤して心外膜炎を起こします。

③非感染性心疾患：心臓の石灰沈着症（Ca：P比の異常、腎疾患、ビタミンD_3中毒などによる）、リポフスチン沈着症（慢性疾患、慢性栄養不良、ビタミンE欠乏などによる）、ヘモクロマトーシス、脂肪心（肥満などによる）、心筋変性（ビタミンE・セレン欠乏、血管障害、毒素などによる）、心内膜炎、心筋症（拡張型、肥大型のみ）、心腫瘍、先天性疾患などが知られています。

④不整脈：ニワトリの研究では、ビタミンB_1欠乏、ビタミンE欠乏、低カリウム血症、インフルエンザ、拡張型心筋症などで認められています。これら以外の心疾患や、ある種の毒物や薬剤、甲状腺障害、過大な精神的・肉体的なストレスなども不整脈をもたらすと考えられます。

【発生】感染性心疾患は若い鳥に多いのですが、心不全自体は加齢とともに増加します。高齢のブンチョウやラブバードに多い傾向があります。

【症状】①突然死：それまでとても元気で食欲も良好だったのに、突然亡くなってしまう

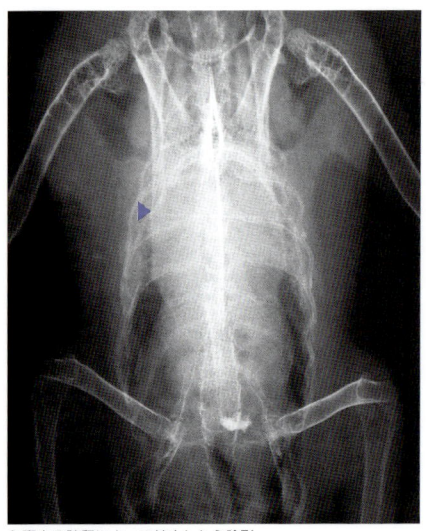

心囊水の貯留によって拡大した心陰影

■泌尿器・呼吸器・循環器・内分泌器の病気

ことがしばしばあります。突然死の多くで、急性心不全が疑われます。
②**運動不耐性**：安静時は正常ですが、運動後（特に飛翔後）に呼吸促迫や疲れた様子、虚脱などの症状が見られます。心不全の鳥の多くに見られ、最も気づきやすい症状です。肥満や呼吸器疾患との鑑別が必要です。
③**呼吸困難**：心不全の鳥によく見られます。主に循環不全による肺の鬱血、肺水腫（特に左心不全）によって呼吸困難が生じます。開口呼吸、呼吸促迫、肩呼吸、チアノーゼなどが見られ、改善されない場合は低酸素から虚脱や失神、痙攣、突然死などが生じます。
④**腹水**：特に右心不全でよく見られる症状です。右心不全では全身に血が溜まってしまい体腔への体液漏出が生じます。また右心不全による肝鬱血からも腹水が生じます。
⑤**咳**：哺乳類では、肥大した左心と左大動脈に左気管支が挟まれて生じる咳が非常によく見られますが、鳥類では大動脈が右に曲がっているためこの理由での咳は生じません。腹水や肺水腫などによって稀に生じることがあります。
⑥**頸静脈怒脹**：右心不全による循環不全から、頸静脈が膨らんだ状態のままとなります。頸静脈の拍動が見られることもあります。

【診断】飼い鳥の心疾患はよくわかっていないことが多い分野です。臨床的に心疾患が報告される例は非常に少なく、病理解剖ではじめて心疾患が診断されます。これは、生前の心疾患の診断が難しいことを示しています。

【治療】心臓の薬としては、比較的安全性の高い冠循環改善剤がよく使われます。また、心臓にかかる負荷を軽減し、心嚢水や腹水の除去を目的に利尿剤が使われます。強心配糖体（はいとうたい）も古くから使われていますが、副作用を考慮して慎重に投与されます。また、

心疾患の診断の難しさ

●**聴診**
　鳥は心拍が著しく速く、心音の詳細な聴取が困難です。心雑音が聞こえた場合、何らかの心疾患を示していますが、収縮期か拡張期か、どの部位か、などの情報を得ることができないため、それ以上の診断はほとんどできません。
　不整脈もしばしば聴取されますが、命に関わるものは極一部です。この危険な不整脈を聴診で聞き分けることはできませんが、通常はほかの症状を伴います。症状を伴わない不整脈では経過観察とします。
　心音が聞きづらい場合には、心嚢水の貯留が疑われます。腹水や肝肥大などによって心臓の一部がおおわれて聞きづらくなることもあります。

●**X線検査**
　X腺検査では、心臓の大きさや形がわかります。しかし、鳥の場合、心臓の形から心疾患を鑑別するのは難しいです。心陰影の拡大は、心肥大や拡張、心嚢水貯留を示しています。
　また腹水や肝肥大、肺水腫などの所見は心不全と関連するかもしれません。大血管の拡張も心疾患を示すことがあります。

●**超音波検査**
　心嚢水と心肥大・拡張の鑑別が可能ですが、それ以外はあまり役に立ちません。鳥の心臓は気嚢や巨大な胸骨などでおおわれており、超音波を通しにくいからです。また、研究も充分に進んでいません。

●**心電図**
　心電図は、生前の鳥の心疾患を詳細に鑑別するための唯一の方法と考えられます。しかし、麻酔が必要であり、また研究も充分に進んでいないことから、現状ではあまり実用化されていません。

ACE阻害薬やその他の強心作用を持つ薬も使用されるようになってきました。

【予防】 栄養面ではビタミンE欠乏が関与する場合があります。肥満も様々な理由で心臓に負担をかけます。皮膚の慢性的な感染病変から進入した細菌が心内膜炎を起こすことがしばしばあるので、慢性的な皮膚疾患は根気強く抗生剤を続けることが推奨されます。

また、心臓が悪いのに気づかず、無理に運動やストレスをかけて突然死を招くこともあるので、運動不耐性があるようであれば治療を受け、安静を保つよう努めてください。

2. アテローム性動脈硬化症

【原因】 アテローム（粥状）動脈硬化症は、動脈の内壁にコレステロールや炎症細胞、カルシウムなどが蓄積してプラーク（アテローム）が形成され、動脈壁が肥厚して弾力を失ったものを言います。このため、高脂血症が成因に大きく関わっています。

鳥の高脂血症は、肥満、高脂肪食、持続発情、肝不全が主な原因です。また、人と生活する鳥では、タバコの煙の暴露が関わっているかもしれません。近年、人の動脈硬化では、クラミジアとの関連が指摘されています。

【発生】 様々な鳥種で報告されますが、オウム類（特にボウシインコ）とガン・カモ類に多く発生する傾向にあります。中高齢に多く見られ、特にヒマワリをふんだんに与えられた5歳以上のボウシインコで高発生率となります。鳥の動脈硬化は通常、腕頭動脈と腹大動脈で見つかります。

【症状】 通常、突然死の後に病理解剖で発見されます。鳥の動脈硬化の症状は、ほとんど報告されていません。肺動脈の動脈硬化破裂では肺出血から喀血することがあります。

【診断】 X線検査で、動脈に高い陰影が見られた場合、動脈硬化が疑われます。特に大動脈弓と腹大動脈で明らかです。血液検査では、高脂血症が明らかとなるかもしれません。鳥ではLDL（悪玉）とHDL（善玉）の役割はよくわかっていません。

【治療】 高脂血症の治療が行われるとともに、食質改善、肥満の解消、発情抑制、肝疾患の治療などの原因治療が行われます。動脈硬化がある場合、急激な運動は動脈破裂を招く恐れがあるので、安静が指示されます。

【予防】 高脂食を避け、体重管理を行い、発情を抑制するなど、生活を整えることが予防になると考えられます。

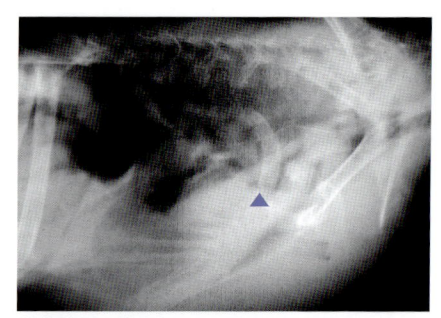

動脈硬化により動脈がはっきり見えてしまっています

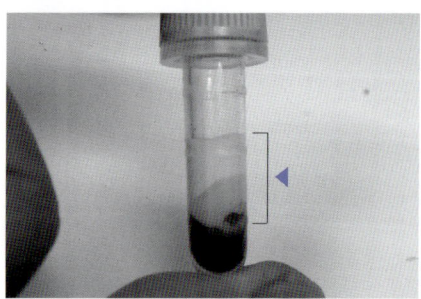

高脂血症により白濁した血漿

■泌尿器・呼吸器・循環器・内分泌器の病気

第7章

▶▶▶ 内分泌の病気

1. 甲状腺機能低下症

【原因】飼い鳥の甲状腺機能低下症の原因はよくわかっていません。ニワトリでは、遺伝性の自己免疫性疾患や吸収不良症候群の結果として報告されています。ヨード欠乏性甲状腺腫（☞P135）に続発するかもしれません。

【症状】甲状腺は換羽を司っていますので、換羽異常や、羽毛の色あるいは形成異常が甲状腺機能低下症と関わっている可能性があります。特に、綿羽症と呼ばれる長い綿羽が多量に生える障害が、甲状腺機能低下症と関連すると言われています。綿羽症の鳥では正羽が細長くなったり、羽色の低下が見られたりもします。

また、脂質の代謝障害を起こすので、肥満や脂肪腫、その他の高脂血症による症状が見られることもあります。

【発生】セキセイインコ、オカメインコで綿羽症はしばしば見られます。オカメインコでは綿羽症とともに、Yellow Featherや高脂血症、糖尿病が見られる傾向にあります。

【診断】甲状腺ホルモン濃度の測定が行われることもありますが、様々な要素に影響を受けて上下しますので、あまり精確な検査と言えません。確定診断には甲状腺刺激ホル

綿羽症

モン試験などが必要ですが、臨床現場で実施されることはほとんどありません。通常、特徴的な症状から試験的な投薬を行い、改善が見られれば、甲状腺機能低下症の可能性が高いと判断されます。

【治療】甲状腺製剤が使用されます。

2. 糖尿病

【分類と原因】飼い鳥の糖尿病はわかっていないことが多い疾患です。そもそも鳥は糖代謝に関わるインシュリン：グルカゴンの比率が哺乳類と大きく異なり、グルカゴンが優性です。このようなことから、鳥の糖尿病はインシュリンがあまり関わらない続発性糖尿病ではないかと言われます。

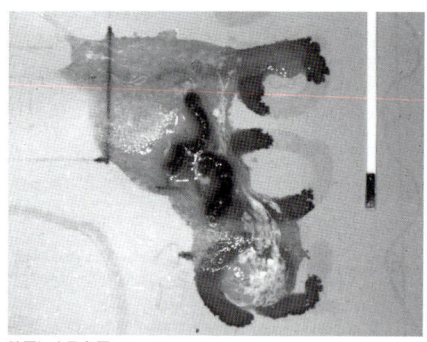

糖尿による多尿

しかし、なかには、人で言うところの真性糖尿病（Ⅰ型、Ⅱ型）も存在するようです。いずれにせよ、血糖値の調節を行う膵臓の疾患が、糖尿病の発生と主に関わります。

ヘルペスウイルスや卵黄性腹膜炎に関連した膵炎、膵腫瘍などでも、糖尿病が報告されています。人と同じように、遺伝性や肥満が係わるものもあるかもしれません。

筆者は、肝疾患に伴って生じる糖尿病も多く存在すると考えています。この場合、肝疾患が治癒すると糖尿病も消失します。また、ステロイドの過剰投与（医原性クッシング症候群）でも高血糖と糖尿が発生します。

【発生】オカメインコに多く、セキセイインコやほかのオウム類にもしばしば見られます。フィンチでは稀です。

【症状】まず、多飲多尿によって気づかれます。尿は糖を多く含み、光沢が生じます。尿中に漏れ出した糖を補うため過食が生じますが、いくら食べてもやせてしまうことがあります。高血糖から脳障害が生じ、神経症状や突然死が見られることもあります。また、人で見られるような慢性期合併症が鳥にも生じるかもしれません。

【診断】多尿に気づき、尿検査で糖が検出されると糖尿病が疑われます。ただし、腎疾患による腎性糖尿の可能性もあるので、高血糖を証明するため、血液検査が必要です。軽度の高血糖の場合、緊張やストレスが原因かもしれません。著しい高血糖や、複数回の検査で高血糖が証明された場合は糖尿病と診断されます。

血液検査ではほかの疾患を除外するため、一般項目も検査されます。また、血液量を多く採取できる中・大型鳥では糖尿病の分類を行うため、インシュリン濃度やグルカゴン濃度が検査されます。

【治療】ほかの疾患が存在する場合には、その治療を行います。存在しない、あるいは反応が認められず、糖尿病による命の危険が高そうな場合には、インスリン療法あるいは経口血糖調節薬が試用されます。これらの治療は低血糖による急激な状態悪化が見られることもありますので、入院治療が行われます。血糖がコントロールできるようになったら、自宅でインスリン注射を実施してもらうこともあります。

【予防】原因が不明なので予防法もわかっていません。ただし、肝疾患や膵疾患を予防するための肥満や過発情の予防は効果的と考えられます。

第8章
神経の病気と問題行動

◆神経の病気

中枢神経症状
痙攣(けいれん) 221
てんかん 221
脳振盪(のうしんとう)・脳挫傷(のうざしょう) 222
振戦(しんせん) 223
昏睡(こんすい)・昏迷(こんめい) 223
前庭徴候(ぜんていちょうこう) 223
中枢性運動麻痺 224

末梢神経症状
末梢性運動麻痺 225
ホルネル症候群 226
末梢神経性自己損傷 226

◆問題行動

自己損傷行為
毛引き 227
羽咬症(うこう) 231
自咬症(じこう) 232

その他の問題行動
心因性多飲症 233
パニック 233
ブンチョウの過緊張性発作 234

神経の病気

1. 中枢神経症状

【中枢神経症状を起こす原因】

中枢神経系（Central Nervous System：CNS）とは、脳と脊髄を含めたものです。

① **感染**：ウイルス（ポリオーマ、ボルナ？、パラミクソ、ウエストナイル、西部ウマ脳炎、東部ウマ脳炎、インフルエンザ、ヘルペスなど）、細菌（サルモネラ、パスツレラ、連鎖球菌、ブドウ球菌、大腸菌、シュードモナス、腸球菌、リステリア、クラミジアなど）、寄生虫（ミクロフィラリア、回虫、住血吸虫、トリコモナス、トキソプラズマ、ロイコチトゾーン、住肉胞子虫など）、真菌（ムコールなど）、などによるCNS感染。

② **脳の圧迫損傷**：頭部打撲や、水頭症、脳内腫瘤（腫瘍、膿瘍など）、頸静脈うっ血（甲状腺腫など）などによる脳圧亢進などによる脳の圧迫損傷。

③ **脊髄損傷**：胸腰脊椎と腰仙椎の移行部で亜脱臼や骨折が起きやすく、通常、激突や落下が原因となります。変形性脊椎症もありえます。

④ **熱射病**：酷暑や過緊張などによる体温の著しい上昇によって、脳に損傷が生じます。

⑤ **ビタミン欠乏性**：ビタミンE-セレン欠乏症（脳軟化症）、ビタミンB_1欠乏症（ウェルニッケ脳症）のほか、ビタミンB_2、B_6、B_{12}などの欠乏症で生じます。

⑥ **代謝性**：低血糖（絶食、内分泌障害、敗血症、腫瘍など）や高血糖（糖尿病）、肝性脳症（☞P187）、低カルシウム血症（☞P116）によるCNS障害が頻繁に見られます。低ナトリウムあるいは高ナトリウムによっても見られるかもしれません。

⑦ **中毒性**：鉛や亜鉛による重金属中毒（☞P142）、有機リン系やカーバメート系の殺虫剤によるアセチルコリンエステラーゼの抑制、イミダゾール系抗鞭毛虫薬の長期大量投与（特に小型フィンチ）、イベルメクチンの大量投与、ある種の神経毒素など。

⑧ **低酸素脳症**：心停止や各種ショック、頸部の絞扼（こうやく）などによる脳への血流の障害、あるいは著しい貧血、呼吸器の障害、一酸化炭素中毒など、脳へ運ばれる血液の酸素運搬の障害によって生じます。

⑨ **循環不全**：脳血管障害、虚血梗塞、アテローム性動脈硬化症や黄色腫症の鳥で神経障害が観察されています。

⑩ **腫瘍**：様々な腫瘍が報告されています。脳腫瘍は、脳神経の圧迫と脳圧の上昇によって神経障害をもたらします。脊椎骨の腫瘍や非腫瘍性の骨増殖による脊髄の圧迫損傷もしばしば見られます（特にコザクラインコ、ブンチョウ）。

⑪**特発性てんかん**：大脳の神経から過剰な放電が起きることによって発作が起きます。反復して発作が起きるのが特徴です。特発性は、原因が見つからないものを言います。

1. 痙攣

【症状】 痙攣では、脳内の神経細胞が一過性に制御不能な電気的興奮を生じ、過剰な電気信号が放出され、筋肉を不随意的に（勝手に）、激しく収縮させてしまいます。

収縮が長く続く場合を強直性痙攣、収縮と弛緩を規則的に繰り返す場合を間代性痙攣、合併したものを強直間代性痙攣と言います。痙攣は、全身に及ぶ全般性痙攣と、部分的な部分痙攣に分かれます。

強直性痙攣：脚を突っ張るような動作や翼を広げるような動作が見られ、首を後ろに反らす後弓反張がよく見られます。趾を握りこむこともあります（ナックリング）。

間代性痙攣：ガクガク、バタバタするような動作が見られます。首や脚が大きく揺れ動き、翼はちょうど羽ばたいているように見えます。鳴管を支配する筋肉にも痙攣が起こり、不随意的に声が出てしまうこともあります。これらの症状とともに、意識の消失も多く見られます。重度の痙攣では、激しく暴れまわることで、打撲や骨折などの外傷が生じます。

痙攣が30分以上に及ぶ場合、痙攣重積と呼ばれます。痙攣する筋肉による過剰な酸素消費に加え、呼吸筋も痙攣して呼吸が抑制され、低酸素脳症を起こし、死亡します。

【原因】 CNSを障害する原因の多くが、痙攣を起こします。

【治療】 軽度痙攣は通常短時間で治るので、落ち着くのを待ちます。重度あるいは長時間痙攣（痙攣重積）に対しては、脳内神経の電気的興奮を抑えるため抗痙攣薬（鎮静薬）を使用します。効果が見られないときは、薬を追加したり、薬の種類の変更をします。必要に応じてガス麻酔を用いたり、呼吸困難があれば酸素も投与します。鎮静化されたところで、原因を調べるための血液検査やX線検査を行い、原因治療が行われます。

2. てんかん

【症状】 大脳の神経細胞から過剰な電気信号が放出され、慢性的に発作（てんかん発作）が繰り返されるものを言います。

全身が痙攣を起こす全般発作のうち、大発作では、全身の強直間代性痙攣が生じ、意識が消失します。部分発作では、部分的な発作が見られますが、そのうち大発作へと進展することもあります（脚が痙攣し始め、脚を気にしていたと思ったら、全身が痙攣し落下、意識消失など）。また、痙攣が起きないものもあります。

強直性痙攣（後弓反張）

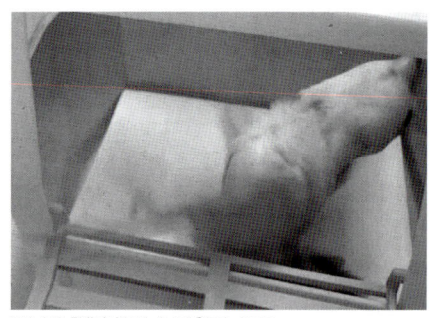

てんかん発作を起こしたコザクラインコ

通常、1〜2分、最大10分ほどで収まるのが特徴です。発作後はしばらくぼんやりしますが、じきに何事もなかったように回復します。発作が30分以上続く場合は、てんかん重積と言って非常に危険な状態です。

【発生と原因】コザクラインコに極めて多く発生します。高齢の個体に多く発生し、加齢とともに悪化する傾向にあります。親兄弟など、血縁に発生する傾向があるようです。

原因はほとんどの場合、不明です（特発性）。コザクラインコに多発する理由として、遺伝性、家族性、幼少期のウイルス性などが疑われます。（ブンチョウの過緊張性発作については☞P234）

【誘因】てんかんを引き起こす誘因が存在する場合と、しない場合があります。誘因は個体によってそれぞれ異なります（水浴びをした、急に明るくなった、など）。

【診断】典型的な症状を呈し、すべての検査を行った上で原因が特定できない場合に、特発性てんかんと診断されます。しかし、検査の負担によって発作が生じる恐れがあるので、通常は典型的な症状から暫定診断されます。重積後、抗痙攣剤を使用して鎮静化されている場合は、検査が可能です。

【治療】頻度の高いてんかん（月に2回以上の発作など）では、抗てんかん薬を使用します。多くの場合、この抗てんかん薬によっ

て発作の頻度が減少します。発作は脳を低酸素にさらし、さらなる脳障害を招いて、発作の頻度を上昇させますので、発作を減らすことが重要です。重積が見られた場合には、痙攣と同様の治療を行い、鎮静化した後に、抗てんかん薬が投与されます。

【予防】誘因が存在する場合には、それを排除することによって予防できます。誘因が見つからない場合には、とにかく抗てんかん薬を使用して発作を予防することが大事です。

3. 脳振盪・脳挫傷

【症状】脳振盪は、脳への物理的損傷のうち器質的損傷を伴わないものを言います。症状は、神経軸索が一過性に伸展あるいはねじれて神経伝達が不能になることで生じると考えられています。意識障害（意識低下〜失神）や運動麻痺が特徴的に見られます。

脳挫傷では、脳に器質的損傷が伴います。脳浮腫や血腫、頭蓋内圧の上昇も伴い、脳に重大な障害が生じます。意識障害や運動麻痺のみならず、斜頸、旋回、瞳孔不同症、瞳孔反射の遅延、嘔吐、痙攣などの症状が併せて見られることもあります。

【発生と原因】フライト時やパニック時の激突（窓ガラス、壁、鏡など）、殴打による頭部打撲などが原因となります。このためパニックを起こしやすいオカメインコのルチノウや、踏襲事故の多いブンチョウで頻発します。ガラスへの激突が多く見られます。

【治療】まずは安静にします。通常は、15分以内に回復します。心配だからと抱き上げたりすると、問題を悪化させる恐れがあります。意識が15分以上経っても戻らない、あ

■神経の病気と問題行動

るいは症状が残存する場合は、脳挫傷を疑った治療が推奨され、抗ショック効果の高いステロイドや頭蓋内圧を下げるための利尿剤が使用されます。
【予防】激突の予防としては、放鳥する部屋のガラス窓にはカーテンをする、落下しても良いよう布団を敷き詰める、クリップはしないなどです。ただし、どうしても激突する鳥では、クリップが有効なこともあります。パニックの予防も重要です（☞P233）。

4. 振戦

【症状】全身あるいは頭部、翼などが震えます。安静時にも起きる安静時振戦、何かをしようとすると生じる企図振戦、緊張や興奮によって震える本態性振戦などに分かれます。
【原因】ほとんどが、原因不明の本態性振戦です。鉛中毒やある種の薬剤による中毒、肝性脳症、低血糖、特殊な脳神経疾患による安静時振戦もしばしば見られます。企図振戦では、小脳の障害が疑われます。
【治療】本態性振戦は悪化することがほぼないので治療は通常行われませんが、振戦によって生活が阻害される場合には、抗痙攣薬やβブロッカーなどが試されます。安静時振戦や企図振戦では原因治療が行われます。

5. 昏睡・昏迷

【症状】外部からのいかなる刺激によっても脊髄反射以外の反応がない状態を昏睡、なんらかの反応を示す状態を昏迷と言います。
【原因】大脳、脳幹の障害によって生じます。低血糖や中毒などによっても起きます。
【治療】原因の特定と解除が必要です。通常、予後はよくありません。

6. 前庭徴候

【症状】前庭疾患では、首が傾いてしまう、あるいはねじれて上を向いてしまう捻転斜頸（上見病）や、片側にぐるぐる回る旋回運動、ひどい場合には転がってしまう回転運動が見られます。目が揺れる眼振は鳥では稀です。
【原因】前庭徴候を起こす疾患は、小脳や脳幹の障害による中枢性以外にも、内耳と前庭感覚器、内耳神経の障害による末梢性、原因が不明な特発性の前庭疾患があります。
【発生】高齢のコザクラインコで、中枢性あるいは特発性と考えられる前庭疾患が頻発し、てんかんを伴うことも多いです。オカメインコでもしばしば見られます。キキョウインコ属のPMV-3感染、ハトのPMV-1感染（☞

前庭徴候（斜頸）

P65)では中枢性前庭徴候が特徴的です。
【診断】**中枢性**：垂直に眼振します。頭位変換に誘発される傾向があります。その他の脳神経障害を併発することがあります。脳障害の原因を調べることは困難です。
末梢性：水平に眼振します。障害のある側に、目がゆっくり動き、斜頸します。
【治療】中枢性や特発性の場合、神経障害を抑えるためのステロイドや、抗てんかん薬、抗痙攣薬、脳循環改善薬、ビタミンB剤などが試用されます。完治することもありますが、多くの場合、維持にとどまります。

中枢性の場合、痙攣を起こして突然死することもあります。末梢性では感染性内耳炎を疑い、抗生剤などが試用されます。めまいによる食欲不振や吐き気がある場合には、制吐剤や鎮暈剤、安定剤などが使用されることもあります。

7. 中枢性運動麻痺

一肢だけの麻痺を単麻痺、体の一方側の麻痺を片麻痺、両翼両下肢の麻痺を四肢麻痺、両下肢の麻痺を対麻痺と言います。力がまったく入らない状態を完全麻痺（麻痺）、一部入るものを不全麻痺と言います。

脊髄損傷による麻痺
【症状】脊髄損傷では、損傷部位以下の麻痺が起きます。四肢は四肢麻痺あるいは対麻痺を起こします。引っ込め反射は見られます。支配する内臓にも麻痺が生じ、それぞれの症状が起きます(排泄腔麻痺など)。

急死することもしばしばありますが、これは呼吸器などの重要な臓器の麻痺や、ショック、脊髄軟化症、胃十二指腸潰瘍などによ

るものです。
【原因】脊椎骨の多くは融合しており、これら部位での損傷は起きにくいですが、唯一関節を形成している胸腰脊椎と腰仙椎の移行部は亜脱臼や骨折がしばしば起きます。

通常、激突や落下が原因ですが、くる病などで骨が弱っていると些細なことで骨折を起こすことがあり、脚力の強い鳥では空蹴りのみで骨折が生じることがあります。

脊椎骨の腫瘍や非腫瘍性の骨増殖による圧迫性の脊髄損傷もしばしば見られます。変形性脊椎症も存在するかもしれません。
【発生】脊椎骨折は、栄養不良の鳥や過産卵の鳥で多く見ます。ウズラは過産卵に加え、跳躍によって脊椎骨折をよく起こします。脊椎骨の骨増殖は、コザクラインコ、ブンチョウなどでしばしば見られます。
【治療】脊髄損傷直後の急性期では、大量のステロイドが効果的と言われます。鳥では手術による脊椎の固定はほとんど実施されません。ケージレストにより安静を保ち、損傷を広げないことが重要です。神経が完全に遮断されておらず、周囲の腫れが引いて脊髄の圧迫が取れれば、麻痺が改善することもあります。
【予防】落下・激突などの事故や過産卵の予防。Ca、VD_3の適切な給与および日光浴。ウズラは天井の低いケースで飼育します。

脊椎骨折による対麻痺

神経の病気と問題行動

脳障害による麻痺

【症状】 脳障害では片麻痺、単麻痺、四肢麻痺などが起きます。

【原因】 中枢神経障害の原因（☞P220）。

【発生】 飼い鳥でもしばしば認められますが、特に小型フクロウ類に多発します。原因はわかっていません。

【診断】 症状から中枢性麻痺と暫定診断されますが、その原因を突き止めるのは困難です。詳細な禀告聴取に始まり、血液検査、X線検査などが実施されます。現在のところCTやMRI検査は小型鳥ではあまり有用ではありません。

【治療】 原因が明らかなものでは、原因治療が行われます。原因が明らかにならない場合

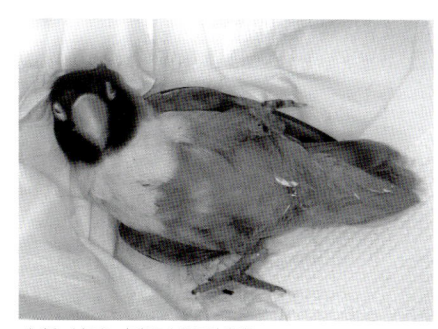

イベルメクチン中毒による四肢麻痺

は、ビタミンB群やE群の投与などを行いつつ、支持療法が行われます。また、疑われる原因にもよりますが、ステロイドや抗てんかん薬、利尿剤、脳循環改善薬、抗生剤などが使用されることもあります。

2. 末梢神経症状

【末梢神経症状を起こす原因と症状】

末梢神経は、運動神経、感覚神経、自律神経の三種類があります。

運動神経に障害が起こると運動麻痺が生じます。感覚神経の障害ではしびれや痛み、あるいは感覚の麻痺が現われます。自律神経障害では交感神経系あるいは副交感神経系の障害が生じます。

飼い鳥では、感覚神経障害や自律神経障害の症状はわかりづらく、通常は運動神経障害による末梢性運動麻痺によって気づかれます。自律神経障害ではホルネル症候群、感覚神経障害では疼痛あるいは麻痺部位を気にする様子や自咬がしばしば見られます。

末梢神経症状は、CNSと同様にビタミンB群欠乏（特にB_1欠乏による脚気）や、低Ca血症、高血糖、鉛中毒、一酸化炭素中毒などの、栄養性、代謝性、中毒性の疾患においても生じます。また、感染性の原因として、

特にPDD（☞P62）による末梢神経炎が有名です。細菌が神経のみに感染することは稀ですが、感染病巣が神経を巻き込んで神経炎をもたらすことがあります。*Clostridium botulinum*はボツリヌス毒素によって末梢神経を特異的に障害します。

末梢神経の物理的損傷は、骨折や激しい外傷によって生じます。腕神経叢の離断は激突によってしばしば見られます。また、骨腫瘍、肉芽、膿瘍、腫瘍、肥大した臓器などによる神経の圧迫も多いです。

1. 末梢性運動麻痺

【症状】 末梢神経の遮断や断裂によって、支配される領域に完全麻痺や不全麻痺が生じ

ます。神経の断裂では、疼痛反射、引っ込め反射の喪失を伴う完全な麻痺、支配される筋肉の萎縮なども起きます。

後肢の麻痺では、握力低下、跛行、第1・4趾の前方屈曲、ナックリング、趾伸展、握力低下による爪の過長、健常脚のバンブルフットなどが見られます。前肢の麻痺では翼の下垂、飛行不全などが見られます。

【原因】様々な末梢神経障害によって生じます(「末梢神経障害の原因」参照)。特に、脚麻痺は以下のような原因によって起きることがあります。

腎腫大：脚へ分布する骨盤神経は腎臓内を通過するので、腫瘍や炎症による腎腫大は骨盤神経を障害します。

腹腔腫瘤：卵塞、卵巣腫瘍、精巣腫瘍などの腹腔内腫瘤は、腎臓を圧迫、あるいは直接骨盤神経を圧迫して神経障害をもたらします。また、これら疾患による骨盤神経叢周囲の血腫や腫脹も、一時的な骨盤神経障害を起こすことがあります。

【診断】X線検査による神経の圧迫物の検索、血液検査によるスクリーニング検査などが行われます。

【治療】神経の回復促進のために、ビタミンB群投与やレーザー治療など、様々な治療が試みられますが、基本は原因の特定と解除です。軽度の挫傷で生じる神経遮断や、軸索のみが断裂する軸索断裂では、2～4週間で回復しますが、神経が完全に離断する神経断裂では、症状は永続します。圧迫による神経遮断は、圧迫が解除されれば改善します。しかし、圧迫が長期あるいは重度の場合、神経は壊死し、回復しません。

腎腫大による脚麻痺に伴った自己損傷行為

2. ホルネル症候群

【症状】眼瞼下垂や瞳孔不同症が特徴的です。ただし、鳥の虹彩は骨格筋によって縮瞳するので、瞳孔不同症は鳥ではホルネル症候群の症状とは言えないかもしれません。

【原因】第1胸神経(あるいは第2)の交感神経の損傷によって生じます。脳障害に付随して現れることもよくあります。

【診断】特徴的な症状から診断されます。

【治療】特異的な治療法はありません。原因が明らかになった場合、それに対する治療が行われます。

3. 末梢神経性自己損傷

【症状】感覚異常の起きた部位を気にする様

■神経の病気と問題行動

子(脚を振る、触る、なめるなど)や、毛引き、自咬などの自己損傷行為が見られます。
【原因】 感覚神経の障害によって、支配部位に疼痛あるいは違和感、麻痺が生じ、それを排除しようと自己損傷を行います。腎腫大や腹腔内腫瘍などによる骨盤神経の圧迫は、脚の自損行為をもたらすことがあります。また、近年はPDDに関連した自己損傷行為が注目されています(☞P225)。
【診断】 X線検査や血液検査によるスクリーニング検査、状況によってはPDD検査や皮膚の生検・病理検査などが行われることがあります。
【治療】 まずはカラーなどによる自傷を防ぐ手立てを行う必要があります。自傷行為の予防に向精神薬が効果的な場合もあります。創傷が生じている場合、感染や炎症を抑えるための抗生剤や抗炎症剤が使用されます。原因が特定できた場合は、その治療が重要です。

▶▶▶ **問題行動**

1. 自己損傷行為

1. 毛引き

【概要】 羽毛を引き抜く行為を言います。ここでは、自己の羽毛を引き抜く自己損傷行為に限定します。「毛引き症」とも呼ばれますが、健康上問題が認められないため、「症」をつけず、「毛引き」とします。

羽毛を引き抜く場所は、種によって偏好があります。一般的には胸腹部、オカメインコは翼下、ラブバードは胸腹部、脚部、尾部などが多く見られます。通常、短い正羽が主で、綿羽に広がり、著しい場合には、頭部を残してすべての羽を引き抜きます。中には、脚を使って頭部の羽毛まで引き抜く個体もいます。通常、抜かれた羽は床に落ちますが、抜いた羽毛を摂食してしまうこともあります。新生羽を毛引いた場合、出血を伴うことがあります。また、疼痛から叫びながら毛引く個体もいます。

国内でよく飼育される種の中では、大型鳥ではバタン、ヨウムに多く、小型鳥ではセキセイインコ、オカメインコ、ラブバード、マメルリハ、オキナインコに比較的よく見られます。ブンチョウなどのフィンチではほとんど見られません。
【原因】 毛引きの原因としては、生理的なもの、精神的なもの、炎症性、その他の4つ

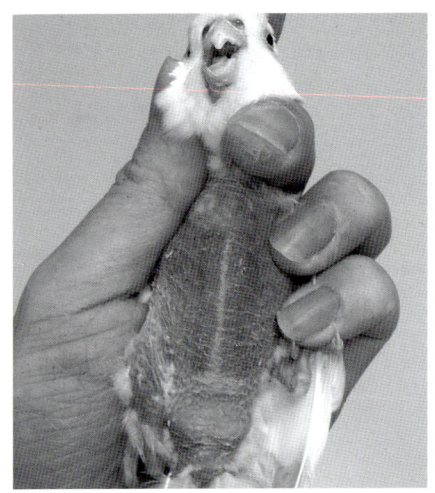

典型的な毛引き。頭羽と長羽が残っています

が考えられます。

1. 生理的毛引き
①抱卵性の毛引き：発情中のメスは抱卵のため腹部の羽毛を抜きます。
②毛繕いの一貫（異常羽毛の除去）：汚れた羽や折れた羽などの異常羽を引き抜きます。

2. 精神的毛引き
精神的な毛引きの原因や機序は複雑で、わかっていないことがほとんどです。以下は、筆者の推論です。

＜精神的毛引きの素因＞
脳内では様々な神経伝達物質が働いて健全な精神状態を保っています。これらの分泌機構、あるいは脳組織自体の機能的あるいは器質的障害が素因となり、毛引きが起きやすい状態になると考えられます。

①精神成長の障害：親鳥でなく、人が育てることで、鳥の健全な精神成長が妨げられ、未熟あるいは異常な精神形成が生じると考えられています。特に、コミュニケーション能力の発達障害や、自立不全による依存症は重要な素因と考えられます。

②ストレス不足：野生下の環境と異なり、ストレスが著しく少ない生活のため、小さなストレスをがまん（抑圧）できる精神が育成されないことがあります（いわゆるわがまま）。

③心的外傷：極端な恐怖や不安などによってもたらされた心的外傷が、毛引きの素因となる可能性があります。

④脳損傷：脳障害後に性格が変質することがしばしばあります。

⑤先天的素因：毛引きの発生は、家系あるいは種によって偏向します。遺伝が関与する性格の問題（生まれながら神経質であったり、執着しやすかったりする鳥）や、その他の精神疾患が素因となっている可能性があります。

＜精神的毛引きの誘因＞
上記素因によって毛引きを起こしやすい鳥に、何らかの誘因が加わることで、精神的毛引きが生じると考えられます。

①「過剰な欲求や不満」に対する代償行為（補償行為）：実現不可能な欲求や、避けられない不満に対し、通常はがまん（抑圧）することでその情動を抑えますが、上記素因により抑圧しきれない場合や、不満が強すぎる場合に、代償行為として毛引きをすると考えられます（いわゆる八つ当たり）。発情に関連した欲求や、遊びたい欲求、食欲などの欲求が満たされない場合に生じる毛引きなどはこれに当てはまると考えられます。

②「依存対象との分離」によって生じる分離不安：依存症の個体では対象となる飼育者や鳥などとの分離によって、明らかに毛引きが行われます。毛引き行為が、分離による不安を埋める「移行対象」のような働きをしていると考えられます。人の抜毛症でも分離不安が関わっている例があるようです。不安感を抑える脳内の神経伝達物質であるセロトニンが関与しています。

③「退屈や不満」を抑圧するための自己刺

■神経の病気と問題行動

激行動：正常な動物（人を含め）でも、退屈や不満などストレスを感じたとき、自分の体を繰り返し一定に動かす、あるいは刺激する行動が見られます（自己刺激行動）。この自己刺激行動では、ドーパミンなどの神経伝達物質が脳内で分泌され、情動がコントロール（抑圧）されると考えられています。鳥でも同様に、毛引きによる自己刺激はドーパミンを分泌すると推察されます。

野生下の鳥は、日中の時間のほとんどをエサ探しに費やしています。エサが豊富にある飼育下では時間を持て余し、自己刺激遊びを始めると考えられています。大型鳥では、エサを固い殻から取り出す作業にも多くの時間を費やしていますし、余った時間を自分や仲間の羽づくろいに使っています。これらができないことも毛引きを誘発していると考えられています。

④**「美容」に対する強迫行動**：明らかに部位を限定して毛引きしている個体がいます。ある一定の範囲の羽毛を引き抜ききると、非常に満足して行為を停止します。中には1本だけ残して周りを綺麗に除毛することもあります。これは美容の概念が存在するということでしょうか？ あるいは強迫行動と考えることもできます。

⑤**生理的毛引きに対する「欲求の増大」**：羽づくろい性や抱卵性など、生理的な毛引き行動を制御している神経機構が、器質的あるいは機能的に障害を受けることで、過剰な毛引きが見られる可能性があります。毛引きが起きやすい種類や家系というのは、この神経機構に遺伝的脆弱性があるとの考え方もあります。

⑥**その他精神に影響を及ぼすと考えられる「ストレッサー」**

ホルモン失調／過発情によって生じる過剰な性欲増大、攻撃性増大などは精神に強い影響を及ぼすと考えられます。他のホルモン失調（甲状腺障害など）も精神に影響を及ぼす可能性があります。

栄養失調／栄養改善により毛引きが改善する例もあり、栄養ストレスが鳥の精神を不安定にしている可能性があります。特にCa欠乏、アミノ酸欠乏、亜鉛欠乏などが関わっていると考えられます。

疾病／疾病が改善するとともに毛引きが改善する例があります。疾病が精神に影響を及ぼしている可能性があります。

不適切な環境／特に日照時間の異常、騒音などが鳥の精神を不安定にすると考えられます。日光浴不足、水浴び不足による羽毛コンディションの低下、不適切な温度・湿度、低換気なども精神に影響を及ぼすと考えられます。

対人（鳥）関係／鳥にとって最も大きな精神的ストレスは対人（鳥）関係です。嫌いな人（鳥）が居住空間あるいは縄張りに存在する、逆に過剰に好きな人（鳥）がいる場合にも毛引きが生じます。

＜毛引きが永続する原因＞

頭羽と長羽を含むすべての正羽を抜いています。頭羽は脚で抜いています

自己刺激行動（常同行動）：自己刺激の際に分泌されるドーパミンは脳内麻薬物質とも呼ばれ、強い快楽をもたらします。慢性的な毛引きではこのドーパミン分泌が「報酬」となって、さらに毛引き行動が強化されると考えられます（行動自体が動機となった状態）。繰り返すことで食欲や性欲よりもはるかに強い欲求へと増強されます。

このような状態では、誘因を除去しても毛引きは収まりません。ほかの報酬（おもちゃ、おやつ、かわいがるなど）も代償とはならないことが多いです。自己刺激行動に陥ってしまった動物は、脳に器質的な障害が生じているとも言われます。

3. 炎症性の毛引き

皮膚や羽包の炎症、あるいは皮下の炎症による掻痒感や痛み、違和感が毛引きを起こしているという考え方です。

①アレルギー性：まだはっきりしませんが、アレルギーが毛引きに関与している可能性が調査されています。毛引きを行う鳥の皮膚の病理組織検査で、一部の鳥でアレルギー性と考えられる炎症が検出されます。また、少ないながら食餌に関連したアレルギーの存在も証明されるようになってきました。

②神経炎：PDDウイルスによる皮膚神経の炎症と、毛引きの間に関係があるのではないかと言われています。

③体腔内の炎症：気嚢炎など、体腔内の炎症を起こした部位の体表の羽を引き抜く可能性があると言われています。

4. その他の原因

海外ではジアルジア感染と毛引きの関係が強く疑われています。しかし、国内ではそのような事例に遭遇することはほとんどありません。また、肝不全による皮膚への色素沈着や栄養障害、そのほかの疾患による皮膚の掻痒感も原因になると言われています。

【診断】

①脱羽が見られる場合：毛引き以外の脱羽（感染性、ホルモン性、換羽性など）との鑑別が必要です。毛引いている瞬間が見られれば毛引きと言えます。見られない場合、通常、毛引きは頭部が脱羽しないので鑑別できます。また、毛引きの場合、脱落羽に形成異常や血斑などが認められません。毛

毛引きの治療と予防

●ケースバイケースで治療法を選択する

どのような場合でも、栄養と生活を正常なものとする必要があります。

そのうえで精神性を疑う場合には、向精神薬あるいは認知行動療法が試されます。向精神薬のなかには、個体によって副作用が現れるものもあるので、注意して用いる必要があります。特に問題行動の改善によく使われる三環系抗うつ薬の一種は、鳥を死に至らしめることがあります。

行動療法では、主に対象のすり替え（羽から玩具など）や、暇つぶしを与える（玩具や、食餌に時間や労力をかけさせるなど）、鳥が喜ぶことを大量に行う豊潤化など、様々な試みがなされます。

いずれの治療法も早期であれば、改善の見込みがあると考えられますが、慢性化している場合、軽減はするが完全に治らない、あるいは再発することが多いです。

●原則、治療は行わない！？

これは現時点での筆者の考えですが、明らかに内科疾患の関わってなさそうな毛引きでは、治療の必要はないと考えています。毛引き自体は鳥の体に大きな負担がかかるわけではなく、逆に精神を安定させる作用をもたらします。検査や向精神薬、カラーは致死的なリスクが含まれ、行動療法

■神経の病気と問題行動　第8章

引きを行った羽包にちぎれた新生羽や出血痕が認められれば、有力な証拠となります。

ほかの鳥による引き抜きを除外するため、単独飼育とします。

②**生理的な毛引き**：経過観察によって鑑別可能です。抱卵性では抱卵活動が終わると終了しますし、異常羽毛が原因の場合には抜き終われば新たな毛引きは起きません。

③**炎症性の毛引き**：鑑別には皮膚の生検が必要です。食餌性アレルギーの検査のための皮膚パッチテストは、現在のところ一般的ではありません。除去食（低アレルギーペレット）が試されることもあります

③**精神的な毛引き**：診断は困難ですが、ほかの疾患の関与がないかを血液検査、X線検査、病原体検査、皮膚生検などのスクリーニング検査で調べ、何も引っかからなければ精神性を強く疑います。また、向精神薬に反応が良好な場合は、精神性と考えることができます（ハロペリドール試験など）。

ただし、検査や投薬は鳥への負担を伴いますので、治療を行わないのであれば実施する必要はありません。

すらも精神的な負担となることがあります。栄養と生活改善を行い、それで改善が認められなければ、深追いしすぎないことが鳥にとっては幸せなのかもしれません。

●**最大の予防は心を鍛えること!?**

精神的な毛引きを予防するためには、まず栄養や環境を適切にします。そして、飼育者と鳥との距離を適切に保ち、愛玩するのでなく、居候する仲間として愛でることが重要と筆者は考えています。特に幼少期の精神成長は大事なので、人の手で育てず、親鳥に育てさせるのも良い方法と考えられます。また、善玉ストレスをなるべく与え、ストレスに強い精神を形成させる心がけも大事だと考えています。

2. 羽咬症（うこう）

【**症状**】自らの羽毛をかじります。「チューイング」とも呼ばれます。

長羽損傷型：長い正羽を咬んで損傷します。特に羽軸を損傷し、羽は折れ、ちぎれます。両側の場合飛べなくなります。片側だけ羽咬した場合には、キリモミ飛翔します。ブンチョウでよく見られ、大型鳥や一部のセキセイインコでも見られることがあります。

短羽損傷型：短い正羽（特に先端）を損傷します。小羽枝が損傷し、色素色や構造色が損失することから黒く見えます。セキセイインコによく見られ、大型鳥でもしばしば見られます。いずれの場合も、毛引きや自咬を伴うことはそれほど多くありません。

【**原因**】原因は毛引き同様です。特に羽毛の汚れや、クリップが最初の原因となりやすいようです。栄養不良（特にアミノ酸欠乏）から、摂食により補っていると説明される場合もあります。

【**治療**】特に必要ありません。

チューイングによって曲がった風切羽

3. 自咬症

【症状】 自らの体（特に皮膚）を傷つけます。通常、嘴によって傷は作られますが、爪によることもあります。自咬部は出血し、二次感染により化膿します。脇や翼下、脚、趾などが好発部位で、頭部以外の全身に見られます。ラブバードでは尾部の自咬が排泄孔におよんで、鎖肛を起こすこともあります。ヘルニア部の自咬では、内臓が飛び出すこともあります。

自咬は非常に危険な問題行動で、しばしば重大な出血によって死亡し、皮膚感染から敗血症が生じて死亡する個体もいます。

【原因】 主に毛引きと同様の原因で生じますが、毛引きを伴わないこともあります。

また、疼痛（外傷、黄色腫、腫瘍、そのほかの皮膚疾患、脱出した排泄腔や卵管など）や、掻痒（外傷後、ある種の皮膚病や腫瘍、アレルギー、肝疾患、PDDなど）、麻痺（腎不全、内臓腫瘍による末梢神経障害、中枢神経障害など）、あるいは付着物（ギプス、包帯、カラー、足環、外用薬、消毒薬、刺激物、汚染物、縫合糸、外科用接着剤、腫瘍など）、体腔内の炎症（気嚢炎や腹膜炎、その他臓器の炎症など）などによる刺激を物理的に除去しようとして自咬が生じることもよくあります。

これらの自咬は刺激に敏感な神経質な個体によく見られます。自咬による疼痛はさらに自咬を起こす悪循環を生じさせます。また、自己刺激行動となり、刺激を取り除いた後も永続することがあります。

【診断】 自咬をしている場合、皮膚が損傷し、嘴に血が付着していることが多いです。疼痛により鳴きながらかじる個体もいます。自咬している証拠が得られない場合も、カラーなどの自咬対策により傷が消失すれば、自咬と考えられます。

【治療】 まずはカラーが装着されます。リスクを伴いますが、自咬により死亡するリスクよりも通常低いです。カラーを許容せず、著しく暴れる、あるいは意気消沈する例では、向精神薬が試されます。こちらもリスクがあることを念頭に置かねばなりません。

通常、傷をおおう包帯などの処置は推奨されません。自咬を行うほどナーバスな個体であれば、包帯を取ろうとさらに激しく周囲を自咬する、あるいは絞扼が生じるなど、重大な事故を招く可能性が高いからです。ただし、創傷保護剤の使用により疼痛が改善され、自咬がおさまる個体もいます。傷に対しては抗生剤、消炎剤、鎮痒剤などが使用されます。

【予防】 疼痛などによる自咬は早期に発見治療することで、自己刺激行動化を防ぐことができると考えられます。いったん、自己刺激行動化してしまった個体では、カラーをはずさないことが何よりの予防となります。

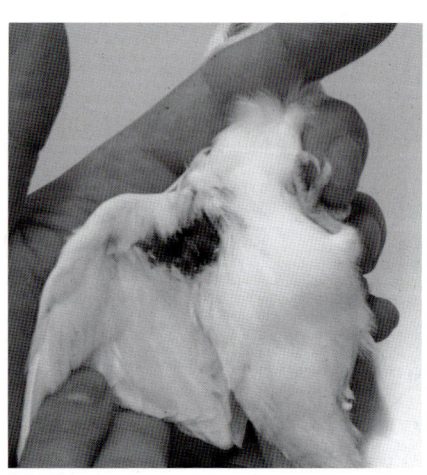

脇の自咬

2. その他の問題行動

1. 心因性多飲症

【症状】著しく多量の飲水を行い、多量に尿を排泄します。通常、飼い鳥の飲水量は体重の10～15％、20％未満が正常ですが、体重の何倍もの飲水を行う個体もいます。

また、多飲により水中毒(低ナトリウム血症)となり、元気・食欲低下、嘔吐などが見られ、重度の場合、痙攣・昏睡を起こして死亡することもあります。

【原因】詳しい原因はわかっていませんが、精神性疾患の一つと考えられます。

【診断】体重の20％以上の飲水が見られる場合、多飲多尿症の疑いがあります。飲水制限により脱水が起きない場合、多飲症が疑われます。しかし、飲水制限は多尿症では著しく危険なため、獣医師の監督下で行うべきです。まず、スクリーニング検査として血液検査を実施し、全身状態を確認してから飲水制限を行うことが推奨されます。

【治療】特に必要はありませんが、飲水制限により体調が良くなる個体では、継続的に実施します。多飲によって水中毒となった場合、同時に電解質の補整のための輸液を行う必要があります。

2. パニック

【症状】突然、激しく暴れ回ります(暴発行動)。通常、突然の物音や明滅、出現、地震など、驚くような刺激によって生じます。特に大きな地震があった翌日は、外傷を負った鳥が多く来院します。なかには睡眠中に突如暴れ回ることがあり、悪夢を見たと表現されることもあります。一羽が暴れ、その音にほかの鳥も驚き、集団恐慌を起こします。

【発生】神経質な鳥に多く見られます。オカメインコ(特にルチノウ)に著しく多く発生することから、オカメパニックとも呼ばれます。夜間に多く発生することから、海外では「Night Frights 夜間驚愕」と呼ばれます。

【原因】オカメインコが集団恐慌を起こす理由としては、集団で生活すること、砂漠種であること、夜間に視力が低いことなどが関与すると推察されます。

夜間に外敵が出現したと思われる物音が聞こえた場合、周りにさえぎる物のない砂漠では、飛び立つのが最も安全な方法です。また、一羽が飛び立った物音によって、恐慌的に飛び立つのも、生存率を高める行動と考えられます。そもそもパニックという言葉自体が、動物が突然騒ぎ出し、集団で逃げ出す現象からきています。

ルチノーに多発する理由としては、何らかの遺伝的な素因が存在すると考えられます。

【治療】暴発行動により外傷が生じた場合、その治療が行われます。

【予防】暗闇で発生率が高まることから、常時点灯を行います。ホルモンバランスの異常を起こさないようにするため、昼と夜とで明度に差をつける必要があります。

また、外傷を減らすため、夜間(重度の場合は一日中)は、骨折が生じやすいケージは

止めてプラスチック水槽に入れ、中にはなるべく物を置かないようにします。また、助走がつかないよう狭いケースにするのも有効です。それでも頻繁な場合は、向精神薬が試されます。

3. ブンチョウの過緊張性発作

発作の中期（開口、閉眼、起立困難）

【症状】ブンチョウでは過緊張によって発作が生じることがよくあります。一般的に「失神」と呼ばれますが、突然意識が低下あるいは消失するわけではないので、人で言うところの失神とは異なります。

典型的な例では、キャリーを袋から診察台に出してしばらくすると、挙動不審（キョロキョロする、ソワソワする、目をしばたかせる）が始まり、左右不対称な強直間代性痙攣（足や翼をバタバタする）へと進行し、閉眼、開口、舌なめずり、呼吸促迫、発声呼吸、そして起立困難、虚脱へと続きます。

保定中の発作は、挙動不審や痙攣に気づきにくく、保定を解除するといきなり虚脱するので、失神したかのように見えます。

通常は数分も経たず、すくっと立ち上がります。しばらくは半眼で開口呼吸していますが、じきに収まります。その後に後遺症が残ることは稀です。

しかし、発作が重度の場合には、脳神経へのダメージが生じて脳障害症状が残ることや、死に至る可能性があります。また、高齢鳥では心臓への負担も問題となります。

【発生】特にブンチョウで発生が多く、ほかの種でもしばしば見られます。ブンチョウでは、特に白ブンチョウに多く、次にサクラ、シルバーが続きます。シナモンで見ることは稀です。

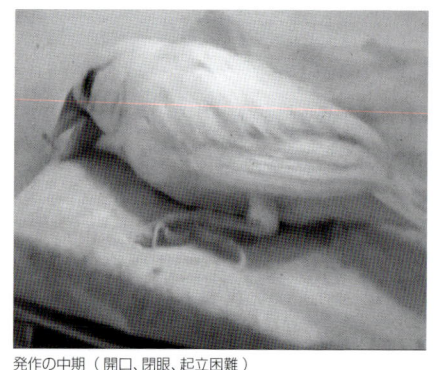

神経質なオスに多く、メスに少ないのも特徴です。高齢になると頻度が増す傾向にあります。

【原因】原因や分類はよくわかっていません。精神性疾患（心因性発作）なのか、中枢性神経疾患（てんかん）なのか、議論の分かれるところです。品種で偏りが見られることから、遺伝的な要素が関与していると考えられます。

【誘発因子】過緊張によって誘発されます。過緊張の状況としては、保定が最も一般的で、知らない環境に来た、いきなり明るくなった、見つめられたなどでも生じることがあります。パニック発作のように予期不安が関与しているようにも見えます。また、ほかの疾患（高NH_3血症、心疾患など）が関与している例もあると考えられます。

【予防】過緊張を起こすような状況を忌避することで発作は予防できます。また、逆に小さな刺激を加えて慣らしていくことも有効かもしれません。

軽度であれば内科治療は必要ありませんが、重度あるいは高頻度に発作が起きる個体では、抗不安薬や抗てんかん薬などが試されます。高齢個体や心疾患のある個体では強心剤が投与されます。

第9章
その他の病気と事故

◆皮膚の病気
皮膚炎　236
皮膚の腫瘤　236
趾瘤症・バンブルフット　237
◆目・耳の病気
角膜炎　238
白内障　238
外耳炎　238
◆骨の病気
骨の腫瘤　239
◆事故
外傷　240
筆羽出血　240
絞扼　240
熱傷　241
熱射病　241
感電　242
骨折　242

▶▶▶ 皮膚の病気

1. 皮膚炎

【原因】
感染性：鳥の感染性の皮膚炎は原発性が珍しく、主に外傷後や、何らかの内科疾患によって皮膚の防御機構が弱った際に、二次的に生じます。ブドウ球菌など皮膚の悪玉細菌が主体です。皮膚炎を起こすウイルスとしては、ポックスがよく知られ、ヘルペスも皮膚に炎症を起こすことがあります。寄生虫では疥癬が主な原因です。稀に真菌性皮膚炎も生じます。（☞P98）
アレルギー性：接触性、あるいは食物性のアレルギーが存在すると考えられています。
自己免疫性：自己免疫性皮膚疾患は、免疫が自己の皮膚を異物と考え攻撃してしまう疾患です。鳥ではこれまで報告されてきませんでしたが、筆者は天疱瘡（自己免疫性の皮膚病）様の疾患を経験しています。

【症状】炎症部位は発赤・腫脹が見られ、かゆみから気にする様子や自咬が見られることもよくあります。細菌感染では、膿瘍形成や湿潤化、白色のプラーク形成などが見られ、悪臭を伴うこともあります。ポックスや真菌感染では黄色の痂皮形成が特徴的で、疥癬では白色軽石様の病変が形成されます。

【診断】難治性あるいは重度の皮膚炎では、培養検査や生検による組織検査が実施されることがあります。基礎疾患の有無を調べるための血液検査やX線検査が実施されることもあります。

【治療】感染性では疑われる原因を排除するための薬が内服で用いられます。アレルギー性では抗ヒスタミン療法や漢方、除去食などが試されます。接触性ではよく手を洗ってから鳥に触ることで改善されることもあります。自己免疫性ではステロイドの使用が検討されます。

【予防】皮膚のコンディションを正常に保つためには、正常な食事と生活環境が大事だと考えられています。

自咬後に生じた黄色ブドウ球菌による皮膚炎

2. 皮膚の腫瘤

【原因】**非腫瘍性**：膿が溜まってしまう膿瘍、炎症病変の一つである肉芽腫、皮膚組織に脂質が漏れ出して炎症を起こす黄色腫、羽が出口を失って皮内に腫瘤状に形成される羽包囊腫などがあります。
腫瘍性：尾脂腺に発生の多い腺腫や腺癌、ウイルス性が疑われる乳頭腫、潰瘍のように見えることもある扁平上皮癌、羽包から

■その他の病気と事故

発生することの多い基底細胞腫、血管の腫瘍である血管腫や血管肉腫、線維組織の腫瘍である線維腫や線維肉腫などがよく見られます。

リンパ組織の腫瘍であるリンパ肉腫、メラニン色素の腫瘍である黒色腫、また稀に、肥満細胞腫、顆粒細胞腫なども見られます。皮下の腫瘍である、脂肪腫や脂肪肉腫、胸腺腫も非常によく見られます。また、骨や筋肉などの皮下の腫瘍が皮膚腫瘍に見えることがあります。

【診断】脂肪腫や膿瘍、羽包嚢腫、黄色腫など、特徴的な外見から診断されることもあります。多くの場合、摘出（生検）し、病理組織診断が必要となります。侵襲を伴う検査ですが、悪性腫瘍である可能性を考えると、早期の実施が推奨されます。

【治療】非腫瘍性：脂肪腫は食餌制限によって消失します。黄色腫は高脂血症の治療を主に行います。自咬がひどい場合は、摘出が必要となります。

腫瘍性：早期の摘出が非常に重要です。摘出後は、再発予防のため抗腫瘍効果が期待される薬剤を投与することもあります。

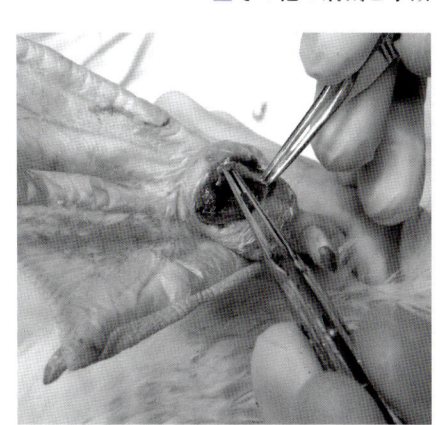

趾瘤症：肉芽を電気メスで外科的に摘出

3. 趾瘤症・バンブルフット
しりゅうしょう

【原因】趾瘤症は、足底部が肉芽腫によって腫れた状態を言います。体重過多（肥満、腹腔内腫瘍、腹水など）、握力低下による足底部への負重増大、片足の障害による健常な足への負重増大、不適切な止まり木などが主な原因です。

障害を受けた足底部に細菌（特にブドウ球菌）が感染し、増悪化します。素因としては、ビタミンA欠乏などによる足底の皮膚の脆弱化、運動不足による血行不良などが挙げられます。

【症状】初期の段階では、趾底部指紋の消失、発赤などが認められます。しだいに発赤部が広がって、潰瘍が形成されます。出血や疼痛による跛行、脚挙上などの症状が見られるようになります。感染が生じると炎症は重度となり、肉芽が増殖して趾瘤が形成されます。

【診断】一般的な抗生剤の反応が悪い場合、培養・薬剤感受性試験が実施されることがあります。

【治療】止まり木をはずし、足底にかかる負重を軽減します。抗生剤や消炎剤、血行促進剤などが使用されます。また、栄養改善や適度な全身運動が指示されることもあります。重症例では肉芽の外科摘出が必要となります。アヒルや猛禽では足裏にクッションを包帯で設置することもありますが、オウム目では包帯を噛って絞扼などの問題が生じるため、あまり行われません。

【予防】多くの場合、適切な栄養、体重、止まり木、運動量によって予防が可能です。止まり木を清潔に保つことも重要です。

▶▶▶ 目・耳の病気

1. 角膜炎

【原因】角膜の外傷、あるいは感染（主に細菌、稀に真菌など）によって生じます。
【症状】痛みから閉眼が見られ、炎症が進むと角膜が白濁し、膨隆することがあります。
【診断】角膜の傷は、フロオレセインで染色されます。角膜洗浄液や角膜スタンプを観察することで、炎症産物や病原が観察されます。培養・感受性試験が実施されることもあります。
【治療】軽度の場合、内服による抗生剤治療が行われ、重度の場合、点眼薬も使用されます。点眼薬には抗生剤や、抗炎症剤、角膜の治癒促進剤等が使用されます。また、角膜を保護し治癒を促すため、眼瞼あるいは結膜フラップ術が行われることもあります。

2. 白内障

【原因】高齢鳥に見られる場合、主に加齢性白内障と考えられます。遺伝や栄養欠乏（ビタミンA、E、B$_2$、B$_3$、タウリン、多飽和脂肪酸など）と関連していると言われています。また、外傷後や感染、内科疾患に白内障が続発することもあります。
【発生】加齢性白内障は、高齢フィンチでよく見られます。
【症状】目の中心が白濁します。視力が落ち、行動に変化が見られることもあります。徐々に進行し、最終的には視力を失います。
【診断】特徴的な症状から診断されます。若齢や片目の場合、加齢性以外の原因を疑い、血液検査などが実施されることもあります。
【治療】混濁を元に戻す内科治療はありません。点眼薬は効果がはっきりしません。白内障手術は飼い鳥においてリスクを上回る意義がありません。
【予防】栄養改善に予防効果があるかもしれません。

加齢性白内障

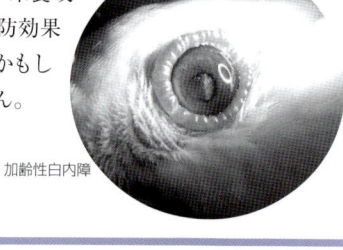

3. 外耳炎

【原因】通常、一過性の細菌感染が原因です。真菌が関わることもあります。再発を繰り返す例や、両耳性の場合は免疫異常が関わっているかもしれません。
【症状】外耳孔周囲の羽毛が滲出液によって汚れることで気づかれます。
【診断】外耳の拭い液の鏡検を行います。難治性の場合、培養感受性試験が行われます。
【治療】抗生剤（場合によっては抗

外耳炎

■その他の病気と事故

第9章

真菌剤、抗炎症剤）の内服が行われます。点耳が行われることもあります。

> ▶▶▶ **骨の病気**

骨の腫瘍
しゅりゅう

【原因】腫瘍性：原発性の骨腫瘍としては骨肉腫がよく見られ、骨腫、骨軟骨腫、軟骨腫、軟骨肉腫などもしばしば報告されます。線維肉腫や血管肉腫、悪性間葉腫なども骨組織から発生することがあります。

　また、ほかの腫瘍が転移したり浸潤することで、骨に腫瘍が生じることもあります。鳥の場合、気嚢癌が含気骨を巻き込むことがあります。

感染性：細菌（抗酸菌を含む）や真菌が骨に進入し、骨腫瘍が形成されることがあります。

増殖性：原因不明の外骨症や大理石病、エストロゲン過剰症による多骨性過骨症など、非腫瘍性の骨増殖が見られることもしばしばあります。骨折後の仮骨形成や骨嚢胞でも、骨に腫瘍が形成されます。

【症状】皮下の骨では、堅く白色の膨隆物として観察あるいは触知されます。内部の骨腫瘍では、外見上の変化は乏しく、圧迫された器官や組織の症状によって気づかれます（脊椎の骨腫瘍による対麻痺など）。

　侵襲性の強い骨病変では、疼痛が生じ、元気食欲の低下や、疼痛部位の機能不全や自咬が見られることもあります。また、X線検査で発見されるまで、無症状のこともあります。

【診断】X線検査によって、侵襲性（腫瘍性や感染性）、非侵襲性（増殖性など）に鑑別できることがあります。確定診断は、骨の一部切除（骨生検）後の病理組織検査が必要です。感染性が疑われる場合、切除された骨の病原体検査が実施されます。

【治療】腫瘍性や進行によって命の危険のある増殖性の骨腫瘍では、早期の摘出が望まれます。翼や脚の悪性腫瘍では、腫瘍のある部位よりなるべく頭側での断翼や断脚が推奨されます。

　骨腫瘍が全身で複数見つかるような場合は、摘出してもすぐに再発する可能性が高く、摘出術は慎重に判断しなければなりません。体幹の骨腫瘍の場合、摘出が困難なため、手術は見送られることが多いです。

　骨腫瘍に対する抗癌剤あるいは放射線療法は研究段階です。感染性の骨腫瘍の場合、感受性試験の結果に従った抗生剤や抗真菌剤が使用されます。進行性でなく、腫瘍性でない骨腫瘍の場合、経過観察となります。

【予防】骨腫瘍は悪性腫瘍を多く含み、時間経過とともに転移や浸潤などにより、摘出のタイミングを逃すことがあります。常に鳥とスキンシップをはかり、骨腫瘍を早期発見することが大切です。

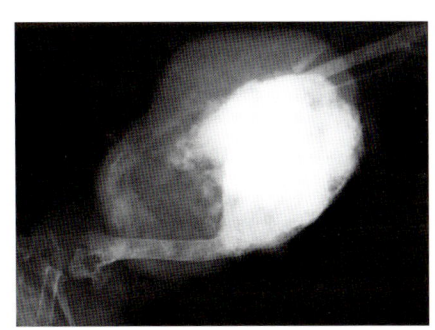

翼にできた巨大な骨肉腫

▶▶▶ 事故

1. 外傷

【原因】咬傷（同居鳥、猫、犬、自咬など）によることが圧倒的に多く、そのほか事故や自慰などによる擦過傷、挫滅傷、裂傷、熱傷や、圧迫が関与する褥瘡、絞扼壊死がしばしば見られます。凍傷、電撃傷、化学損傷なども稀に見られます。

【症状】皮膚の損傷、出血、炎症などが生じます。外傷部位によっては機能障害が生じます（脚損傷による歩行障害、翼損傷による飛行障害、嘴損傷による摂食障害など）。

【治療】①洗浄：汚れがひどい場合は、皮膚に刺激性の少ない物質で洗い流します。消毒剤は、皮膚の正常な治癒過程を阻害するため制限されます。
②外用薬：鳥に外用薬は推奨されません。皮膚の治癒を妨げること、なめ取られ副作用が生じる可能性があること、羽毛に付着し保温力が失われること、気にして自咬に発展する恐れがあることなどが理由です。人や犬猫用の外用薬は、濃度が高すぎて副作用が生じることもあります。
③湿潤療法：壊死物や異物を除去し、創部を専用のドレッシング剤などで湿潤に保って組織の再生を促します。乾燥・消毒に比較して著しく早く治癒しますが、すべての傷に有効なわけではありません。
④内服薬：傷が汚染されている場合や治癒に時間がかかりそうな場合には、抗生剤が使用されます。また、疼痛によって食欲が減退する例では鎮痛剤が使用されます。
⑤縫合：大きく開いた傷は縫合が必要です。ただし、汚れた傷などはバイ菌を創内に封じ込めないよう開放創とすることもあります。

【予防】外傷の最大の予防は、事故を未然に防ぐことです。特に放鳥（あるいは脱出）時、ほかの鳥のケージに着地して脚を噛まれないよう注意してください。

2. 筆羽出血 (ひつうしゅっけつ)

【原因・症状】新しく生えかけの正羽（筆羽、筆毛）は、栄養供給を行うための血管が発達しています。この筆羽を損傷すると重度の出血が生じます。また、筆羽は硬い鞘に包まれているので、周りの組織の収縮による止血機構が働かず、血が止まりにくい傾向にあります。筆羽の損傷は通常、パニック時の打撲、羽咬によって生じます。

【診断】裂傷と鑑別するため、折れた筆羽を探します。

【治療】血が止まっていれば特に治療の必要はありません。出血が止まらない場合、筆羽を引きます（☞P251）。

【予防】パニックを起こしやすい個体は、狭いケースに入れると事故の頻度が減ります。

3. 絞扼 (こうやく)

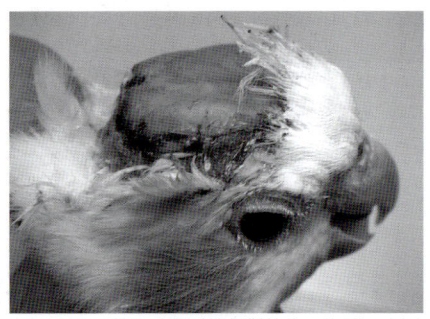

大きく欠損した頭頂の皮膚に創傷保護剤を使用、数週後には完治

■その他の病気と事故

【原因】紐、繊維、足環、リング状の痂皮、包帯など。
【症状】絞扼部位のくびれ、絞扼部位より遠方の腫脹、暗色化、ミイラ化など（☞P243）。
【治療】絞扼解除、抗生剤、血行促進剤など。
【予防】ケージ内に綿、紐など繊維物を入れないようにし、足環は早期に除去します。包帯が必要な場合、絞扼に注意しましょう。

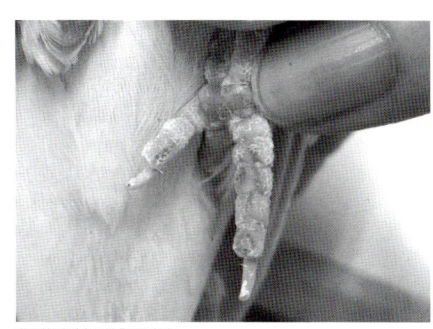

典型的な低温熱傷の病変

4. 熱傷（やけど）

【原因】セキセイインコなど、水に飛び込む習性のある種類では、熱湯や加熱した油の入った鍋、器に飛び込むことが多いです。この場合、熱い液体が羽毛にしみ込み、熱っし続けるので重症化しやすいです。
　接触型の保温器具（プレート型ヒーター、使い捨てカイロなど）あるいは、保温器具が接触できる所にある場合、低温熱傷がよく起きます。体温を外部からの熱に依存しがちな幼鳥や病鳥に多く、鳥種ではラブバードに多く発生します。
【症状】熱傷直後は、まったく皮膚に症状が見られず、翌日以降、あるいは数日たってから症状が認められることがほとんどです。軽度の場合、発赤・疼痛が認められ、数日で治ります。中等度となると、水泡や浮腫、湿潤などが見られ、治癒に1～2週間以上かかります。重度の場合、壊死が生じ、治癒は少なくとも2週間以上かかります。治癒に数ヶ月かかったり、治癒せず脱落することもあります。
【診断】特徴的な病変から診断されます。
【治療】①初期治療：熱傷直後であれば、まず冷やします。鳥をそっと保定し、熱傷を負った部位を流水にさらす、水に漬け込むなどします。鳥の体力や冷やす面積にもよりますが、5～15分ほど冷やしたら、保温しながら病院へ連れて行きます。この時点での外用薬や消毒剤の塗布は推奨されません。
②軽度熱傷：抗生剤、消炎剤を内服で使用。
③中度熱傷：上記に加えて、受傷部位の湿潤療法が検討されます。
④重度熱傷：壊死組織を除去し、湿潤療法で創部を保護しながら再生を根気よく待ちます。皮膚移植が検討されることもあります。
【予防】自由放鳥をしない、放鳥時に加熱器具を使わない、万が一脱出されることも考慮して、ダイニングやキッチンで鳥を飼育しない、低温熱傷を避けるためには、保温は空気を暖めることに努め、鳥の触れるところに熱源を置かないことです。

5. 熱射病

【原因】鳥はもともと、体温調節中枢の破壊が生じる熱射病ぎりぎりの高体温（42℃）を維持しています。このため、優れた体温低下機構を持っています。しかし、著しく高い外気温や、急激な温度変化、水分不足による蒸散の妨げ、緊張、疾患などによる体温低下機構の障害によって熱射病が生じます。熱射病は脳をはじめとして重要な臓器に回復不能な損傷を与えます。
【発生】保温が必要で、かつ体温調節機能の弱いヒナや病鳥で高頻度に発生します。

健康な成鳥でも、夏場の留守時や、冬場の保温ミスによってしばしば生じます。
【症状】高体温により、開口、縮羽、パンティング呼吸、開翼・開脚・伸首姿勢などの高体温徴候が見られます。気嚢からの水分蒸発が著しくなり、脱水症状が見られます。さらに体温が上昇すると、脱水から虚脱、脳障害から痙攣が生じて、死亡します。

体温の低下に成功しても、高体温障害が強いと、今度は逆に膨羽し、全身状態が改善せず死亡することも多々あります。
【診断】状況と特徴的な症状から診断されます。鳥に余裕があれば、血液検査(特に電解質)が実施されます。
【治療】環境温度の低下とともに、適切な輸液を行います。
【予防】30℃以下でも熱射病を起こす可能性があります。高体温徴候が見られたら室温を低下させます。保温時は「必ず」温度計を設置し、こまめに温度をチェックしましょう。特にキャリーでの移動時は要注意です。

6. 感電

【原因】コードをかじることで生じます。オウム類で生じることの多い事故です。
【症状】心停止により即死することがあります。接触部位である口角や舌に熱傷が生じることがあります。また、感電により各臓器が重大な損傷を受け、肺水腫や脳障害、その他臓器障害によって後日死に至る、あるいは後遺症が残ることもあります。
【診断】口腔の熱傷では感電を疑い、家内の電気コードに損傷がないか確認します。X線検査や血液検査による各臓器障害の有無を確認することもあります。
【治療】抗ショック剤の投与や状態に適した輸液を行い、各臓器症状に対応した治療が行われます。
【予防】鳥が触れられる所に電気コードを置かないようにします。特に保温器具を設置する場合は要注意です。

7. 骨折

【原因】主に外部からの強い圧力(激突、踏襲など)によりますが、くる病や過産卵、骨腫瘍などで骨が弱っていると小さい圧力(運動、保定)でも折れてしまいます。
【症状】四肢の場合、骨折端より先がぶらぶらします。骨折部位の腫脹や内出血による黒色化、開放骨折(骨折端が体外に飛び出た骨折)では出血も見られます。椎骨の骨折では対麻痺などが見られます。
【診断】触診やX線検査によります。
【治療】若木骨折(断裂せず折れ曲がった骨折)は、ギプス固定で充分ですが、断端のずれた骨折では、手術が推奨されます。小型鳥ではピンを骨髄にいれて補強するピンニングが主で、大型鳥では骨にピンを垂直に刺す創外固定が必要となることが多いです。
【予防】適切にカルシウム、ビタミンD_3を与え、放鳥中の事故に注意します。

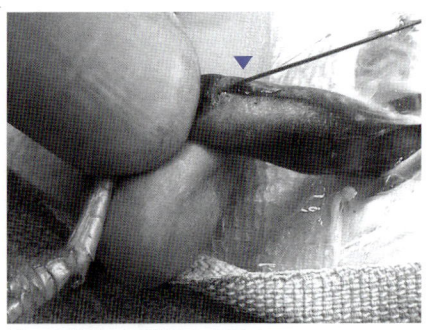

ピンニング手術：骨折端にピンを挿入中

★その他の事故／毒物の摂食、吸入(☞141)、異物の閉塞(☞P163、173)、チューブ誤嚥(胃閉塞：☞P171)、誤嚥性肺炎(☞P210)

第10章
鳥の看護

健康状態の観察　244
病鳥の看護　248
救急処置　250
　筆羽出血
　爪出血
　外傷出血
　自咬出血
　外傷
　熱傷
　排泄腔脱・卵管脱
　骨折
　卵塞
　誤食
　痙攣
　呼吸困難

▶▶▶ 健康状態の観察

鳥は病気が発見しづらい動物です。鳥は弱ってくると「元気なフリ」や「食べフリ」をします。これは、群れから追い落とされないための習性と言われます。また、鳥と哺乳類は体のつくりが大きく異なるため、病気の徴候も大きく異なります。

このため、鳥独特の病気のサインを、知識として持っていないと見逃してしまいます。病気を見逃さないためには、鳥の病気のサインを覚えることです。また、健康を管理するうえで、体重測定など、客観的なデータをつかんでおくのも良い方法です。

計測

①体重の計測

鳥の健康管理の中で最も大事なことです。代謝の速い生き物なので、調子を崩すとすぐに体重が落ち、調子が上がるとすぐに戻ります。このため、病中には体重の計測によって病状の推移が容易に評価できます。また、食べフリや食べていてもやせる病気を見つけることも可能です。体形の評価と併せると、異常な体重増加によって体腔内腫瘍や腹水、発情、卵形成などを発見することもできます。

元気な鳥でも最低週に1回、迎えたばかりの鳥や、調子がおかしい鳥では毎朝計測することが推奨されます。

②温度と湿度の計測

鳥が寒がっていない限り保温は必要ありませんが、環境温度を計測し、どのくらいの温度まで鳥が耐えられるか知っておく必要があります。急激な温度変化は大きなストレスとなりますが、緩やかな温度変化はストレス耐性を高めます。

膨羽時や、体調不良時は、30℃前後の保温が必要です。保温時は熱射病を防ぐため、必ず温度計を設置する必要があります。著しい高湿・低湿度環境も体調不良を起こす原因となるので、湿度計も設置しましょう。

③食餌量の計測

きちんと食べているかどうかは、食餌量を計量すれば確実にわかります。とくに、体調不良時、ひとり餌の練習中、ダイエット中、ペレットへの移行中のときは計測しましょう。平常時の食餌量を把握しておくと良いです。

④飲水量の計測

多尿（便が水っぽい）の際は、飲水量を計測することで評価しましょう。体重の10〜20％以内であれば正常なことが多いです。20％を超える場合は動物病院に相談してください。

様子の観察（行動・音）

①膨羽（☞P54）

鳥は、寒いときや病鳥状態となると羽を膨らませます。ただし、抱卵行動中の鳥は健康でも膨羽します（食餌中や放鳥時など、抱卵場所以外では膨羽しないのが特徴です）。

■鳥の看護

② 縮羽・開口・開翼（☞P54）
　暑いときは、体温を逃がすために体を細くし（縮羽）、開口、開翼します。

③ 元気
　鳥は元気なフリをするため、元気があっても病気のことがあります。寝てばかりいる（傾眠、嗜眠）場合には、病鳥状態であることが多いです。

④ 食欲
　食べているように見えても、食べフリのことがあります。食餌量と体重を計測し、体形も評価する必要があります。絶食便が出ていたら食べていない可能性が高いです。

⑤ あくび
　首を伸ばしながら、口を大きく開けることがあります。上部気道疾患や、後鼻孔へのエサの誤入、眠いなどが考えられます。

⑥ 嘔吐・吐出
　胃から吐き戻した場合を嘔吐、口腔内や食道、そ嚢から吐き戻した場合を吐出と言います。撒き散らしている場合は嘔吐（☞P168）、一箇所に吐き出している場合には吐出の傾向があります。何か対象物に吐き出す場合は、発情性の吐出・嘔吐の可能性が高いです。

⑦ くしゃみ・咳
　くしゃみは上部気道の病徴で、咳は下部気道の病徴です（☞P208）。くしゃみは口を閉じて首を横に振りながらします。飲水時や、一日に数回程度であれば正常です。咳は口を開けて首を縦に振りながらします。鳥の咳は重大な疾患からきていることが多く、複数回見られる場合は病院へ行きましょう。

⑧ 呼吸困難
　開口呼吸、全身呼吸、ボビング（尻尾が呼吸と一緒に揺れる）、星見様姿勢（スターゲイジング：息が苦しくて空を見上げる）、受け口、チアノーゼなどが見られたら呼吸が苦しいサインです（☞P208）。

⑨ 呼吸音
　甲状腺腫や気管炎による声を作る鳴管の問題が疑われます。

⑩ 脚挙上
　骨折、打撲、関節炎、外傷、精巣腫瘍、卵巣腫瘍、骨化過剰症、腎不全、痛風、中毒、発作など、様々な原因が考えられます。健康でも体温保持のために脚を上げることがあります。

⑪ 神経症状（☞P222、223）
　首が傾く（斜頸）、趾を握りこむ（ナックリング）、翼を震わせる（振戦）、首を後ろに反らす（後弓反張）、ガクガクする（間代性痙攣）、つっぱる（強直性痙攣）などが見られたら神経の異常が疑われます。

◀あくび　▲開翼　▼脚挙上

第10章

触診

定期的に触診することで、多くの病気を早期に発見することができます。

①腹部の触診
腹部が膨大する病気としては、肥満、黄色腫、ヘルニア、卵塞、卵蓄、腹水、嚢胞性卵巣、腫瘍など多数あります。早期に発見し病院へ。腹部の触診で発情状態を把握することもできます。

②胸筋の触診
体調が悪いと1日で胸筋がやせるため、体調の良し悪しが直ちにわかります。鳥の種類によって正常範囲が異なります。

③体表腫瘤の触診
鳥の体表は羽毛があるため腫瘤の発見が遅れがちです。定期的に体表腫瘤のチェックを行いましょう。常日頃から、触ることで鳥も慣れ、ストレスにも強くなります。特に腫瘤ができやすい部位は、尾腺部、翼端部、腹部、頸部です。

胸筋による体型評価

「太りすぎ」
セキセイインコ：＞40g

「がっちり」
セキセイインコ：40〜35g

「普通」
セキセイインコ：35〜30g

「削痩（さくそう）」
セキセイインコ：30〜25g

「重度削痩」
セキセイインコ：25〜20g

「危篤」
セキセイインコ：＜20g

腹部の触診による発情状態のチェック

非発情期の腹部
竜骨突起／胸骨端部／砂嚢／恥骨／排泄孔
ⒶⒷⒸは狭く、セキセイインコであれば恥骨の間に指が入りません

発情期の腹部
竜骨突起／砂嚢／卵／排泄孔
ⒶⒷⒸが広がります。セキセイインコであれば恥骨の間に指が入り、卵があれば触れます

外貌症状

①羽の形・色・状態(☞P57、181、188)

羽軸の変形や血斑：PBFD、BFD、栄養障害、打撲などで起きることがあります。

色素沈着：肝不全、栄養不良、脂質代謝異常などで起きます。PBFDでも起きることがあるため注意が必要です。

脱色：肝不全、栄養不良、PBFD、甲状腺機能低下などで起きます

羽質の低下：羽の発育期にストレス（肝不全、栄養不良、感染など）が加わると羽質が低下します。障害があった時期に作成された部分の羽質は低下し、ストレスマークとなって表れます。また、羽の構造が弱く簡単に磨耗するため、羽の先が煤けたように黒くなります。

②嘴と爪(☞P158、181)

過長：主に肝不全によるタンパク合成不良によって過長します。嘴の過長は不正咬合（副鼻腔炎、PBFD、疥癬、事故など）から、爪の過長は止まり木の不適合、わら巣の使用、疥癬などからも起きます。

血斑：肝不全による血液凝固因子の形成不全や、ビタミンK不足、BFDなどによる出血傾向などで見られます。単発であれば打撲による内出血の可能性もあります。

③顔

ロウ膜褐色化：メスであれば発情、オスの場合は精巣腫瘍が疑われます(☞P128)。

皮膚の軽石様変化：疥癬による角化亢進が疑われます(☞P109)。

結膜発赤・鼻汁：結膜炎はまぶたが赤く腫れ、目の周りは涙で濡れます(☞P204)。鼻炎では鼻汁で鼻の穴周辺が汚れます(☞P200)。

耳漏：細菌性外耳炎であれば分泌液によって耳の周りが濡れます(☞P238)。

爪の切り方

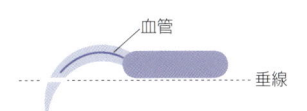

爪は趾の垂線で切ります。血が出たら止血剤（クイックストップ®）で止めましょう

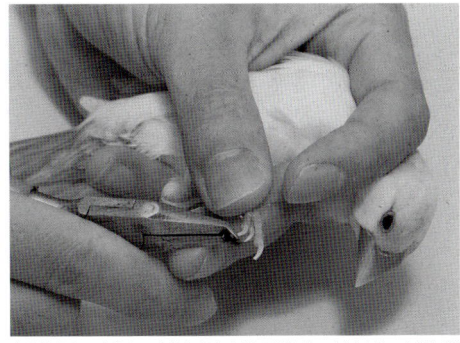

胸は抑えないように、人差し指と中指で首をそっとはさみ、中指に親指を添えて指を固定して切ります

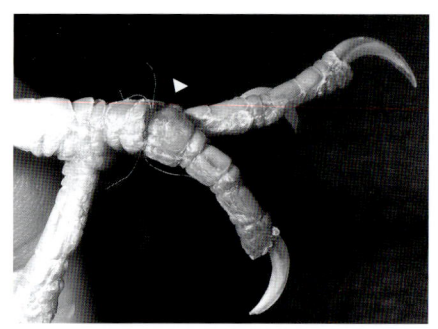

糸絞扼

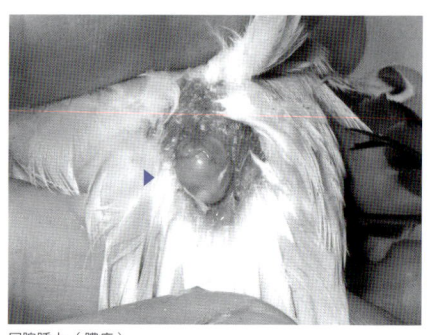

尾腺腫大（膿瘍）

口角・口腔内のただれ：カンジダ、トリコモナス、細菌、ウイルス、中毒などが原因です（☞P159）。

顔のベタベタ：顔がベタベタしている場合は嘔吐が疑われます（☞P168）。

④脚

結節・痂皮：白い結節は痛風（☞P196）、膿（アブセス）、羽包嚢腫。黄色い痂皮は皮膚真菌症（黄癬）のことがあります（☞P98）。

糸絞扼：糸がからまり、絞扼しています。すぐに糸を取らなければいけません。

⑤首

首の腫瘤：ブンチョウは胸腺腫がよくできます。

⑥翼

自咬：脇の部分をよく自咬します（☞P232）。

腫瘍：翼端部には腫瘍がよくできます。

ウモウダニ：翼によくいます（☞P111）。

⑦腹部

腹部膨大：腹部膨大には肥満、黄色腫、ヘルニア、卵塞、卵管腫瘍、卵蓄、嚢胞性卵巣疾患などの繁殖関連疾患（☞P113）、そのほか腫瘍、肝肥大、腹水、便秘などが含まれます。

⑧尾腺

尾腺腫大：尾腺が腫れることが頻繁にあります。尾腺の腫瘍や膿瘍、角化亢進が原因です。

▶▶▶ 病鳥の看護

保温

抱卵行動以外の膨羽時は保温が必要です。

①空気を暖める

鳥の内臓は気嚢につつまれているため、空気を暖めることが重要です。接触型の保温器具は羽毛で断熱されるため効果が低く、遠赤外線型も調節が難しくお勧めできません。

②保温の基本温度

まず28～30℃に設定し、暑がったら下げます。32℃以上の保温は脱水の危険があるのでお勧めできません。

③看護室の準備

プラスチックケースが便利です。大きさは、

■鳥の看護

看護鳥の全長の1.5倍ほどの長さとします。床材（キッチンペーパー）を敷き、エサ入れ、水入れを設置します。

④保温室の準備
保温室はガラス水槽がベストです（ガラスのフタも用意します）。できればサーモスタット（爬虫類用の空中用）を用意し、センサーを熱源から最も遠いガラス面に鳥の高さで設置します。最高最低温度計もセンサーの側に設置します。熱源（ヒヨコ電球など）をブックエンドなどにかけます。

⑤保温の開始
エアコンで室温を一定にし、保温室内に看護室を設置します。熱源からプラケースや鳥、センサーはなるべく離し、熱が直接当たらないようにします。隙間を少し空けてフタをします。サーモスタットの目標保温温度を設定し、電源を入れます。看護室内の温度が一定となり、変な臭いが出ていないか確認したら、看護室内に鳥を入れ、様子を観察します。看護鳥の様子に従い、温度を調節します。

＊サーモスタットやエアコンがない場合は、常に温度計を見ながら看護室内の温度を一定に保ちます。

安静

病気のときは安静が何より大事です。

①看護室へ入れる
狭い看護室で安静にします。放鳥はしないようにしてください。狭いところでもストレスにはなりません。

②刺激しない
じっと見たり、声を掛けると、鳥は元気なフリをします。元気になるまで我慢しましょう。

給餌

食欲が落ちている場合、工夫することで食べる可能性があります。

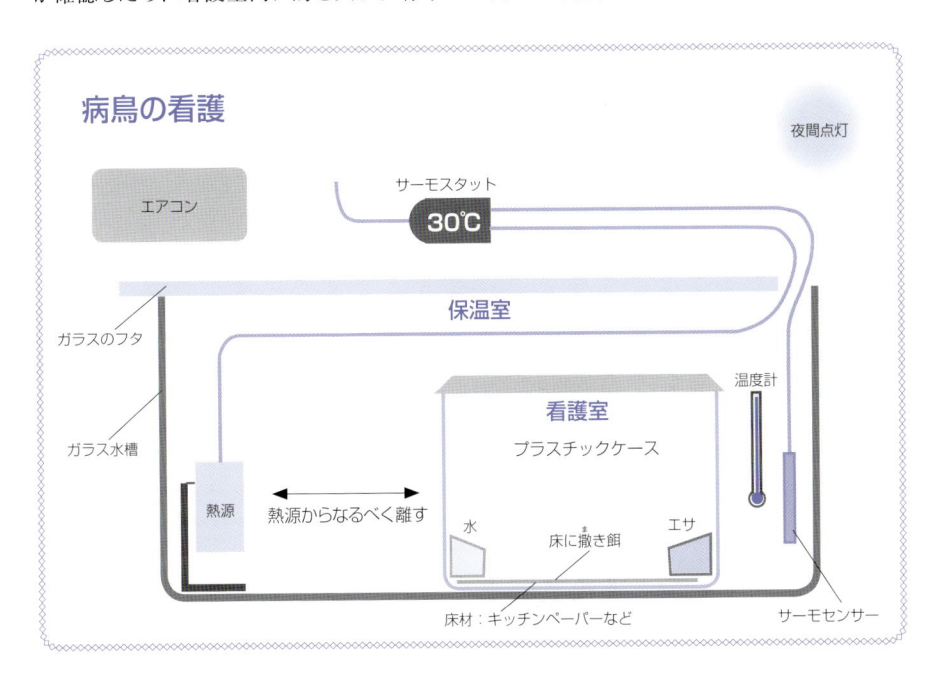

病鳥の看護

- エアコン
- サーモスタット 30℃
- 夜間点灯
- 保温室
- ガラスのフタ
- ガラス水槽
- 熱源
- 熱源からなるべく離す
- 看護室 プラスチックケース
- 水
- 床に撒き餌
- エサ
- 温度計
- 床材：キッチンペーパーなど
- サーモセンサー

①夜間点灯給餌

24時間エサが見えるように、夜間も明るくします。

＊鳥は明るいところでも熟睡できるので、寝不足にはなりません。

②エサの位置

食べやすい位置にエサを置きます。特に床に撒くと食べやすくなります（撒き餌）。

③エサの種類

疾病に悪影響を及ぼさない程度に、興味を引きやすいエサ（アワ穂など）を入れます。また、ひとり餌になったばかりの鳥の場合、挿し餌に戻してみます。

④強制給餌

強制給餌は熟練しないと事故が起きやすいです。病院に相談しましょう。

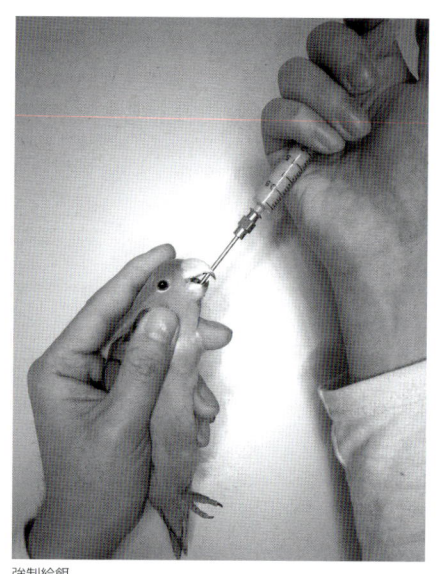

強制給餌

▶▶▶ 救急処置

鳥の救急処置は特殊です。哺乳類の感覚で行った場合、逆に悪化を招くことが多いため、わからない場合には、何もせず病院に相談するのが一番です。

止血

出血が止まらない場合は、自宅ですぐに止めなければなりません。健康な鳥の安全出血量は体重の1％ほどです。体重100gのオカメであれば、1g（約1ml）出血しても心配要りません。

①筆羽出血

出血している筆羽（筆毛）を抜くと自然に止血されます。抜羽部位から出血が続く場合には圧迫止血を行います。止血剤は使用してはいけません。筆羽を糸でしばるのも良い方法です。

②爪出血

クイックストップ®を塗布するとすぐに止まります。クイックストップ®がない場合には、片栗粉などが代用で用いられます。線香で焼くのは、煙の吸引や熱傷の恐れがありお勧めしません。

③外傷出血

外用薬や消毒薬、止血剤を使用してはいけません。ティッシュなどで出血部位を圧迫止血してください。止まらなければ抑えたまま病院へ連れて行きます。安全出血量以内のゆっくりとした出血であれば、押さえず

■鳥の看護

に病院へ連れて行く方が負担は少ないです。
④**自咬出血**：ハガキやボール紙などでカラーを作成し一時的に自咬を防ぎ、その後は病院からの指示に従ってください。

外傷

①**外傷**
　外用薬や消毒剤、包帯などの処置は、鳥の状態を悪くする恐れがあります。何もせず、病院へ相談してください。

②**熱傷**
　患部を流水ですぐに冷やし（鳥が耐えられれば5分ほど）、病院へ。

③**排泄腔脱・卵管脱**
　カラーを設置し自咬を防ぎます。生理食塩水（なければ水）で塗らした綿棒で排泄腔内へ押し込みます。押し込めない場合は、患部を乾燥させないよう生理食塩水で塗らしたガーゼなどで包み病院へ。

④**骨折**
　不適切なギプスや包帯は、血行不良から壊死を招きます。何もせず、早めに病院に相談してください。骨折後、数日経過していると治りが悪いです。

その他

①**卵塞**
　カルシウムやビタミンD_3を投与し、保温します。卵をおなかに触知してから24時間たっても出てこない場合や、膨羽、嗜眠している場合には病院へ。自宅で圧迫や、排泄口への潤滑剤の挿入などの処置は絶対に行わないでください。

②**誤食**
　中毒物を摂食してしまった場合、その物質を持って病院へ。

③**痙攣**
　抱き上げたくなりますが、触るとその刺激で悪化することが多いので、触らずに様子を見ます。落ち着いたら病院へ連絡を。

④**呼吸困難**
　呼吸困難の症状が見られたら、酸素を流します。酸素は薬局で売っています。密閉しすぎないように注意しましょう。

正常な筆羽：筆羽出血が止まらない場合、矢印の方角に引きぬく

簡易カラー　カラーの外径：内径は、ブンチョウ 60：9、セキセイインコ・ラブバード70：10、オカメインコ 80：13（単位 mm）

酸素吸入

索　引

◆ あ ◆◆◆

IP　60
亜鉛中毒症　145
アスファルト類　154
アスペルギルス症　89
アテローム性動脈硬化症　216
アフラトキシン　149
アボカド　147
雨覆羽（あまおおいばね）　8
アミロイドーシス　185
アルコール飲料　151
安静　249
アンモニア　155
Yellow Feather Syndrome　188
胃炎　167
胃癌　170
異常卵　117
異所性卵材症　121
胃の疾患　166
異物　163
胃閉塞　171
イレウス　173
咽頭炎（いんとうえん）　203
咽頭炎症状　199
羽域（ういき）　10
ウイルス性肝炎　183
ウイルスによる感染症　56
上見病（うえみびょう）　223
羽芽（うが）　8
羽幹（うかん）　8
烏口骨　19　21　34
羽咬症（うこうしょう）　231
羽枝（うし）　8
羽軸根（うじくこん）　8
右側（うそく）卵管の遺残　123
羽弁（うべん）　8
羽包（うほう）　8
羽毛　8
羽毛異常　57
ウモウダニ　111
羽毛の黄色化　188
AGY　96
栄養失調による病気　131
エストロゲン　41　122　129
SBS徴候（病鳥徴候）　72
LRT障害　213
LRTD　206
LED　204
塩化ナトリウム　151
嘔吐　26

オウムの腺胃拡張症　62
オウムの内臓乳頭腫症　60
オウム病　83
オウム類嘴 - 羽病　56
オカメインコの開口不全症候群　205
オスの生殖器　38
オスの繁殖関連疾患　128
尾羽（おばね）　8

◆ か ◆◆◆

外耳炎　238
外傷　240
疥癬症（かいせんしょう）　109
回虫症　107
外被系（がいひけい）　8
外貌症状（がいぼうしょうじょう）　247
介卵感染（かいらんかんせん）　58
化学代謝産物　149
角膜炎　238
風切羽（かざきりばね）　8
過産卵　118
過剰産卵　116
脚気（かっけ）　132
過発情　114　116
下部気道疾患　206
体のしくみ　7
カルシウム欠乏　116
カルシウム欠乏症　137
カルシウム代謝に関わる病気　126
冠羽　14
換羽　12　14
眼窩下洞　31
感覚器　48
含気骨（がんきこつ）　18　33
看護　243
看護室　249
観察　244
カンジダ感染症　92
カンジダ症　92
肝出血　183
肝腫瘍　187
肝性脳症　187
感染による病気　55
肝臓　29
肝臓の疾患　180
感電　242
肝毒素　186
肝リピドーシス　184
気管　32
気管炎　208

気管支　33
寄生虫による感染症　99
気嚢　33
気嚢炎　212
キノウダニ　111
救急処置　250
給餌（きゅうじ）　249
急性鉛中毒症　142
胸筋　246
胸部　20
胸部の筋肉　23
巨大排泄腔　178
筋系　23
筋胃　26
空回腸（くうかいちょう）　26
空中の毒素　153
嘴（くちばし）　15
嘴〜食道の疾患　158
嘴の異常　嘴の色・形の異常　158
クラッチ　44　116
クラミジア　83
グリットインパクション　171
クリップ　10
クリプトコッカス症　95
クリプトスポリジウム症　104
くる病　137
クロアカ　28
クロストリジウム感染症　76
計測　244
痙攣（けいれん）　221
血液　51
血液凝固　52
血管系　35
血腫（けっしゅ）　183
結膜炎　203
毛引き　227
健康状態の観察　244
検査　52
コイリン層　26
口角炎　159
口角・口腔・食道・そ嚢の異常　159
口腔　24
口腔内腫瘍　161
抗酸菌、抗酸菌症　78
後肢帯・後肢骨　22
甲状腺機能低下症　217
甲状腺腫　135
喉頭（こうとう）　31
喉頭炎（こうとうえん）　203
口内炎　159

高尿酸血症　196
交尾　39
後部食道閉塞　165
絞扼（こうやく）　240
呼吸器系　31
呼吸器の病気　191　198
呼吸困難　208　245
呼吸のしくみ　34
コクシジウム症　103
骨格系・骨格　18
骨折　242
骨軟化症　137
コトリハナダニ　111
昏睡（こんすい）　223
昏迷　223

◆ さ ◆◆◆◆
細菌性肝炎　182
細菌による感染症　67
サトイモ科観葉植物　148
砂嚢（さのう）　26
サルモネラ症　70
産褥テタニー　127
産褥麻痺　127
産卵　43
産卵に関わる病気　116
CNS徴候　63　74　220
CLJS　205
シードジャンキー　152
次亜塩素酸ナトリウム　154
ジアルジア症　100
塩　151
事故　240
自咬症（じこうしょう）　232
自己損傷行為　227
脂質の欠乏症　140
糸状羽（しじょうう）　8
持続感染　61　79
持続発情　114　116　128
脂肪肝　184
脂肪肝症候群　184
重金属による中毒　142
住血胞子虫症　106
シュードモナス感染症　71
十二指腸　26
受精　43
循環器系　35
循環器の病気　191　214
循環障害　186
小羽枝（しょううし）　8

消化器系　24
消化器に関わる病気　157
消化性潰瘍　168
小腸　26
上部気道疾患　198
触診　246
食道　24
食道炎　162
植物による中毒　147
初列風切（しょれつかざきり）　10
趾瘤症（しりゅうしょう）　237
自律神経　47
次列風切（じれつかざきり）　10
心因性多飲症　233
真菌による感染症　89
神経系と感覚器官　47
神経の病気　220
神経の病気と問題行動　219
心疾患　214
腎疾患　192
振戦（しんせん）　223
腎臓　36
腎不全　193
腎門脈系　36
膵炎、その他　189
膵臓　29
膵臓の疾患　189
水分過剰症　152
ストレッサー　229
スナギモ　26
正羽（せいう）　8
精巣・精子　39　43
生殖器系　38
精巣腫瘍　128
セキセイインコのヒナ病　58
脊柱　20
赤血球　51
セレウス菌感染症　77
腺　17
前胃（ぜんい）・腺胃　26
腺胃拡張　169
前肢帯骨　20
前庭徴候（ぜんていちょうこう）　223
潜伏感染　61
そ嚢（のう）　24
そ嚢アトニー　164
そ嚢炎　162
そ嚢結石　163
そ嚢停滞　164
その他のビタミン　135

その他の病気　235
その他のミネラル欠乏症　138
その他の問題行動　233

◆ た ◆◆◆◆
体温　53
体温調節　54
大腸　27
大腸菌症　67
多骨性骨化過剰症　126
脱腸　120
タバコ　153
WNVD　64
卵　42　117
卵づまり　118
タンパク質・アミノ酸欠乏症　139
タンパク質の過剰症　151
チアミン欠乏症　132
知覚（味覚・嗅覚・聴覚・視覚）　48
中枢神経　47
中枢神経症状　220
中枢神経徴候　63
中枢性運動麻痺　224
中毒による病気　141
チューブ誤嚥（ごえん）　171
腸炎　172
腸結石　175
鳥痘（ちょうとう）　61
腸の疾患　172
腸閉塞　173
直腸　27
チョコレート　150
痛風　196
翼の部位名称　11
翼の骨　21
爪　16　247
鉄過剰症　146
鉄貯蔵病　146
てんかん　221
銅中毒症　146
糖尿病　217
頭部の骨　20
ドーパミン　230
特殊な細菌による感染症　77
吐出　24　162
トリコモナス症　99

◆ な ◆◆◆◆
内分泌器官　46
内分泌器の病気　191

索　引

内分泌の病気　217
鉛中毒症　142
難産　118
西ナイルウイルス感染症　64
尿　36
尿管結石　163　195
尿酸　37
熱射病　241
捻転斜頸（ねんてんしゃけい）　223
脳　47
脳振盪（のうしんとう）・脳挫傷　222
囊胞性卵巣疾患　125

◆ は ◆◆◆◆

肺　33
肺炎　210
排泄腔（総排泄腔、クロアカ）　28
排泄腔炎　176
排泄腔脱　120　177
排泄腔の疾患　176
肺の障害　210
排卵　42
白内障　238
ハジラミ　112
パスツレラ症　69
パチェコ氏病　60
白血球　51　53
発情と交尾　39
発情ホルモン　41
鼻　30
パニック　233
パラミクソウイルス感染症　65
繁殖に関わる病気　113
バンブルフット　237
半綿羽（はんめんう）　8
PH　126
PCR検査　57
PTFE　153
PD　60
PDD　62
PBFD　56
BFD　58
鼻炎　200
鼻炎症状　199
皮下気腫　212
光周期　40
鼻腔　31
鼻孔炎　201
ビタミン過剰症　155
ビタミンA過剰症　156

ビタミンA欠乏症　133
ビタミンD欠乏症　134
ビタミンD_3過剰症　155
ビタミンB_1欠乏症　132
筆羽出血　240
鼻道炎　200
人のオウム病　88
人の西ナイル熱　64
泌尿器系　36
泌尿器の病気　191　192
皮膚　17
皮膚炎　236
皮膚真菌症　98
皮膚の腫瘍　236
皮膚の病気　236
病鳥の看護　248
フイゴ呼吸　21
副鼻腔　31
副鼻腔炎　202
副鼻腔炎症状　199
腹部黄色腫（ふくぶおうしょくしゅ）　115
腹部ヘルニア症　114
腹壁の病気　112
不顕性感染　59
筆毛（ふでげ）　12
ブドウ球菌感染症　73
糞（ふん）　30
ブンチョウの過緊張性発作　234
ブンチョウの条虫症　108
粉綿羽（ふんめんう）　8
ヘキサミタ症　102
ヘモクロマトーシス　146
ヘルニア囊・ヘルニア輪　114
便からわかる健康状態　30
膨羽（ぼうう）　54
棒状羽毛　12
保温　248
ボタンインコ類の鼻眼結膜炎　204
骨の腫瘍（しゅりゅう）　239
骨の病気　239
ポリテトラフルオロエチレンガス　153
ホルネル症候群　226
ホルモン　46

◆ ま ◆◆◆◆

マイコトキシン　149
マイコプラズマ症　82
マクロラブダス症　96
末梢神経　47
末梢神経症状　225

末梢神経性自己損傷　226
末梢性運動麻痺　225
麻痺　127
味覚　48
水中毒　152
耳の病気　238
鳴管　32
鳴管炎　208
メガクロアカ　178
メガバクテリア　96
メスの生殖器　40
メスの繁殖関連疾患　112
メッケル憩室　26
目の構造　49
目の病気　238
綿羽（めんう）　8
盲腸　27　28
問題行動　227

◆ や ◆◆◆◆

熱傷（やけど）　241
URTD　198
有害な食品　150
融合骨　18
ヨウ素欠乏性　135

◆ ら ◆◆◆◆

Lovebird Eye Disease　204
卵管炎　124
卵管腫瘍　124
卵管脱　120
卵管蓄卵材症　122
卵管に関わる病気　122
卵管の囊胞性過形成　123
卵巣に関わる病気　125
卵塞（らんそく）　118
卵蓄　122
卵墜　42　121
卵停滞　118
卵内包性排泄腔脱　120
卵秘（らんぴ）　118
リステリア症　75
緑膿菌　72
リンパ系　35
ロウ膜　16　128
ロックジョー　205

◆ わ ◆◆◆◆

YFS　188
ワクモ・トリサシダニ　110

■主要参考文献

Altman RB, Clubb SL, Dorrestein GM, Quesenberry K. *Avian Medicine And Surgery*. Saunders, 1997.
Beynon PH, Forbes N, Lawton MPC. *Manual of Psittacine Birds*. BSAVA, 1996.
Campbell TW. *Avian and Exotic Animal Hematology and Cytology*. Third edition. Wiley-Blackwell, 2007.
Coles B. *Essentials of Avian Medicine And Surgery : Third editon*. Blackwell publishing, 2007.
Fudge AM. *Laboratory Medicine: Avian and Exotic Pets*. Saunders, 2000.
Harrison GJ, Harrison LR. *Clinical avian medicine and surgery*. Saunders, 1986.
Harrison GJ, Lightfoot T. *Clinical Avian Medicine*. Spix Publishing, 2006.
Petrak ML. *Diseases of Cage and Aviary Birds: First edition*. Lea&Febiger, 1969.
Petrak ML. *Diseases of Cage and Aviary Birds: Second edition*. Lea&Febiger, 1982.
Ritchie BW. *Avian Viruses: Function and Control*. Wingers Publishing, 1995.
Ritchie BW, Harrison GJ, Harrison LR. *Avian Medicine : Principels and application*. Wingers Publishing, 1994.
Roskopf WJ, Woerpel RW. *Diseases of Cage and Aviary Birds*: Third edition. William&Wilkins, 1996.
Samour J. *Avian Medicine: Second edition*. Mosby, 2008.
Schmidt RE, Reavill DR, Phalen DN. *Pathology of pet and aviary birds*. Wiley-Blackwell, 2003.
Whittow GC. *Sturkie's Avian Physiology: Fifth Edition*. Academic Press, 2000.

奥村 純市, 藤原 昇『家禽学』：朝倉書店, 2000
加藤嘉太郎, 山内昭二『新編 家畜比較解剖図説』：養賢堂, 2003
鶏病研究会『鳥の病気 第6版』鶏病研究会：2008
バーガー IH『コンパニオンアニマルの栄養学』長谷川篤彦監訳：インターズー, 1997
マクレランド J『家禽解剖カラーアトラス』牧田登之監訳：学窓社, 1998
リース WO『明解 哺乳類と鳥類の生理学 第3版』鈴木勝士，徳力幹彦監修：学窓社, 2006
スコット ML, ネスハイム MC, ヤング RJ『家禽栄養学』田先和夫監訳：養賢堂, 1983

Exotic DVM, Zoological Education Network.
Journal of avian medicine and surgery, Association of Avian Veterinarians.
Journal of Exotic Pet Medicine, Saunders.
鳥類臨床研究会会報, 鳥類臨床研究会.
VEC : Veterinary Medicine in Exotic Companions, インターズー.
Veterinary Clinics of North America: Exotic Animal Practice, Sanders.

＊上記以外にも様々な文献およびウェブサイトを参考にさせていただきましたが、誌面の関係上割愛させていただきますこと、ご容赦ください。

■著者略歴

小嶋 篤史（鳥と小動物の病院 リトル・バード院長）

1998年北里大学獣医畜産学部獣医学科卒業、1998年川崎にて動物病院勤務、2000年横浜にて鳥の病院勤務を経て、2002年「鳥と小動物の病院 リトル・バード」を開業。**http//www1.odn.ne.jp/sac/**

所属学会：鳥類臨床研究会（副会長／編集長）、Association of avian veterinarians、エキゾチックペット研究会地区オーガナイザー、日本獣医学会、鶏病研究会、日本獣医師会／東京都獣医師会世田谷支部など。
併任：ヤマザキ学園大学、ヤマザキ動物専門学校 非常勤講師。
神奈川県獣医師会、エキゾチックペット研究会、TSUBASA、日本獣医臨床フォーラム、東京都獣医師会、鳥類臨床研究会ほか、セミナー講演多数。『コンパニオンバード百科』共著（誠文堂新光社刊）、『コンパニオンバード』（誠文堂新光社刊）、『VEC』『エキゾチック診療』（インターズー刊）に鳥類の臨床記事ほかを執筆 。『コンパニオンバード疾病ガイドブック』を2010年インターズーより刊行。

医療写真提供／鳥と小動物の病院 リトル・バード

編集・デザイン／渡辺憲子
イラスト／支倉槇人事務所
イメージ鳥写真・骨格標本ほか撮影／大橋和宏　http://www.geocities.jp/ohashikz/index.html
骨格標本制作・羽毛撮影協力／アトリエ杉本　http://www.atelier-sugimoto.jp/
撮影協力：大橋芽生子、山田麗子、こんぱまる、ドキドキペットくん、みずよし貿易、掛川花鳥園、加藤葉子、右近昌美、奥田しとみ、関根ひとみ、とり見カフェ、村田加奈子、ほか

コンパニオンバードの病気百科 NDC 488

2010年 3月31日　発　　行
2022年 3月 1日　第10刷

著　者　小嶋　篤史（こじま　あつし）
発行人　小川　雄一
発行所　株式会社 誠文堂新光社
　　　　〒113-0033　東京都文京区本郷 3-3-11
　　　　電話 03-5800-5780
　　　　https://www.seibundo-shinkosha.net/

印刷・製本　株式会社 大丸グラフィックス

©2010, KOJIMA Atsushi.
Printed in Japan
検印省略　万一落丁・乱丁本の場合は、お取り替えいたします。
本書掲載記事の無断転載を禁じます。

本書のコピー、スキャン、デジタル化等の無断複製は、著作権法上での例外を除き、禁じられています。
本書を代行業者等の第三者に依頼してスキャンやデジタル化することは、たとえ個人や家庭内での利用であっても著作権法上認められません。

JCOPY ＜(一社)出版者著作権管理機構 委託出版物＞
本書を無断で複製複写(コピー)することは、著作権法上での例外を除き、禁じられています。本書をコピーされる場合は、そのつど事前に、(一社)出版者著作権管理機構(電話 03-5244-5088／FAX 03-5244-5089／e-mail:info@jcopy.or.jp)の許諾を得てください。

ISBN978-4-416-71027-2